JN077499

戦艦「大和」全記録

原 勝洋

潮書房光人新社

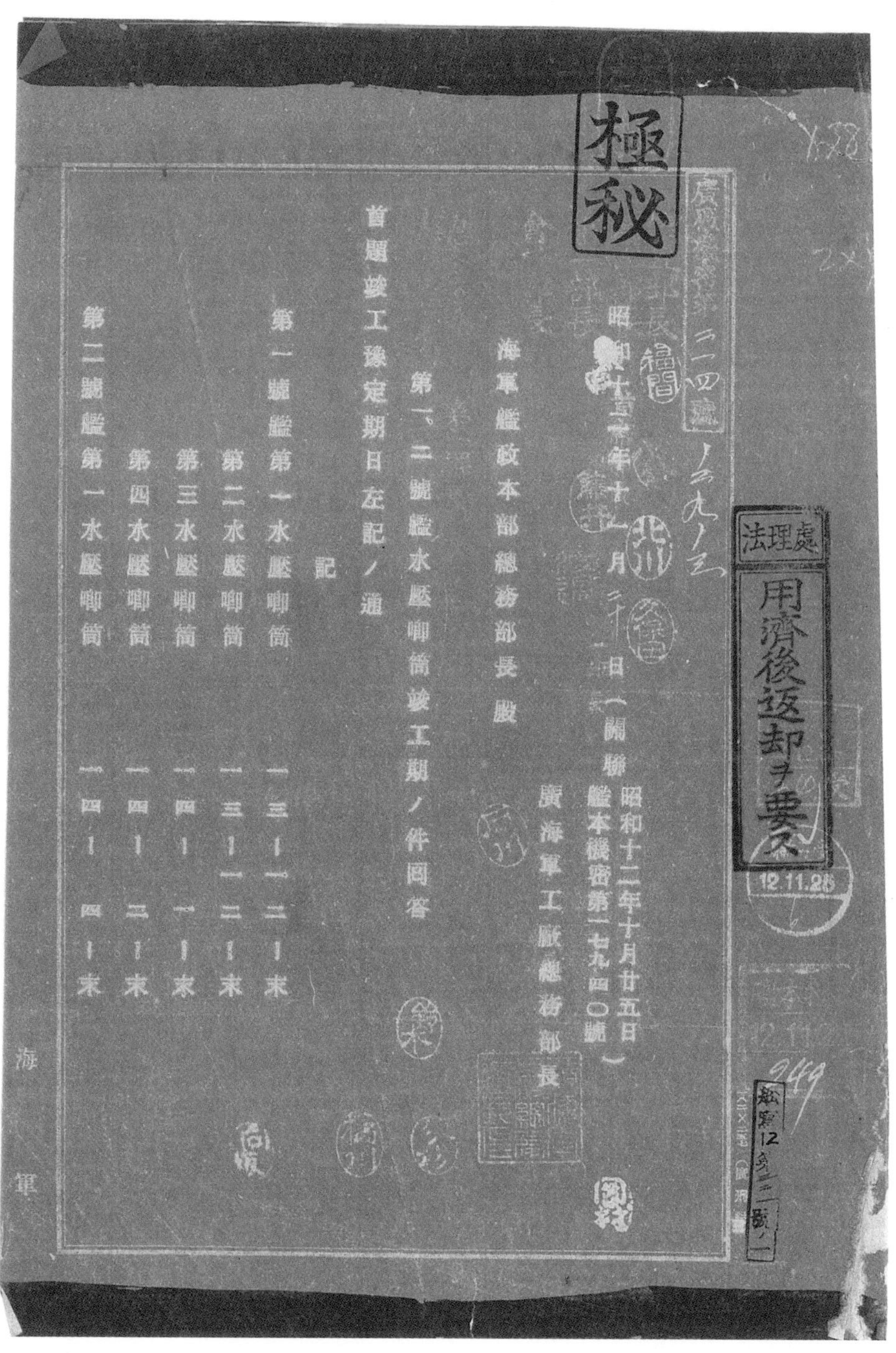
極秘
廣機密第二一四號ノ三
昭和十二年十一月二十一日(關聯 昭和十二年十月廿五日 艦本機密第二七九四〇號)
廣海軍工廠總務部長
海軍艦政本部總務部長殿
第一、二號艦水壓喞筒竣工期ノ件回答
首題竣工豫定期日左記ノ通
記
第一號艦第一水壓喞筒 一三—一—二—末
第二水壓喞筒 一三—一—二—末
第三水壓喞筒 一四—一—一—末
第四水壓喞筒 一四—一—二—末
第二號艦第一水壓喞筒 一四—一—四—末
法理處
用済後返却ヲ要ス

第一号艦（のちの「大和」）と第二号艦（のちの「武蔵」）に使用する水圧喞筒（ポンプ）の納入予定を記した文書。主砲塔駆動用の水圧ポンプで、大和型は各砲塔1基ずつと予備1基の計4基を搭載していた。この青焼き文書は松本喜太郎技術大佐が個人で作成した「大和」関連資料のなかにあった。

34

最上甲板平面

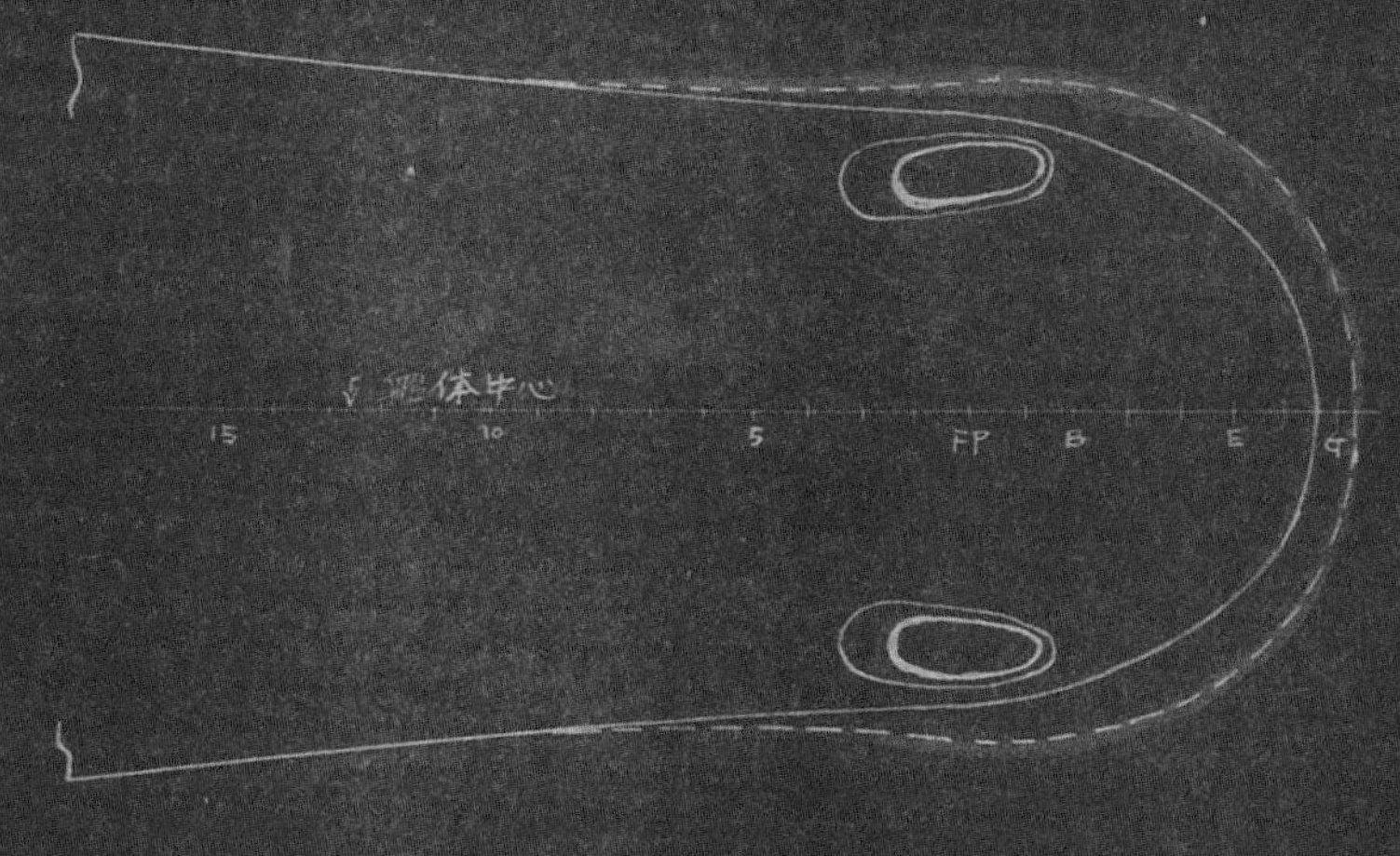

側　面

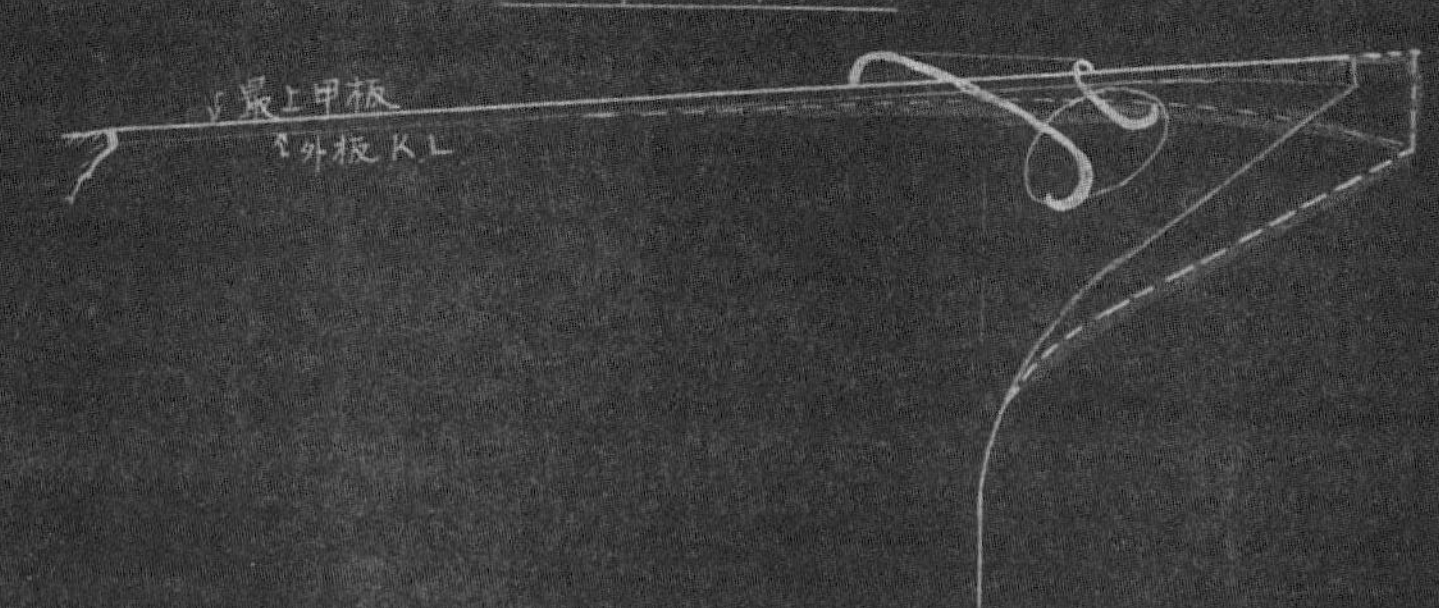

註
○黄着色ハ旧計画船体ノ形状ヲ示ス、
○赤着色ハ改正セル船体ヲ示ス、

艦首最上甲板の船体形状の改正についての記録。呉工廠造船部船殻工場が作成した「第一号艦工事記録 No2 鋳物工事 昭和十六年十二月」に収められた図。別のページに、船体とホーズパイプの10分の1模型で揚錨のテストをしたところ不具合があったため船体形状を改正する旨の記述が付されていた。

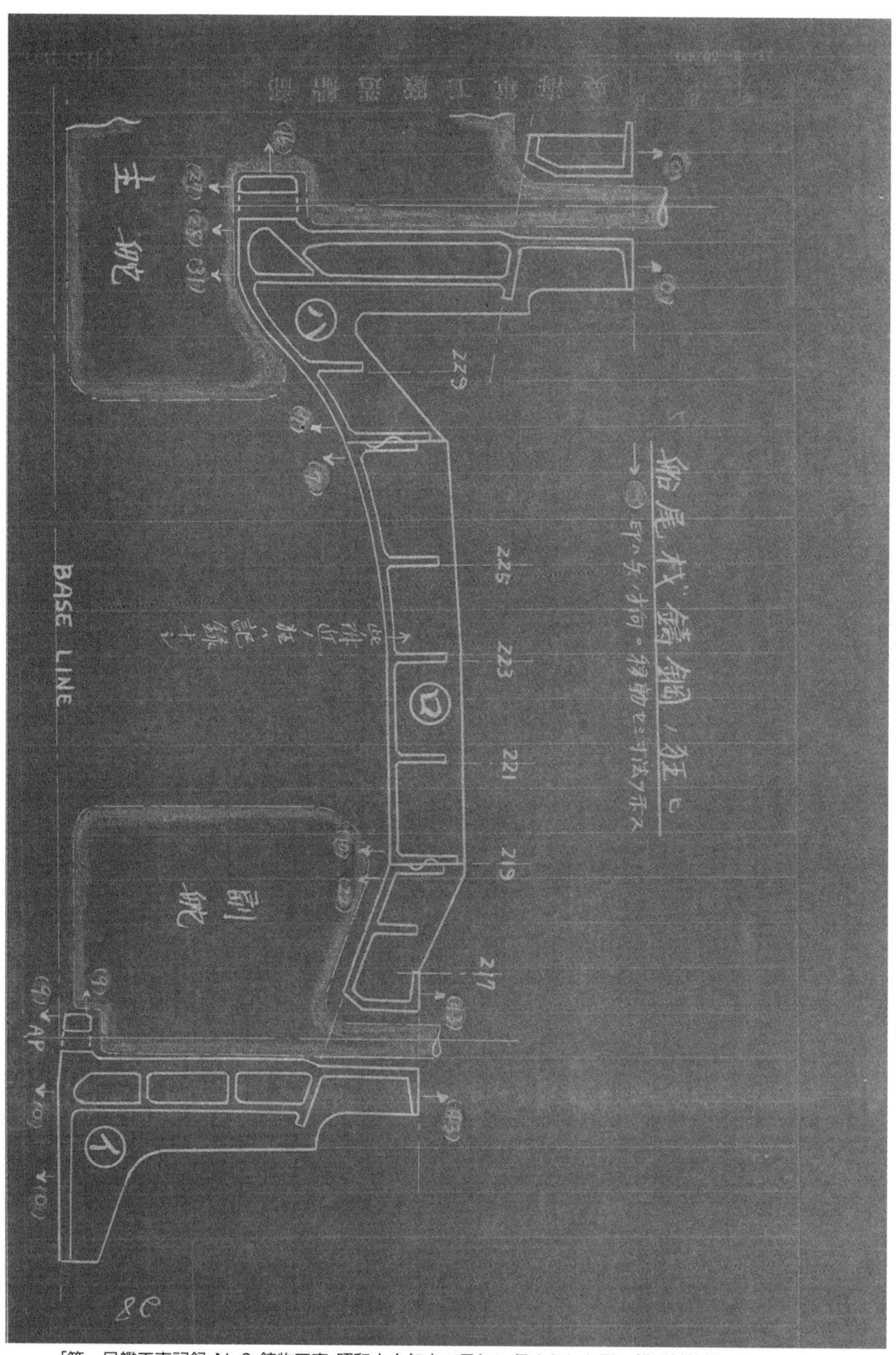

「第一号艦工事記録 No2 鋳物工事 昭和十六年十二月」に収められた図。船尾材鋳鋼の狂いと修正した寸法が記載されている。

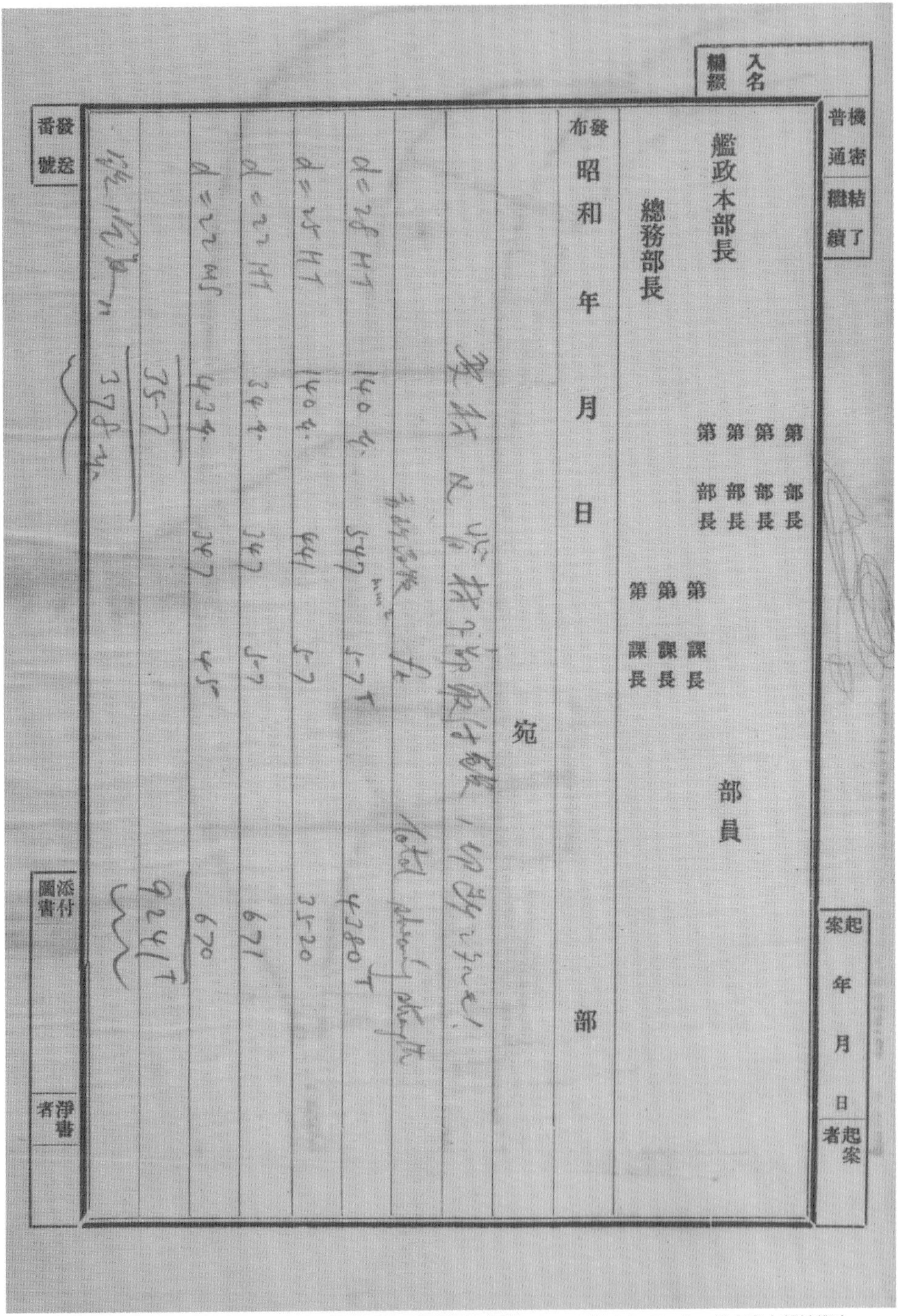

入名
編綴

機密
普通

結了
繼續

艦政本部長

總務部長

第　部長
第　部長
第　部長
第　部長

第　課長
第　課長
第　課長

部員

發布　昭和　年　月　日

宛

部

發送番號

添付圖書

淨書者

起案　年　月　日

起案者

甲鈑取付に関連した記録で、受材と背材下部の取付鋲の切断について記されている。松本喜太郎技術大佐の個人資料のなかのメモ。艦政本部の用紙に書かれている。

A140 F3型ニ於ケル Stability Range ノ比較　10-10-1

艦名	Δ	KG	GM	Range	GZ	浸水状態
F3	61,000	12.210	1.964	20.3	.220	
F3-1	〃	〃		26.3	.466	
F3-2	〃	〃	2.67	27.6	.516	
F3-3	〃	〃	1.964	50.4	1.100	

F3 Intact Condition ニ於ケル Stability

公試	61,000	12.210	2.440	63.7°
満載	62,812	〃	2.635	64.2
軽荷	55,623	〃	2.339	61.5

一號艦「ホーサー」

		径(粍)	長(米)	条数	使用力	安全率	切断荷重	用途
鋼索	第四種(亜鉛鍍索)	65	275	2	25T	7.6	190.13T	曳船及繋留
		65	50	2	〃	〃	〃	曳船用ペンダント
		60	275	2	20T	8.1	162.00	繋留及ストリーム錨
		55	200	2	18	7.6	136.13	繋留用
	24本撚×6本	38	200	2	8	8.1	64.98	仝上
	第三種亜鉛鍍鋼索(37×6)	10	600	1	0.6	9.3	5.60	[illegible]
麻索(亜鉛鍍索)	マニラ	75	200	2	3.5	8.4	29.504	繋留用索
	タール	55	200	2	2.0	7.6	15.184	仝上
	マニラ	40	200	3	1.0	9.2	9.164	リービングライン及繋留
	マニラ	32	200	1	0.8	7.6	6.051	仝上

「大和」設計案A140-F3の浸水時の復原性能に関するデータ（上）と、ホーサー（船索）の種類を書いた松本喜太郎技術大佐の個人資料にあったメモ。

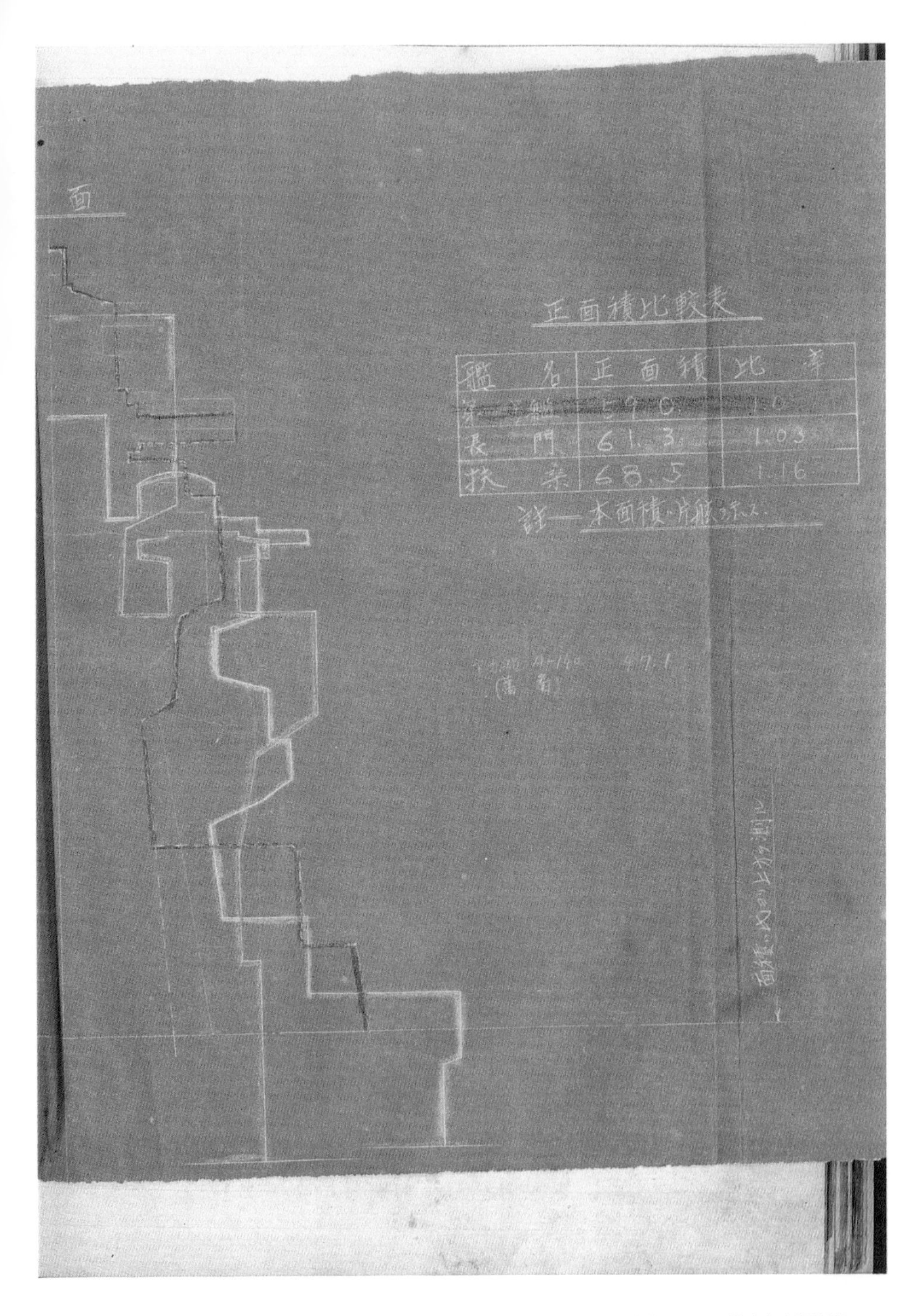

第一号艦（戦艦「大和」）と既存の戦艦「長門」「扶桑」前檣楼の正面積を比較した図。松本喜太郎技術大佐の個人資料のなかにあったもので、第一号艦の面積が一番小さいことが分かる。

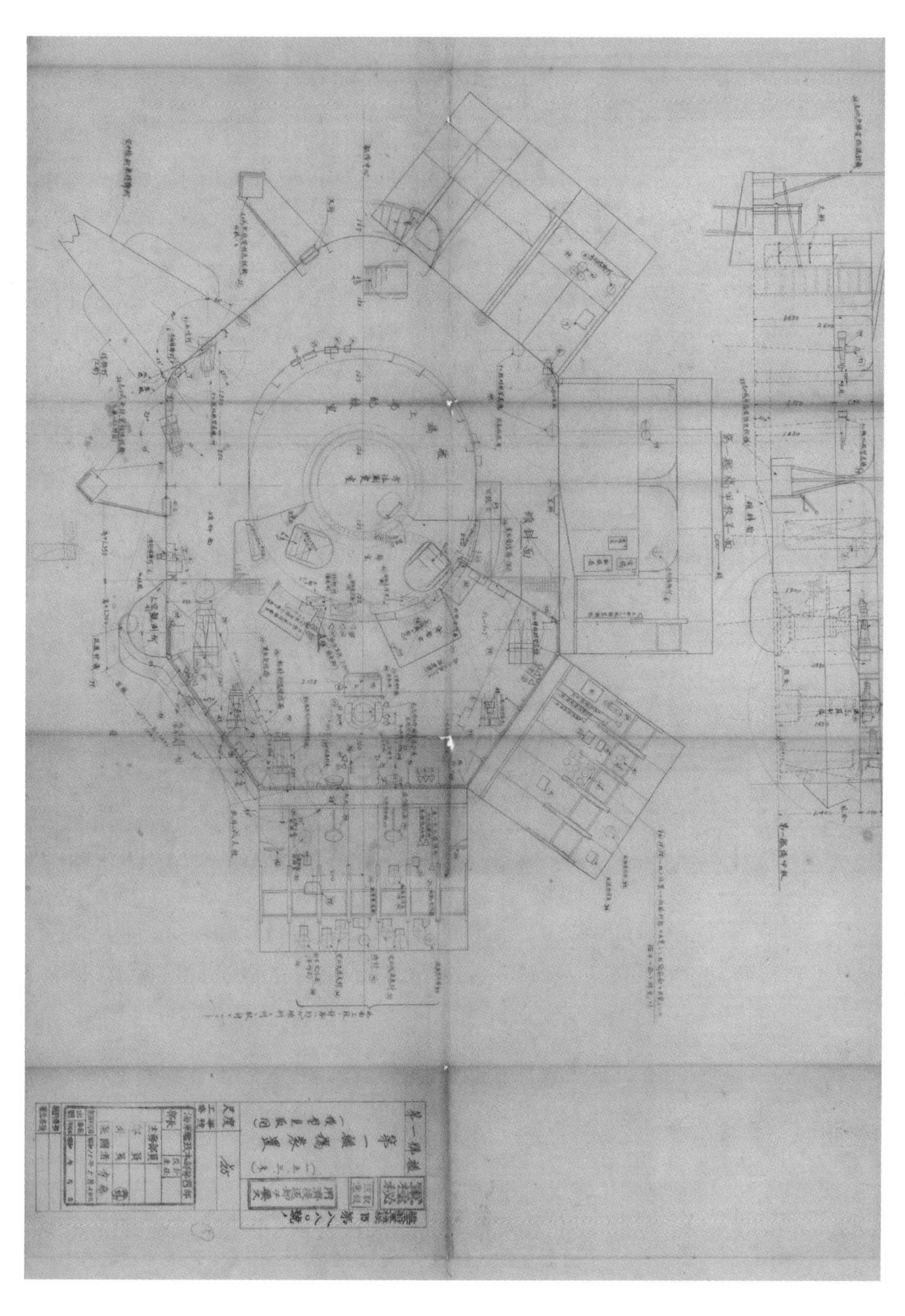

第一号艦（「大和」）第一艦橋装置の模型見取図。艦橋に設置予定の各種装置の配置を検討するための25分の1の模型の製作用の図面。

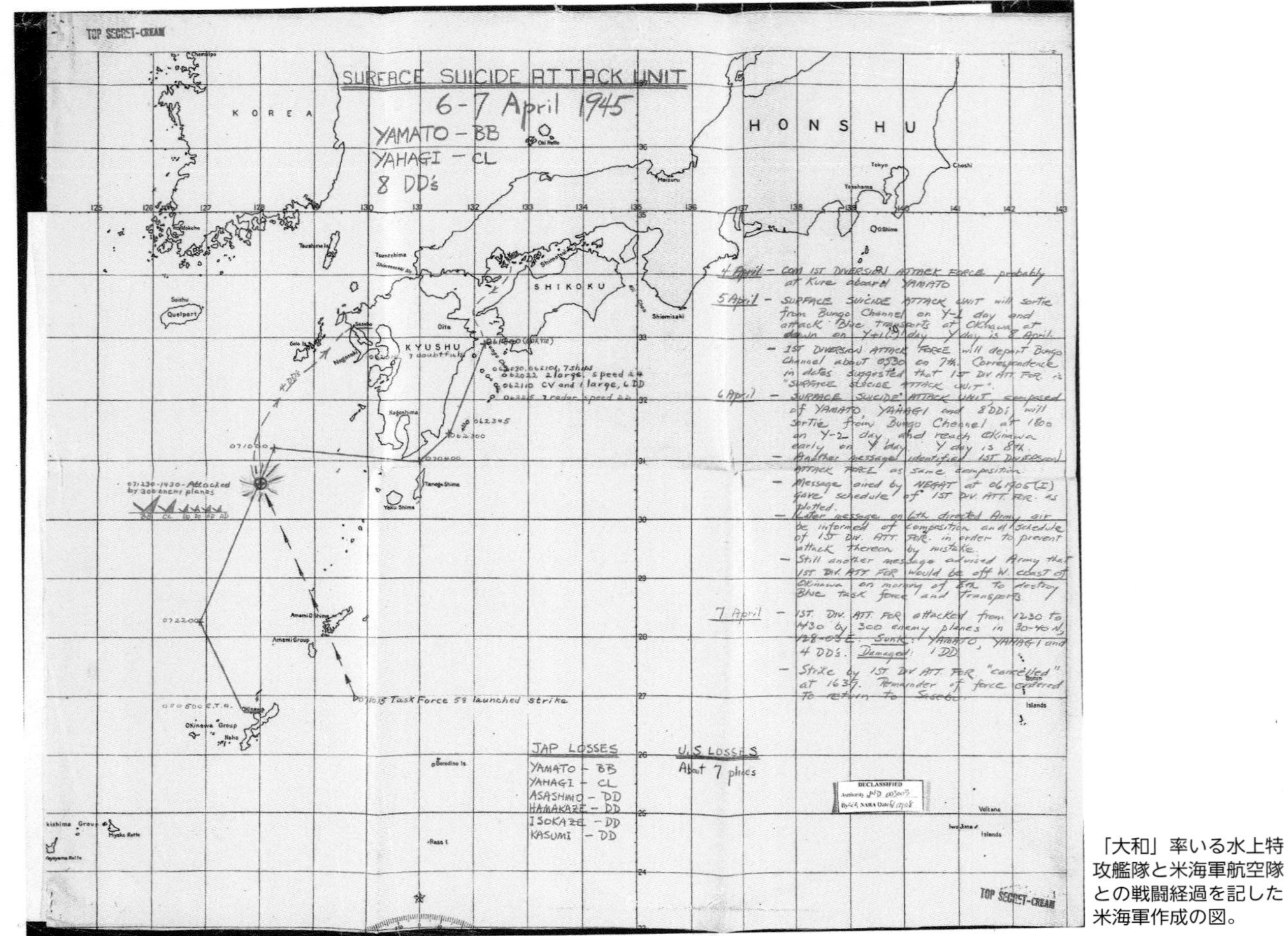

「大和」率いる水上特攻艦隊と米海軍航空隊との戦闘経過を記した米海軍作成の図。

戦艦「大和」全記録——目次

戦艦「大和」全記録

第1部

大和型の設計と建造

日本海軍の誇り　戦艦「大和」の設計と建造

正しくは軍艦「大和」

「大和」とは、第二次世界大戦までに就役した米英各国戦艦八〇隻中最大の艦載砲を持ち、攻防威力の総和と排水量は世界一という、戦艦発達の頂点に立つ戦艦だ。

日本海軍の軍艦籍にある「艦船」を呼称する場合、類別を問わず「軍艦〇〇」を用いる。それ故に戦艦「大和」ではなく軍艦「大和」が正しい。しかし、現在では戦艦「大和」の通称で広く親しまれ定着している。「大和」と言えば「戦艦大和」なのである。艦船の種別を「型」で表わす場合には、大和型戦艦「大和」となる。「大和」の建造は日本海軍多年の宿願である大艦巨砲の実現にあった。

戦艦の歴史は、艦載主砲と防御装甲の果てしない競争でもあった。巨砲重防御主義の本尊は、米海軍だ。英国は、主砲身の口径より発射速度に重きをおいていた。日本海軍は、攻撃重視という点では米海軍に劣らなかった。新造戦艦に関して、既に圧倒的優勢を誇示している米戦艦群を一挙に土俵から突き落とし、米国の富強をもってしても、再び日本海軍を圧倒できるまで、かなり長期にわたる努力と膨大な経費を必要とす

米大西洋艦隊のグレイト・ホワイト・フリート。船体を白く塗った戦艦16隻を基幹とする艦隊は世界一周航海の途次、日本にも寄港、日本は米海軍の脅威を肌で感じた

るような計画が必要だった。そこで立案されたのが大和型戦艦「大和」の建造で、一戦隊四隻を計画していた。その背景となる歴史は、米海軍の脅威にあった。

日露戦争後の一九〇七年（明治四〇）帝国国防方針による第一想定敵国は米国、第二が英国だった。ロシア海軍は相手として取るに足りないと考えていた。

翌一九〇八年（明治四一）一〇月一八日、横浜港に仮想敵国の米海軍大西洋艦隊グレイト・ホワイト・フリート（GWF）が碇泊した。対スペイン戦争に勝利した米海軍の前弩級戦艦一二インチ砲搭載・旗艦「コネチカット」以下戦艦一六隻、他通報船、工作船、給品船、病院船、給炭艦を随伴、三一隻が海軍大臣斎藤実の提言により世界一周の途中に寄港したのだ。米大西洋艦隊世界一周の航海は日露戦争に勝利した日本に対する誇示、渡洋作戦の予期、国民への軍拡の支持、そして新戦艦の予算取付けが目的だった。船体を白色に塗装した戦艦群は、「白色艦隊」、江戸時代の「黒船」に対し「白船」と呼ばれた。航海は一四ヵ月間、世界二〇港に寄港した。その航跡四万二四〇八海里（七万八五三九キロ）に及んだ。軍令部長東郷平八郎は、これら乗組員を戦艦「三笠」に迎え歓待した。三三年後に対決することになるチェスター・ニミッツ、ウイリアム・ハルゼーJr、レイモンド・スプルーアンスも参加している。

日米の海軍軍備競争は、一九一六年（大正五）を皮切りに激しくなった。米国は、日本より優勢な海軍力を目指し、海軍大拡張三年計画を立てた。これに対し日本海軍は戦艦八隻、巡洋戦艦八隻の八八艦隊の海軍力拡張で対抗した。日米両海軍の建造競争は軍備制限条約の締結までつづくことになる。第一次世界大戦が勃発、ドイツは破れ、ロシアは革命で手一杯、世界一の海軍力を誇っていた英国・仏国は国力の消耗が激しく戦後の立ち上げに苦慮、建艦競争の負担に耐えられなくなっていた。英国は自ら「造艦休止」を提唱した。一人米国は世界における指導的な地位を獲得した。

圧倒的な国力をもつ米海軍は、独創的な新戦艦で対抗する日本海軍を二つの軍備制限条約、ワシントン会議では主力艦の制限、ロンドン会議では補助艦艇の制限の方策をとった。そして英米日の保有率一〇：一〇：六で日本を封じ込めた。その根拠は、攻撃側の兵力と防御側の兵力を比べる優勢率であり、防御側は敵の七割を持たねばならないとの「数」の理論・数値七割を説く『戦争論』（カール・フォン・クラウゼヴィッツ著）にあった。さらに主力艦建造中止が五年間延長されることになる。

一八インチ三連装砲塔の研究

日本は実質面における兵力差が一九三八年（昭和一三）頃には対米六割以下に低下、旧式艦のみで編成する艦隊となることが予測された。日本は国防軍備に危機感を募らせた。そして冬眠状態にあるこの時、船体の設計に先行して艦載砲の開発が進められた。日本海軍は、巨大口径一八・一インチ砲を新主力艦の主砲用として研究を再開したのだ。艦政本部製図場で一八・一インチ三連装砲塔の研究設計および工廠の設備増設改築計画が開始された。その後、呉海軍工廠砲熕（ほうこう）部は、三連装砲塔の基本計画と工場の製造設備の準備を終えた。

一九三一年（昭和六）九月十八日、満州事変が勃発、二年後日本は国際連盟の脱退を通告、国際孤立への一歩を踏み出した。

一九三三年（昭和八）、軍令部作戦課員松田千秋中佐は海軍軍備制限条約の失効後を睨んで新造戦艦の性能に関する研究を開始した。軍令部・第一部第一課（通称・作戦課）は想定敵国の軍備状況を勘案、国防所要海軍兵力量と用兵要領に基づき、軍備計画の構成を練り概案を作成、毎年度の作戦計画案を立案した。軍令部総長は、海軍大臣に商議、年度作戦計画に関して参謀総長と共に上奏認可を経てこれを決定する役割であった。

松田中佐は、新戦艦には一六インチ砲弾に比して弾量で四六パーセント重く、射程二万メートルの落差一七・三度に対し一六・五度、弾速四九〇メートル／秒に対し五二二メートル／秒と弾道性に優れる一八・一インチ砲を搭載すべきと結論づけた。砲術学校戦術科長・黛治夫少佐も砲戦術の好機をとらえ短時間に決定的な打撃を与えられる一八・一インチ砲の選択を示唆した。

そこで、松田中佐は軍令部第一部部長嶋田繁太郎少将に一八インチ砲搭載の新戦艦を提案、裁可された。

一九三四年（昭和九）七月、岡田啓介内閣は軍縮条約破棄の意向を固めた。それは、ワシントン、ロンドン両条約に拘束された不利な状況を脱し、独自の軍備を整えることに在った。ワシントン条約は、締約国の一国が廃止の通告を行なった日から二年間有効であった。

同年一〇月、軍令部第一部第一課の松田千秋中佐が起草した「新戦艦要求案」に基づき、軍令部第二部戸塚道太郎部長は、海軍艦政本部へ一八・一インチ砲八門以上の新戦艦の要求を口頭で通知した。

艦政本部は、艦船の建造を含む軍戦備の主要物件調達を行なう海軍大臣直轄の機関である。第一部から第六部の専門分野ごとに分かれていた。二日後、軍令部総長伏見宮博恭王の命令を受けた軍令部第一部長嶋田繁太郎は、元帥会議で「軍備制限無条約時代となり、海軍軍備上何ら拘束を受けることもなくなるので、国防上適切な海軍軍備を自由に、作戦上の要求に合致できる質の選定、量を定めることができ、国防上の安全を確保できる」と説明した。

戦艦「大和」の後部18.1インチ三連装主砲塔。呉海軍工廠で艤装中の状況で、近くの工員と比較すると、3本の砲身や砲塔の巨大さがわかる

軍令部から海軍省に「世界最大の一八インチ砲を搭載した不沈新鋭戦艦の研究に着手して欲しい」との申し入れがあった。海軍艦政本部は待ってました、と色めき、湧きあがり、気負い立った。一九一六年（大正五）ごろ長門型「陸奥」の設計以来二〇年近くほとんど無駄飯食いの状況にあった海軍艦政本部は、軍縮条約脱退後初の第三次海軍軍備補充計画（通称㊂計画）の機密保持を考慮して、仮名称に関する決裁を大臣から取り付け、将来「大和」となる戦艦の仮名称が「一二戦」、その後新仮称名「第一号艦」に決定していた。

海軍省内の一室で研究開始

艦政本部第四部（造船部門）は、軍令部の要求に従って、基本的な、しかも技術的に責任ある艦型、寸法などの設計を担当していた。第四部基本計画主任福田啓二造船大佐が全責任を負った。福田主任は、海軍艦政本部内の通常の艦艇設計現場から離れた海軍省内の一六畳ほどの一室で部下五名と共に新戦艦の機密事項の研究を始めた。一般配置および諸装置担当の岡村博技師、船体構造・防御担当は仲野綱吉、沢田正躬両技師、諸計算担当の今井信男技師、そして総合連絡担当の松本喜太郎造船大尉（後に少佐）の精鋭だった。

設計研究が進行するにつれ造船の竜三郎、牧野茂両造船少佐、小野塚一郎（後の技術少佐）、土本卯之助技師など各専門分野の達人が参加、国運を賭けた大仕事に情熱を燃やした。沢田正躬は第一号艦の構造のほとんどに関し手腕を発揮した。彼は呉海軍工廠造船部製図工場船殼班の製図見習いから技手養成所を卒業、艦政本部に移り、英国に出張、海軍技師となった船体構造の専門家で、艤装品や金具に至る改良、発明考案、試作実験をも手掛けた。特に仲野綱吉技師の豊富な経験と構想の口述記録として纏めた船体構造論は後続者への参考資料となった。戦後、石川島播磨重工業名古屋造船所の設計図書係の机上にこの青写真三冊が積まれていたという。

計画主任の命を受け岡本技師は、数十種にわたる艦型の各部搭載重量の配分、艤装装置の優劣に関する比較調査に関し自己の持つ技能を満遍なく発揮して職責に当たった。艤装設計は軍艦計画上の艦の速力、船体強度、復原性などに比肩するとも劣らない艦装備全般に亘っていた。諸計算担当の今井信男技師は、船体強度、造波抵抗、防御装置、速力、主砲斉射時の衝撃、爆風など計算機のハンドルを回しすべての要素を数字として表わした。チンチンとなる手動式計算機の音が室内に響き渡った。基本計画の仕事は、これらをバランスよく調整して船体の形を設計するのである。

山下省三郎技師は、一九三四年（昭和九）六月に艦政本部第四部の岡本技師の部下に配属された時の思い出を語っている。菱川万三郎造兵大佐（後に造兵中将、当時艦政本部一部計画主任）に三連装砲のリング・サポートの径を八・五メートルより小さくする交渉、仲野綱吉技師にリング・サポートに八フィート（二・四四メートル）のアーチを開ける交渉、艦本第五部の主機械担当長井安弌技師に艦幅を縮めるため床幅を二メートル縮める交渉など駆け引き、重量関係のデータをも汚れた小さなノートぎっしり書き込んでいたことを明らかにしている。

艦首の形状は日本の戦艦としては独特の前方に突き

目黒の海軍技術研究所の試験用水槽。艦船の模型を使って抵抗試験等を行なう大水槽である

呉海軍工廠造機部の製図場

新戦艦の計画案

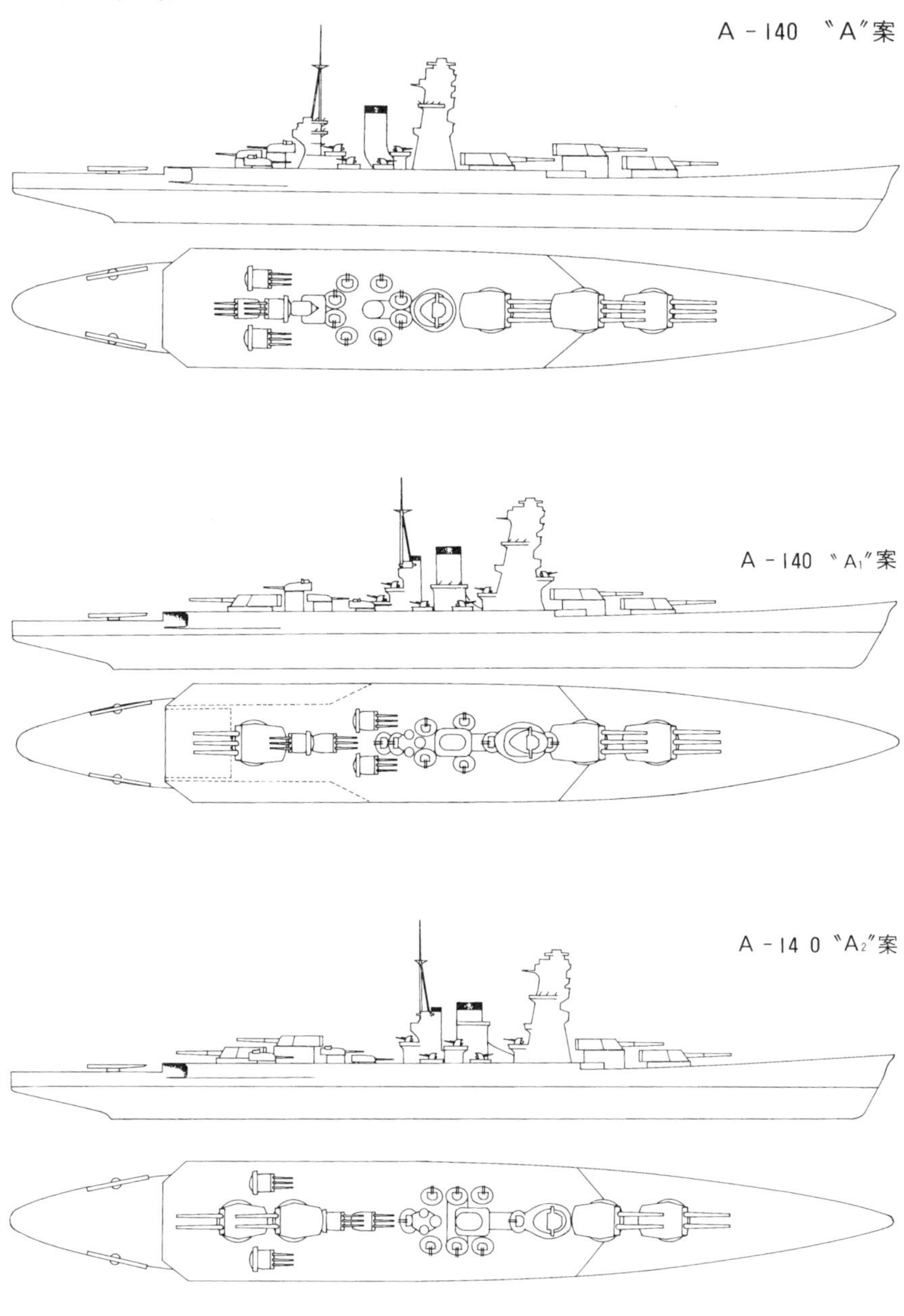

A140と呼ばれた大和型戦艦の艦型の計画案　　作図　石橋孝夫

出したクリッパー型艦首はいかにも新時代の戦艦らしく力感にあふれ、これに続く上甲板シーアーも重巡洋艦のそれに比べさすがに大艦らしく悠揚たるものがあると評される艦首の傾斜は、岡本技師の膨大な量の砲塔に対するコストダウンから生まれたという。一番主砲塔を一メートル低下させれば背負式の二番主砲塔は必然的に低下でき、バーベットの高さ一メートルに付き重量が約一〇〇トンの節減となる。岡村技師は前部主砲塔を下げられるだけ下げ、その結果艦首部の傾斜を持った最上甲板となったという。

　砲塔の構造は、砲室、旋回盤、上部給弾室、下部給弾室、上部給薬室、下部給薬室が艦底まで達し六階建てビルに相当する巨大な構造物だった。艦の中央部はサギングとホギングの縦強度上　砲塔部より高い高さが必要であり、また艦速に対し露天甲板が波で洗われないため砲塔部より高くせざるを得なかったという。当時アーマーを含めた鋼材はトン当たり約三〇〇〇円の膨大な金であった。岡村技師はコストダウンもさりながら、軽い、工数のかからない艦への情熱を燃やしていたという。

後部第三主砲塔は後部にそのままでは配置出来なかった。後部のみ二連装砲塔は軍令部が「うん」と言わず、福田啓二大佐も英国戦艦「ネルソン」のような前部のみ三連装三砲塔案に腹を決めたが、岡本技師が弾薬庫防御の揚げ底を考えつき、給薬室を上下二段に設けることで艦本一部と五部の了解を得て、給薬室の一部をシャフト・タンネルの間に入れて用兵上からも、経費からも有利な後部砲塔設置案が可能となった。

　また防御甲鈑は敵の同口径砲による二万～三万メートルの射距離からの弾丸に安全であることを前提に、水平甲鈑の一部を傾斜させて三万メートルの落角に対し安全かつ最軽量となるよう艤装と構造の無理をなくすことにも苦心されたのであった。

呉海軍工廠で起工式

　一九三七年（昭和一二）一一月四日、起工式は呉海軍工廠造船ドック内（長さ三一三・〇四メートル、幅四四・八六メートル）で行なわれた。円と半円二個で記されたマークを白色ペンキで印された一・五メートルのバーチカル・キール二枚がドック内の中央にある盤木の横幅二枚重ねのＤＳ材の上に立っていた。

呉鎮守府司令長官以下鎮守府側要人、呉海軍工廠長と各部長、そして船殻関係担当責任者が前の台座に向かってズラリと顔を揃えていた。鎮守府司令長官が短い挨拶をした後、神官が型通りに御祓をし、祝詞を読み上げた。鋲打ちを統括指揮する工長がバーチカル・キールの下部にピカピカに磨いた鋲を差し込んだ。この第一鋲を打つ儀式で鎮守府司令長官が柄の小さい金槌で、鋲の頭を二度叩いて、起工式は終わった。組長とボースンは鋲を抜き取り、予め焼いてあった本物の鋲を差し込んだ。ニューマチック・ハンマーはけたたましい音を立てて最初の鋲を「第一号艦」に打ち込んだ。

ドックの底一面二二〇メートルにわたって五列の盤木が並べられていた。キールとビルジ（湾曲部）の盤木の配列や構造に注意が必要だった。中心線のバーチカル・キール列は一九七個、四番ロンジ列一五〇個、一〇番ロンジ列二〇〇個、一番と七番ロンジ列二二八個、カット・アップ部五九個そして腹盤木は八個だった。盤木の間隔は一メートルから一・三五メートルで八四二個だった。他に三〇〇角補支柱一二三三本、四〇〇角補支柱六〇本が用意された。船体は、船底外板、フレーム、ロンジ、二重底の順に、下部より上部に組み立てていった。普通、軍艦一隻の鉸鋲（こうびょう）数は三万トン戦艦で約三二〇万本、「大和型」では六一五万本だった。如何に巨大であるかを示している。ブロック建造法のため艦首と艦尾が現われるまで鉄の箱を組み立てるようであった。

艦底が固まると、主要防御区画の建造にとりかかった。この鋼鉄の箱・主要防御区画には、主機械室、罐一二個、主砲塔三基基部、副砲塔四基基部、発電室などが収められる。第一号艦の特徴は、甲鈑が船体構造に複雑に組み込まれていたため、船殻工事予定を造船部だけで勝手に決定できなかった。甲鈑ができるまでその部分の構造は組み立てられなかったのである。

副舵取機室甲鈑工事は艦尾材鋳物の狂いと高さ、下部固めで苦労があった。副舵取り付けは、一九三八年（昭和一三）一一月中旬に防御鈑取り付けと鉸鋲、背

中央部平坦部甲鈑取付順序及期日

数字ハ甲鈑番号ヲ示ス

印着色部ハ主機及缶積込用揚鈑ヲ示ス

甲鈑番号	取付年月日
80. 88.	14-11-25
188. 190. 178.	〃 11-27
96. 86.	〃 11-28
186. 104. 112. 120.	〃 11-29
128. 110. 118.	〃 12-1
65. 63.	〃 12-2
94. 102.	〃 12-3
192. 126.	〃 12-4
64. 62.	〃 12-6

甲鈑番号	取付年月日
73. 189. 71. 81. / 79. 191. 89. 87.	14-12-7
72. 70. 97. 187. 105. 95. 113. / 103. 121. 111. 129. 119. 193. 127.	〃 12-8
60. 61.	〃 12-14
58. 59.	〃 12-16
184. 116. 206.	〃 12-19
185. 117.	〃 12-21
66. 67.	〃 12-23

甲鈑番号	取付年月日
108. 114.	14-12-24
100. 106. 98. 90.	〃 12-26
69. 68.	15-1-11
76. 74.	〃 1-14
109. 101. 115. 107.	〃 1-18
99. 91.	〃 1-19
92. 84. 82.	〃 1-25
77. 75.	〃 1-27
93. 85. 83.	〃 2-9

「大和」船体中央部平坦部の甲鈑取付順序と期日を記した呉工廠造船部船殻工場「一号艦工事記録 No.1 甲鈑工事 昭和十六年九月」の青図（青焼き）

材組合せ、一二月中旬に甲鈑型取り、主副舵取機室甲鈑取付け用吊り上げ金物は翌一九三九年（昭和一四）一月二一日三枚、二二日五枚、二十三日二枚、二月五日一枚の順に行なわれた。

次に重要部分を装甲で覆う集中防御方式を採用したので蒸気タービン、「艦本式ロ号」ボイラーなどの動力系、砲塔を動かす水圧原動機、大型補機を積み込まねばならなかった。煙路防御の「蜂の巣甲鈑」が配置された。艦尾には直径五メートル三枚翼のスクリュー四基、主舵と副舵、舷側水線甲鈑の一部、艦首部のバルバスバウも取り付けられた。前艦橋の一部も構築し船体が完成した。

正に開戦にあわせて完成

命名・進水式は一九四〇年（昭和一五）八月八日に行なわれた。工廠の全幅は四四メートル、船体全幅は三三・九メートルでその差は五・一メートル、船渠壁と船体との間は二・五五メートルしかなかった。しかも前部二基の主砲塔も未搭載だったため後部に四五〇〇トンの重量が大きく偏っていた。後部トリム吃水八メートル、艦首トリム約五メートル、そのため前部艦底や水防区画に三〇〇〇トンの海水を注水してバランスを保った。第一号艦がドック内で浮上した時、水線長二五三メートルの船体の前後部の吃水差は六〇ミリだった。計算通りに浮上したことは、建造中の重量測定が厳密に行なわれたことを示していた。

午前六時「第一号艦」は前後に一〇本のもやい綱が張られ船体が収まると海水がドック内に注水され浮揚した。午前八時二〇分、陛下の名代として久邇宮朝融王殿下が式台中央に立った。呉鎮守府司令長官が艦の前面に向かい命名書を朗読した。「軍艦大和　昭和十二年十一月四日工を起こし今や船体なるを告げここに命名の式を挙げ進水せしむ」呉海軍工廠長から造船部長へ進水命令が下った。

進水担当主任は号笛指揮により進水作業を開始した。「用意」「纜索張り合わせ」「曳き方始め」「進水用意よし」工場長は式台上の支綱を金斧で切断した。艦首のクス玉が割れ、鳩七羽が羽ばたき、圧搾空気で紙吹雪が噴き上げられた。機密保持のためくす玉、大軍艦旗、日の丸だけの式であった。軍艦「大和」は五隻の曳き船によりゆっくりとした速度で呉の海に出渠した。

「大和」は従来の艤装堀に入らないため、長さ一五〇メートル、幅二〇メートルの大型ポンツーン艤装用浮桟橋を二隻つないだものを右側に横付け、三〇〇トン海上クレーンで艤装工事に入った。厳戒態勢のなか、甲鈑工場から運ばれてくるアーマー二〇六枚が三〇〇トン起重機船に一〇〇トン吊り滑車を増設しさらに足場船まで造って作業、右と左に交互に甲鈑五六枚が舷側水線部に取り付けられた。最も厚い四一〇ミリ厚の舷側甲鈑は、高さ五・九メートル、幅三・六メートル、重量六八トンあった。この甲鈑を二〇度に傾斜した舷側に取り付ける作業は、関係者の間では最大の難関とされていた。しかし、熟練した岡田善吉現図工の考案した治具に最初から二〇度に甲鈑を傾けクレーンでつって取り付ける方法で解決した。この作業は八月一六日から九月一四日にかけて作業日数一七日間で完了した。大型甲鈑数は一三二〇枚、総重量二万一二五〇・六四二トンに及んだ。

一五メートル測距儀を吃水線上四〇メートルに装備する艦橋部は、上部の直径一〇メートル、下部の直径一二メートル、高さ三一メートルの大塔だった。大型模型を造り、その詳細を研究会で検討、決定後に陸上でブロック毎に電気溶接で組み立てた。前艦橋は艦のほぼ中央で中甲板から一三階、露天甲板から一〇階建てだった。一九三四年（昭和九）一二月一一日付の檣楼施設標準委員会は「切断面を概ね流線型とする」と定めた。最上甲板から防空指揮所まで一一階六メートルで塔内にはエレベーターが装備されていた。

最大の特徴である一八・一インチ主砲塔前部二基、後部一基は一九四一年（昭和一六）五月下旬から一〇月下旬に掛けて実施される予定だったが二ヵ月間繰り上げられた。三連装砲は一基二五一〇トン、砲身一門あたり一六七トン、全長二一メートルあった。呉には三〇〇トンの能力しかないので不便でも砲塔は分解せざるを得なかった。

砲塔部品は単体でも大きく重い旋回盤は直径一二メートルもあり、その搭載は大仕事だった。射撃精度に影響するローラーパスは太陽熱による甲鈑の伸び縮み

前部艦橋工事方案　46

1. 外筒大体組合セ要領

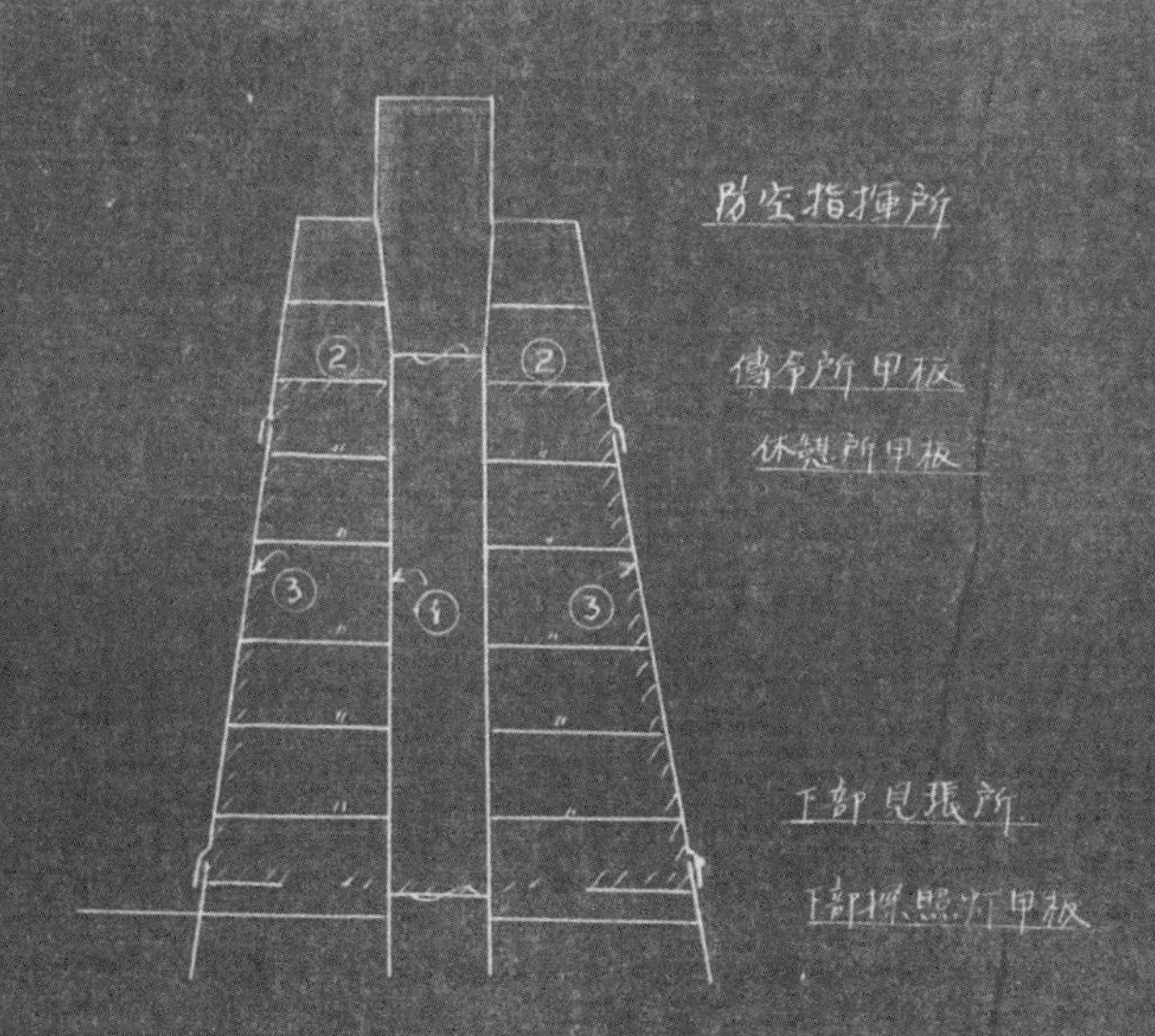

○ 通信筒及外筒ハ略図ニ示ス如ク
① 通信筒 ② 甲板 ③ 外筒 ヲ夫々陸上ニテ個々ニ
組合セヲナシ ▨ 部範囲ヲ一体トスル
○ 別ニ ▭ 印範囲ヲ含ジク陸上ニテ組合セヲナシ
一体トスル
○ 斯クシテ二体ノ「ブロック」ヲ作リ置キ現場ニ於テ
順次取付クルモノトス
○ 尚通信筒及外筒組合セ要領ハ「前部艦橋工事方案」ニ
依ル

呉海軍工廠造船部

「大和」前部艦橋工事の外筒大体組合せ要領を示した青図。呉工廠造船部船殻工場「第一号艦工事記録 No.3 一般構造工事 昭和十六年十二月」より。

の少ない夜明けを期して水平器を用いて船体部に取付けられた。主砲艤装工事に約一二万工数を要している。三砲塔の積込みが終わったのは五月下旬だった。再三の工事繰り上げ、海軍省は「年内に竣工せよ」との厳命、工事は準戦時状態の体制で進行した。

主砲塔旋回盤。画面に見えているのが上面で、重量277t、ローラーパス直径12.274m

この短縮工事を可能にしたのが西島亮二方式による工数の完全把握にあった。一〇月一六日からは予行運転が開始された。二〇日には全力予行運転、三〇日には全力公試運転が、四国・高知県南西部の海の玄関、豊後水道の南端にある宿毛湾で実施された。そして真珠湾攻撃前日の一二月七日には、自慢の一八・一インチ砲の公試も完了した。正に開戦にあわせ「大和」は完成した。

一九四一年（昭和一六）一二月一六日、「大和」は就役した。前甲板で祭事と授受式が行なわれ、呉海軍工廠長渋谷隆太郎中将から艤装員長高柳儀八郎海軍大佐に引渡書が手渡された。軍艦「大和」の艦尾旗竿に、海軍礼式第五七条による深紅の軍艦旗が掲揚された。「大和」は艦隊区分聯合艦隊第一戦隊、軍隊区聯合艦隊主隊に編入され、全作戦の支援任務に就いたのである。盤石不動の堂々たる「大和」の雄姿は、全海軍将兵の憧れの的となった。

〔「丸」二〇二二年一月号（潮書房）掲載〕

戦艦「大和」建造日記

日本の造船技術の粋を集めた「大和」型

昭和二〇年（一九四五）四月七日、第一号艦「大和」建造時に呉海軍工廠造船部設計主任であった牧野茂技術大佐は、横須賀海軍工廠で「大和」の沈没を知らされた。率直な感想は、「ああ、やっぱり沖縄までは行き着けなかったな、あの状況では無理だ」であったという。

「大和」構想時の基本計画担当だった艦政本部第四部・松本喜太郎造船少佐は、沖縄で「大和」が沈んだことを、「こんな最後のあがきをやっても駄目だ。それなら、むざむざ沈めずに残しておいて米国に渡し、『大和』をすっかり見てもらいたかった。そして、日本にはこれだけの造船技術があったということを世界に知らしめたいと思った」と、戦後になって回想している。

浮かんでいるものが絶対に沈まないということは理論的にありえない。しかし、「大和」に乗艦していた乗組員は、文字通り「大和」の不沈を信じていたという。

「大和」とは、どんな戦艦であったのだろうか。

日本海軍がその総力をあげ、日本の造船技術の高さを示した「大和」型は、新奇を排し堅実を旨とした機器の選定を行なって完成させた戦艦であった。

味方制空権下の決戦を想定し、砲弾に対する直接防御に万全を期する一方で、飛行機の集団攻撃に対する防御は、主砲発砲時の強大な爆風圧力による影響から、対空兵装の配置と要員保護に特別の配慮が必要であった。その配備は、一二・七センチ連装砲六基一二門と二五ミリ三連装機銃八基二四梃、一三ミリ連装機銃二基四梃、この程度で十分と思われていた。

従って、「大和」型は基本計画では、おおむね日露戦争の日本海海戦、第一次大戦のジュトランド海戦に基づく戦訓にきわめて忠実で、大艦巨砲への拡大に終始し、その頂点に君臨する戦艦となった。

艦載砲の開発は、船体の設計に先行して進められていた。

昭和三年（一九二八）七月、艦政本部第一部製図場で、一八インチ三連装砲塔の研究設計および工廠の設備増設改築計画が開始された。そして、昭和九年（一九三四）一一月、呉工廠砲熕（ほうこう）部は三連装砲塔の基本計画と工場の製造設備の準備を終えた。

砲塔は尾栓開閉の可能限度により決定された。砲弾を装塡する時に開く尾栓は、三門とも右開きにすると、砲塔全体の重量が七〇〜八〇トン増すので、中砲と右砲は右開き、左砲が左開きとされた。また、砲身間隔をできる限り狭く設計して砲塔重量の増加を抑えた結果、一砲塔の重量は二五一〇トンとなった。

設計時には、発射時の相互隣砲の影響は問題とされなかったが、巨砲発砲時の爆風の影響には十分な配慮が払われ、主砲隔時発砲装置が開発された。

四六センチ砲は制式兵器として採用され、九四式四〇センチ砲と呼称された。昭和一三年（一九三八）三月、四六センチ砲身の一門目が完成し、広島県亀ヶ首射撃場で試射に成功した。

一方、注目に値する新技術の開発も数多くあった。巨大な球状艦首、四六センチ三連装砲塔の諸機構（大容量ターボ水圧ポンプ、旋回装置など）、高性能VH、MNC甲鈑、蜂の巣甲鈑、短艇の甲板下格納、ターボ冷却機、大部分の居住区の冷房などである。

このようにして、「大和」型戦艦は、攻防力の充実に加えて、不死身に近い安定性能に関しても、技術者として考えられる限りの可能性を考え、その対策を十

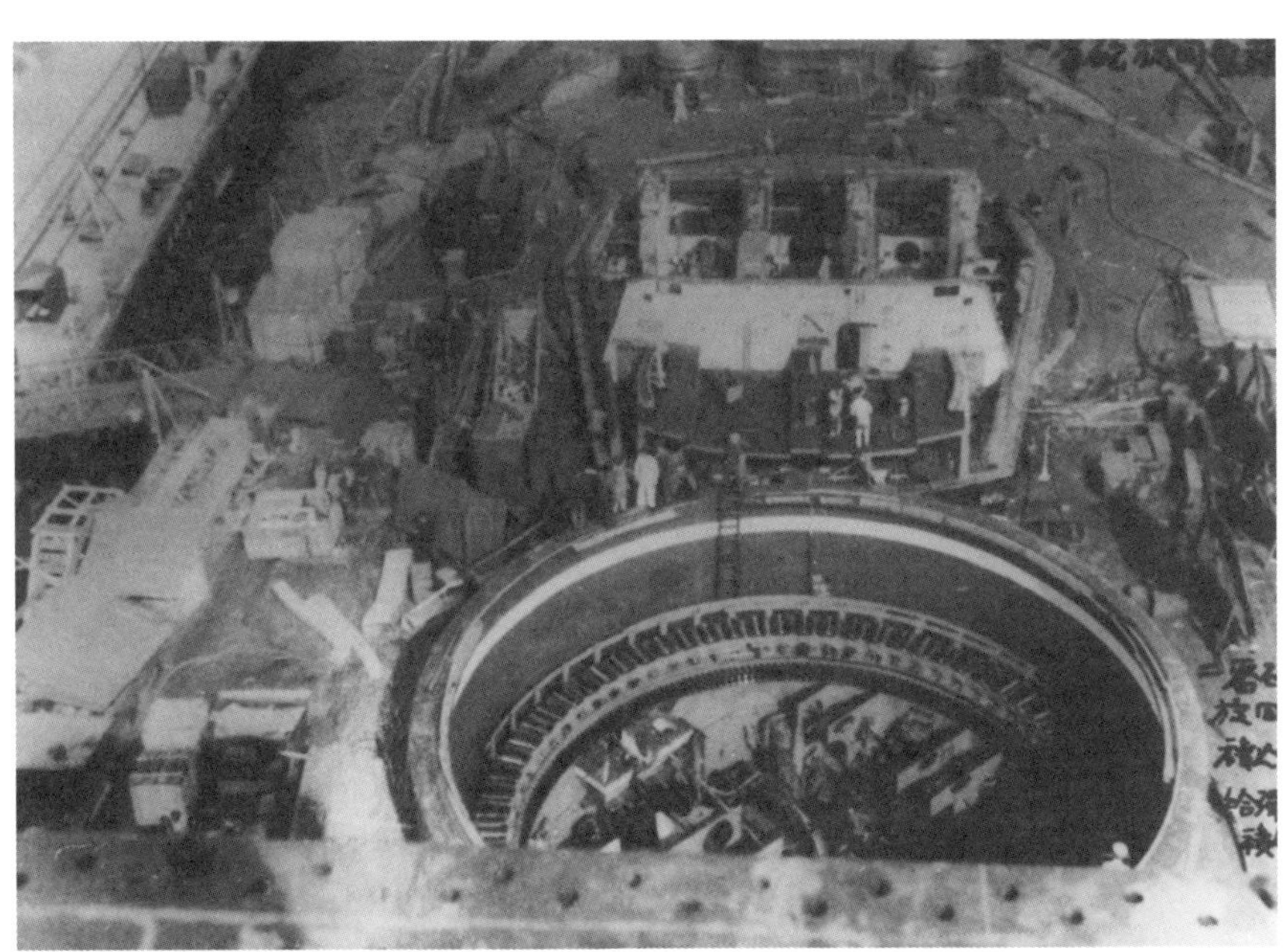

「大和」前部主砲塔の旋回盤積込作業。1番砲塔は積込完了、2番砲塔は積込準備中の状況

分に取り入れた画期的戦艦となったのである。

主砲塔の重心低下策

「大和」型戦艦の予算成立の二年前の昭和九年（一九三四）一〇月、艦政本部は軍令部からの要求に基づき、来るべき対米艦隊決戦を念頭に置いた新戦艦の基本計画に着手した。

当時の艦政本部長は中村良三大将であった。そして、砲熕関係は、菱川万三郎中将の下、砲塔設計でもっとも難しい旋回装置を齋尾慶勝技師、砲身・砲弾は久保哲造兵中佐が受けもち、秦千代吉技師ほかが補佐した。甲鈑（こうはん）関係は呉海軍工廠製鋼部の佐々川清技術少将、造機関係は渋谷隆太郎技術大佐、主機装置は長井安弌（やすいち）技師が担当した。

造船関係では、設計計画主任の福田啓二造船大佐の下、一般配置および装置担当は岡村博技師、防御を含む船体構造は沢田正躬技師と仲野綱吉技師、諸計算は今井信男技師、総合連絡は松本喜太郎技術大尉で、基本構想研究を開始した。

特に注目されたのは、船体構造の強度、そして復原性にあった。水雷艇が演習中に転覆して以来、船体の重心が下にいくように装備の設計が行なわれていた。

艦型に対する各部の搭載重量の配分、艤装配置の優劣などに関する比較調査を担当する岡村技師は、重量関係のデータで埋まったノートを整理しながら艤装設計にあたった。五〇〇分の一縮尺の艤装図を描きながらあらゆる排水量の算定が行なわれた。

前部主砲塔の重心を下げられるだけ下げるための工夫がなされた。一番主砲塔を一メートル低下させると背負式の二番砲塔の位置などは必然的に低下でき、バーベット（装甲で覆われた砲座）の高さ一メートルにつき重量が約一〇〇トン、三砲塔で三〇〇トン、これに支持装置の構造を合わせると約一〇〇〇トンの軽減になった。

後部主砲塔設置は、給薬庫、弾火薬庫の縮小、給薬室を上下二段に設けて給薬室の一部をシャフト・タンネルの間に入れることで、重量軽減の可能性が見いだされた。


本艦の乾舷は、前部一〇メートル、中央八・六六七メートル、後部六・四メートルで、主砲塔の海面上の高さは第一主砲九・四八メートル、第二主砲一二・四八メートル、第三主砲一一・三メートルであった。

主砲を首尾線方向に発射すると強大な爆風が生じるため、露天甲板には何も置けなかった。そこで、後部両舷内部に短艇格納庫が設置された。

こうして、世界最大の艦載砲である四五口径四六センチ砲九門を搭載した「大和」は、基本計画案・設計符号A一四〇を与えられ、昭和一〇年（一九三五）一〇月一九日の高等技術会議において、艦型「A一四〇F五」として最終結論が出された。

軍艦計画の重要性は、速力、船体強度、復原性、艤装設計にあり、その良否はただちに戦闘力に影響する。同時に、あらゆることが損傷対策、故障局限の見地から考慮されたのである。

その後、一一月二日付で艦政本部長の中村良三大将は、「大和」型戦艦を建造するにあたって異例の「主力艦代艦に際し関係各部長に訓示」を指示している。

なかでも、機密保持が重視されていた。最高機密は、

公試中の「大和」の前部。重心を下げるため1番主砲塔の位置は低く抑えられている

搭載砲の口径が四六センチであることで、艦の全長はもちろん、艦幅の寸法が漏れることのないよう厳重にいい渡したのである。

起工の準備開始

決定された計画案艦型「A一四〇F五」では、主機械運転用の燃料消費量節約のために内燃機関（ディーゼル・エンジン）二軸を装備する予定であったが、主機械四基をすべてタービン装備に大変更することを余儀なくされ、最終艦型「A一四〇F六」となった。

設計変更によって、起工時期における加工工事が遅れ、準備が間に合ったのはわずか重量二〇〇〇トンという状況であった。

建造期間を決定するには、甲鈑取り付け以前に主機械、主缶、補機類、大型艤装品などを船体内の必要個所に設置しなければならないため、これらの入手時期と搭載日時を確定する必要があった。

また、同時に造船船渠（せんきょ）（ドック）の規模の関係で進水時の船体喫水の制限があり、潮高との関係を考慮しなければならなかった。

第一号艦「大和」の建造命令は昭和一二年(一九三七)八月二一日に発令され、呉海軍工廠部長会議で作業日程が煮詰められ、起工は同年一一月四日と決まった。

昭和一二年(一九三七)一月二一日付の予定では、進水=一五年八月上旬、主機械積み込み=一四年九月、缶積み込み=一四年五月中旬、発電機、水圧機、空気圧搾機などの積み込み=一四年六月中旬、主砲積み込み=一六年五月下旬、予行運転=一六年一二月七日、公試運転=一七年一月下旬、引き渡し=一七年六月一五日であった。

遅れを取り戻して納期に間に合わせるために、船殻(せんこく)加工機械の配置替えを実施して能率改善が図られた。

第一号艦の完成期日は、本艦に装着される甲鈑の製造能力にかかっていたが、甲鈑を製造する呉海軍工廠の甲鈑生産量は月産二〇〇〇トンに満たなかった。

第一甲鈑所は、鈑の最大寸法幅三三〇〇ミリ、長さ七五〇〇ミリ、仕上がり重量四〇トン、第二甲鈑所は、幅四五〇〇ミリ、長さ一万一〇〇〇ミリ、仕上がり重量八〇トンを生産する能力しかなかった。

新戦艦の公試排水量六万九一〇〇トンに対し、甲鈑のみの重量は二万一二五〇・六四二トン、すなわち艦重量の三〇パーセントが装甲であり、大型甲鈑数は一三二〇枚に及んだ。「金剛」の装甲鈑重量は六三一〇トンで艦重量の一七・四パーセントだったことからも、新戦艦がいかに防御を重視していたかが理解できる。

「大和」、「武蔵」両艦の甲鈑重量は「金剛」型戦艦七隻分に相当し、呉海軍工廠製鋼部はこの甲鈑を短時日に従来と同一設備で製造しなければならなかった。そこで、第三製鋼工場(七〇トン酸性平炉三基)が新設され、この三基による合わせ湯造塊法を採用し、最大で二〇〇トン鋼塊を造った。

さらに、この鈑厚の中心部を鍛錬するために、世界最大のドイツ・ヒドロリック社製一万五〇〇〇トン水圧機が購入された。その諸元は、鍛造能力鋼塊直径最大二八〇〇ミリ、経済的鋼塊直径二五〇〇ミリ、三連式水圧ポンプ、使用圧力三〇〇気圧であった。

新戦艦に採用する甲鈑を担当する呉海軍工廠製鋼部長・佐々川清技術少将は、建造に際して、砲塔、砲塔前盾、舷側用などには従来のものとは異なる表面硬化甲鈑のＶＨ甲鈑、舷側下部甲鈑用には均質甲鈑のＮＶＮＣ甲鈑、甲板用（水平防御用）として均質甲鈑のＭＮＣ甲鈑、水平防御用甲鈑に均質薄甲鈑のＣＮＣ、ＣＮＣ１、ＣＮＣ２甲鈑、煙路防御用甲鈑には蜂の巣甲鈑を採用した。

従来の主力艦である「比叡」、「榛名」、「霧島」では、英国ヴィッカース社の技術を全面的に取り入れたＶＣ甲鈑を、舷側、弾火薬庫、砲塔、砲盾などの防御甲鈑としていて、ＶＣ甲鈑の製造には約一ヵ月の日時を要した。

新採用の耐弾抗力を向上させたＶＨ甲鈑は、熱処理法を工夫して製造に要する時間をＶＣ甲鈑の約三分の二に短縮できた。その結果、同一設備で生産量は五割増しとなり、期限内に本艦の建造が可能になるだけでなく、製造原価も著しく低下したのであった。

厳戒態勢で建造された第一号艦

第一号艦「大和」は、一〇〇〇トンに増強されたガントリー・クレーンを有する呉海軍工廠造船船渠内で建造された。工廠側は、このような戦艦を造るという連絡を受けて、十分な時間をかけて準備を開始していた。

なお、呉海軍工廠の造船船渠は、渠底全体を一メートル掘り下げて巨大戦艦建造用に改修されていた。

建造中の船体は、船渠内に隠れるので側面からは見えにくかったが、棕櫚縄暖簾（しゅろなわのれん）をつり、下方はトタン板一〇〇〇枚で囲って視界を遮断、工廠の上方にある宮原町の民家や道路から見えないように、ガントリー・クレーンの上部に船体二六三メートルの約四分の一の長さにわたって上屋を造って内部を隠蔽した。

昭和一二年（一九三七）一〇月初旬、造船船渠中央に、進水予定重量三万六一六九トンの見積もりに見合った船体の合わせ盤木八四二個と支柱一二九三本が用意された。船体外形を計画通り正確な寸法に組み立てるには、盤木の配列と構造が重要であった。

船殻構造の原則は、鋼板を用いて細長い箱形を造って船体に生じる応力を託すことにあった。この箱の形を保つために、縦横に隔壁および各種の肋材（ろくざい）（縦通材

呉工廠の造船船渠には、目隠しのため巨大な上屋が造られ、側面には棕櫚縄暖簾が吊られた

呉海軍工廠第4ドック。戦艦「大和」建造のため渠底を1m掘り下げた（写真は戦後の撮影）

に直交して船を輪型に固める骨）を入れ、縦に連なるものが直接船の縦強度をサポートするのである。

肋材の強さおよび間隔は、外板の面に直角に作用する水圧、海水の衝撃および外板に沿って働く圧縮力による変形や破壊を防げるように決められた。

外板および甲板は船殻構造のもっとも主要な部分で、船の縦強度の主要材となるのと同時に海水が艦内に入るのを防ぎ、防御の一部を受けもつ。外板は縦長に用い、舷側厚板（シャーストレーキ）、梁上側板（デッキストリンガー）、甲板の縁および竜骨部にもっとも厚い板を使用した。

大艦では、中央底部の大部分は外板の内側に内底板があって強度を保ち、外板との間の間隔は諸タンクに利用された。この区画を二重底といい、外板が損傷した場合の保護も兼ねていた。

船体の固めはこの部分から開始された。縦材（ロンジ）、舷側縦材（サイドストリンガー）、桁（ガーダー）、縦隔壁は縦通材の上に、横隔壁は肋材に設けることになっていた。

新戦艦の設計は、甲鈑を船体舷側の防御鈑として取り付けるのではなく、船殻構造に組み込まれる縦横混合骨組み式の全体構造をもち、中心線縦壁に二重式構造とした点に特徴があった。

上層甲板の甲板線を艦首から艦尾まで波形で通し、縦強度材に連続性をもたせて構造重量の節約を図ったので、横から見た艦型はスマートであったが、艦幅は巨大で従来の日本の戦艦とは桁違いであった。

つまり、船体構造材料の重量を少しでも節約するため、甲鈑に防御用に加えて構造用としての役割をもたせたのである。第一号艦では、舷側甲鈑の下部半分がこの役割を果たす構造になっていた。

この甲鈑の一部を船体強度材に利用する方法は平賀譲中将が考案したもので、その優秀性で世界の造船界を驚かせた一等巡洋艦「古鷹」型の設計に採用されていた。

工事の遅延に苦しむ

起工式は昭和一二年（一九三七）一一月四日に行な

「大和」の船体断面図

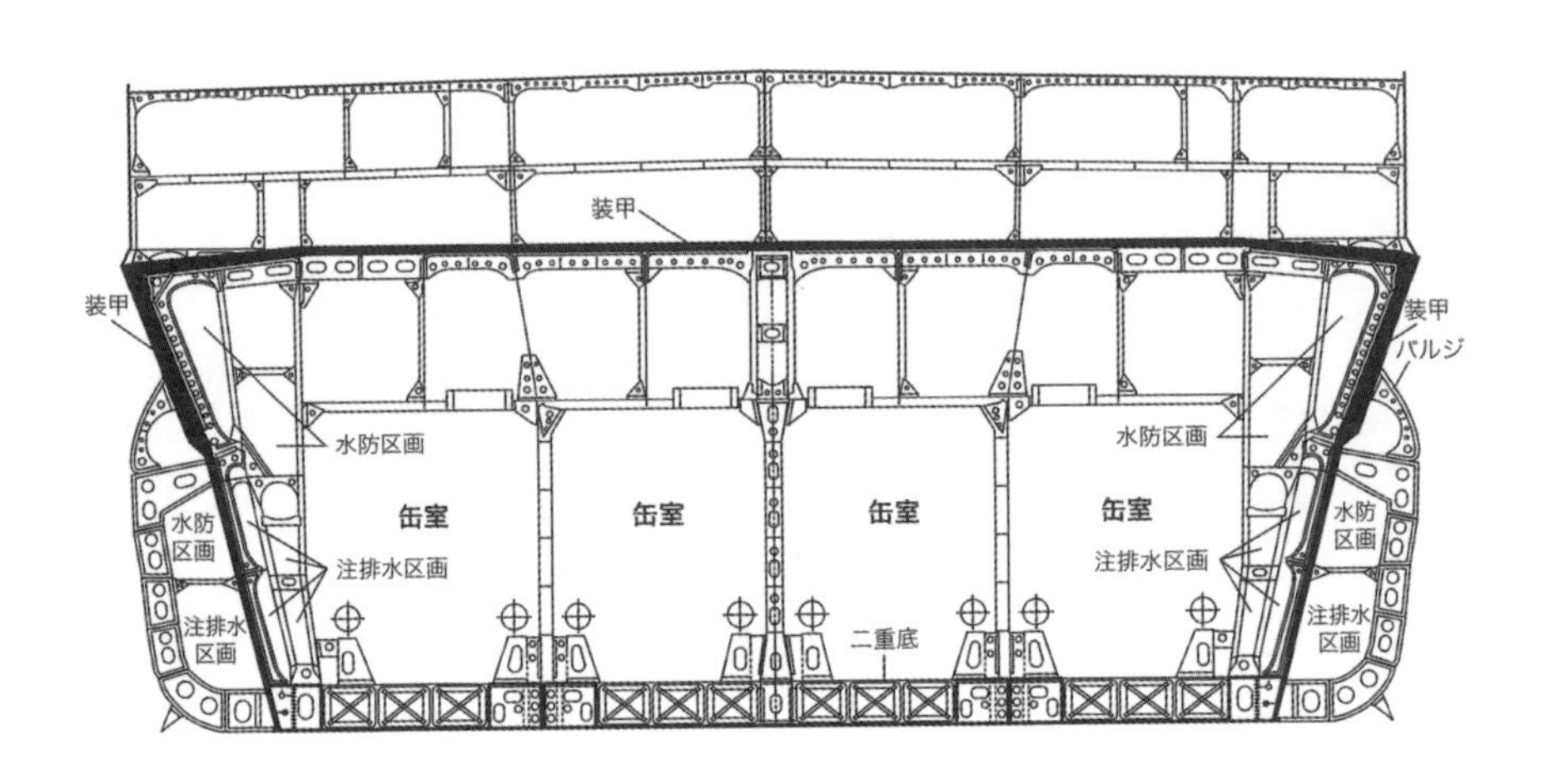

われ、艦底部の鋼鈑の組み立てが開始された。

普通、軍艦一隻の鉸鋲数は、三万トン級戦艦で約三二〇万本、五〇〇〇トン級巡洋艦で約八〇万本、一〇〇〇トン級駆逐艦で約六〇万本、八五〇トン級駆逐艦で四五万本であった。これに対して、「大和」型の鉸鋲数は六一五万本であり、「大和」型が従来の戦艦に比べていかに巨大であったかが分かる。

昭和一二年（一九三七）四月二日から翌一三年一月一〇日にかけて木型が送付され、約二週間後に甲鈑が搬入された。そして、甲鈑の陸上での組み合わせが開始され、罫書、穿孔および削方が行なわれた。

下部舷側甲鈑、弾床甲鈑、横壁部分は、製造が予定より大幅に遅延していたものの、その製品が見事な出来であったので、取り付け工事で遅れを取り戻すことができた。

弾床甲鈑下部に配置する弾薬庫関係の注排水用重量一・五トンの大型弇（覆い）や管関係、重油移動管工事も遅延していて、各砲塔下部の固め工事に支障を来していた。

主機械、本缶ならびに缶室から搬入する大型機械も相当遅れていた。

　高圧衝動タービンの左舷外側と内軸は横須賀海軍工廠、右舷外軸と内軸は佐世保海軍工廠で製造され、低圧タービンの左舷外軸、内軸と右舷外軸は呉海軍工廠、右舷内軸が広海軍工廠で製造中であった。巡航タービンおよび主減速装置ならびに巡航減速装置四個と軸系軸受けはすべて呉海軍工廠で製造されていた。

　また、主復水器の製造は左舷外軸が佐世保海軍工廠、左舷内軸が横須賀海軍工廠、そして右舷外軸と内軸が呉海軍工廠で、推進器（スクリュー・プロペラ）は広海軍工廠が担当した。

　艦本式ロ号重油専焼缶（二号丁型）は、四缶（一、五、六、一一缶）が横須賀海軍工廠、残り八缶が呉海軍工廠で手分けして製造中であった。

　進水条件は、缶室、機械室の天井となる下甲板が二重となる甲板甲鈑を載せ、さらにその上部を組み立てることにあったので、これらの遅れを取り戻すために非常な苦心が払われた。

　電気部は、舷側に電線通路を取り付けるために舷側の固めを急ぎ、工事の促進を図って中心工事の遅れを補った。

　中甲板の甲鈑は厚さが二〇〇ミリなので、管類、通風、電線などの艤装用貫通孔の穿孔に手間がかかった。穿孔は、水圧喞筒（そくとう）室四個、発電機室八個、変圧機室三個、前後空気圧搾喞筒室二個、冷却機室五個、中部注排水管制所一個、中部戦時治療室中部負傷者収容室一個、前部配線室一個、後部配線副管制盤室一個、火薬庫冷却用一五個、前後部下部電信室二個、発令所一個、そのほか七個で、合計面積は一一万四四一〇平方センチ。

　これに、缶室一二個、機械室四個、機械室造水装置室二個を加えて合計六九個となる。また、排気孔は四三個であった。

　主要防御区画であるバイタル・パートの艤装は、完全性を期すとともに工事期間を短縮するために、すべて実物大模型によって穿孔位置が決定された。

工事の遅延を回復するための努力

甲鈑の伸縮の実験が実施され、以下の結果が出た。
昭和一三年（一九三八）四月一日晴、午前七時から九時三〇分までは〇ミリ、午後二時三〇分までは一二ミリ。

そこで、現場孔写し時間を午前七時三〇分から九時三〇分の間に行ない、全長を通じて型板に写し取る定規で「フレーム」も写し取ることとなった。

実物大模型の利用は、改造工事の発生を皆無にした。

室内全装置の模型、主砲発令所、下部司令塔、前部配線室、伝令所、第六と第八発電機室、第一水圧喞筒室、第一重油移動喞筒室、室内装備の兵器艤装品のなかでも重要な右舷高角砲発令所、副砲発令所、前部転輪羅針儀室、転輪羅針儀用電動機および冷却装置、注排水指揮室、一番主砲弾庫、上部火薬庫、下部火薬庫、後下部電信室、そのほかの模型を調査した。

その結果により、模型作製の要否を決定し、左舷高角砲発令所、経線儀室、副砲発令所、電話交換室、通風機位置、主管制盤室、後部配線室、転輪羅針儀室の実物大模型が作製された。

艦内通信用ケーブルは、径一・六ミリ、六〇〇芯紙絶縁油含侵の鉛被鎧装（なまりひがいそう）（径五ミリの鋼線を巻く）の特殊多心電線を採用し、前部配線室五六本、後部配線室二〇本、艦橋に約一二本を敷設した。そして、主砲以下の砲戦指揮および艦内通信全系統に採用した。この時、艦橋と艦底の配線室を連絡する通信用鎧装ケーブル一〇本を敷設したが、そこから漏油していたために、一本ずつ引き上げて調査し鉛被の亀裂を発見した。

このように地上での作業が増えたために、中甲板甲鈑の入手も遅れた。それは、さらに中央部の固めを遅らせる結果となり、船殻工事はますます難航することとなる。

しかし、その後の工事の進み具合は目覚ましく、船殻工事は下部より固め、その結果を十分に検査して残りの工事の絶無を期し、上部の固めにかかった。

上部の組み立て前に水張り試験を実施してから、部分的に艤装工事に着手した。そして、艤装工事と船殻工事が並行して進められた。

さらに、塗装工事を青天井のうちに完了させた。それまでは上部甲鈑が張られてから実施されていたので、目が痛んで工事に支障を来していたのである。

下甲板甲鈑の固めはきわめて複雑で、砲塔は甲鈑が亀の甲型になっていたためにその組み立ては非常な難工事となった。砲塔に関する工事は、高い精度が要求されたために、前部と後部の防遮甲板が遅延し、砲塔付近の固めが遅れた。

甲鈑の完成時期が常に確認され、その都度、工事計画を改編し、予定未達を防ぐ工夫が施された。加えて、甲鈑に関する製鋼部との連絡が非常に密接であったので、船殻の狂いはほとんど生じなかった。

難航した舵関係の工事

副舵取機室甲鈑工事は、艦尾材鋳物の狂いと高さ、下部固めで苦労があった。

副舵取り付けは、昭和一三年（一九三八）一一月中旬に防御板取り付けと鋲鋲、背材組み合わせ、一二月中旬に甲鈑型取り、主副舵取機室甲鈑取り付け用つり上げ金物は翌一四年一月二一日（三枚）、二二日（五枚）、二三日（二枚）、二月五日（一枚）の順に行なわれた。

後部の大型鋳物工事はきわめて順調に進行したが、操舵室の甲鈑はかなり遅れた。

主舵取機室甲鈑工事は、現図木型で製作された天井甲鈑（八枚）で完成した。本艦の主舵面積は三八・九平方メートル、畳約一九畳分の大きさがあり、全速力で航走中に舵角三五度で舵が水流によって受ける圧力は三六五トンが見込まれた。舵一枚の重量は約七〇トン、舵軸の外径は九〇ミリ、内径は五〇ミリの中空軸、材質は鋳鋼であった。

舵は、船渠底との関係で先に入れる必要があった。しかし、操舵機械の遅延のために、軸心の見通しまで非常な苦心を要したのであった。

進水重量が明らかになったため、進水後に予定していた舷側甲鈑の一部、艦橋、下部艦橋、それ以下の上部構造物も搭載することができた。

毒ガス防御に備えた気密室をもつ前檣楼には四、五人用の昇降機が設置され、上甲板から作戦室（第一艦橋直下）まで昇降が可能であった。第一、第二艦橋は、窓ガラスを閉じ出入り口の扉を閉鎖すると準防毒区画となった。

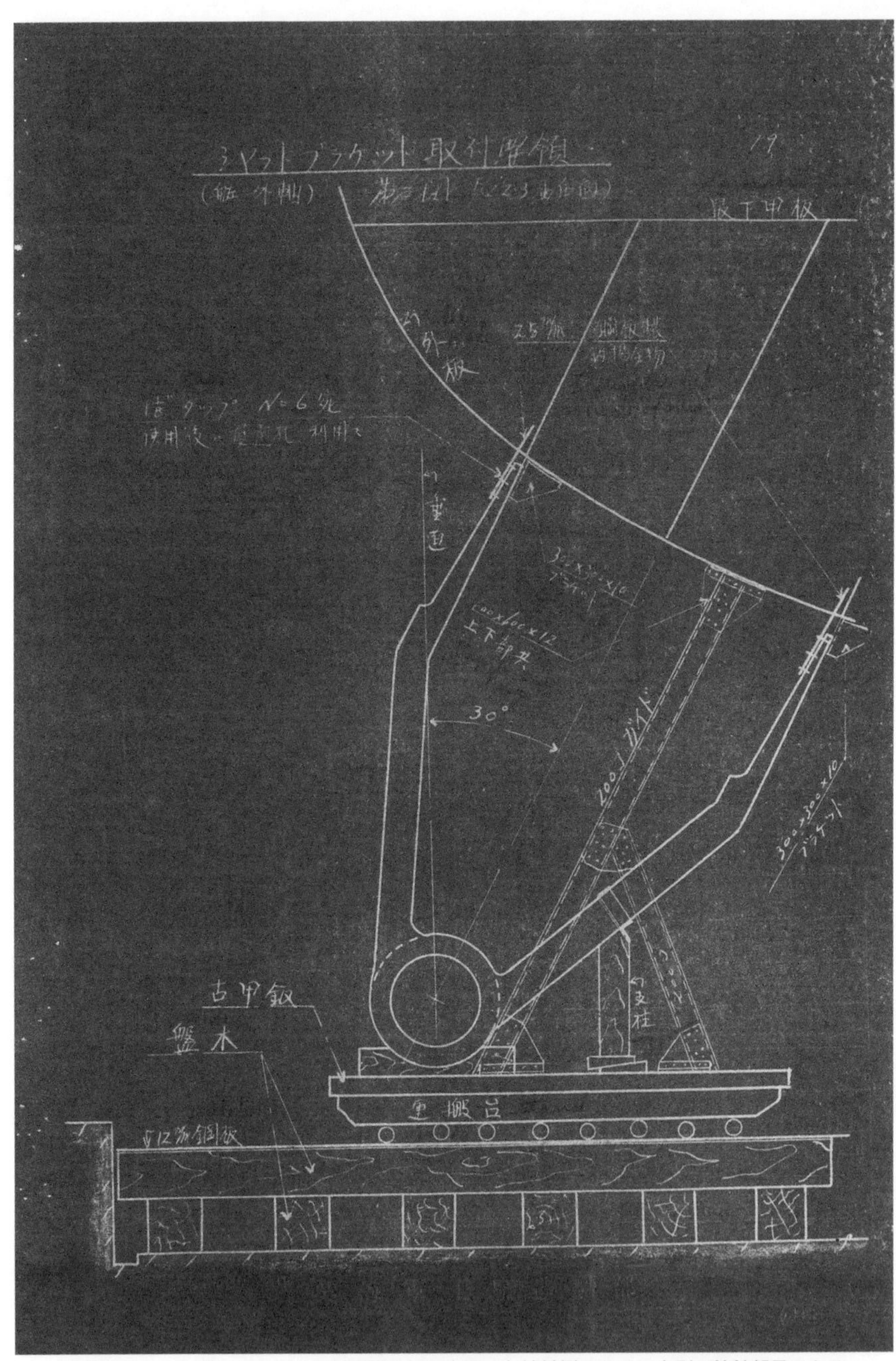

「大和」シャフトブラケットの取付要領を示す青図。左舷外側のもので大型の鋳鉄部品である。
呉工廠造船部船殻工場「第一号艦工事記録 No.2 鋳物工事 昭和十六年十二月」より

昭和一五年（一九四〇）一一月頃、防毒用濾函（ろかん）（フィルター・ボックス）が、主砲塔に二個あて三ヵ所、機械室一個あて一二ヵ所、そのほか司令室、通信室など指揮操縦室四から五ヵ所に五〇日かけて取り付けられた。防毒衣、防毒面（マスク）は乗組員数の一・二倍の数が用意された。

船体長の八分の一にあたる前後端部・船体水中部の水線下外板横縁の接手は、表面を平滑にする衝き合わせ接手、それ以外を重ね合わせ接手として重量と船体抵抗の増加が抑えられた。

「大和」の艤装開始

昭和一五年（一九四〇）八月八日、第一号艦は予定通りに進水式を終えた。

命名・進水式の後に出渠した第一号艦「大和」は、既存の艤装用地には入らないので、港務部の引き船五隻により、丙錨地（へいびょうち）に設置された長さ一五〇メートル、幅二〇メートルのポンツーン二隻を縦につないだ桟橋の右側に横付けされ、三〇〇〇トン海上クレーンで艤装が開始された。

艦首前方両舷側に目隠し用の簾（すだれ）が垂らされたが、これは艦の幅から砲塔の大きさを推測されることを防ぐことが目的だった。「大和」の右舷側には空母「鳳翔」を、沖合には給糧艦「間宮」を停泊させて対岸からの目隠しとした。

こうした厳戒態勢のなか、甲鈑工場から運ばれたアーマー二〇六枚が、三〇〇〇トン海上クレーンを使って右と左に交互に、甲鈑五六枚が舷側水線部に取り付けられた。

もっとも厚い四一〇ミリ厚の舷側甲鈑は、高さ五・九メートル、幅三・六メートル、重量が六八トンあった。

この甲鈑を二〇度に傾斜した舷側に取り付ける作業は、関係者の間では最大の難関とされていた。しかし、熟練した岡田善吉現図工の考案した「治具（ジグ）に最初から二〇度に甲鈑を傾け、クレーンでつって取り付ける方法」で解決した。この作業は、八月一六日から九月一四日にかけて作業日数一七日間で実施された。

呉工廠で艤装工事中の「大和」。右舷に艦首をのぞかせているのは空母「鳳翔」、主砲塔の遠方は給糧艦「間宮」で、いずれも工廠対岸からの目隠しに停泊させたもの

その後の甲鈑の搭載、艤装工事などはきわめて順調に進行した。これは、海軍全体の推進力と綿密な工事計画および納入品の期日の厳守、各部門の連絡が密であったことを示している。

中央部中甲板甲鈑工事を例にとると、第一砲塔付近および第二砲塔付近の舷側傾斜甲鈑取り付け（五四枚）は、昭和一四年（一九三九）七月一七日＝左右舷各三枚、一八日＝右舷一枚、一九日＝右舷一枚、左舷二枚、二〇日＝左右舷各六枚、二一日＝左右舷各六枚、二八日＝右一枚、左二枚、二九日＝右三枚、左二枚、八月四日＝左右舷各六枚と、作業は順調に進行している。

中央部平坦部中甲板甲鈑取り付け（七九枚）は、昭和一四年（一九三九）一一月二五日から翌一五年二月九日にかけて作業日数一八日間で完了した。

前部中甲板一番および二番主砲付近

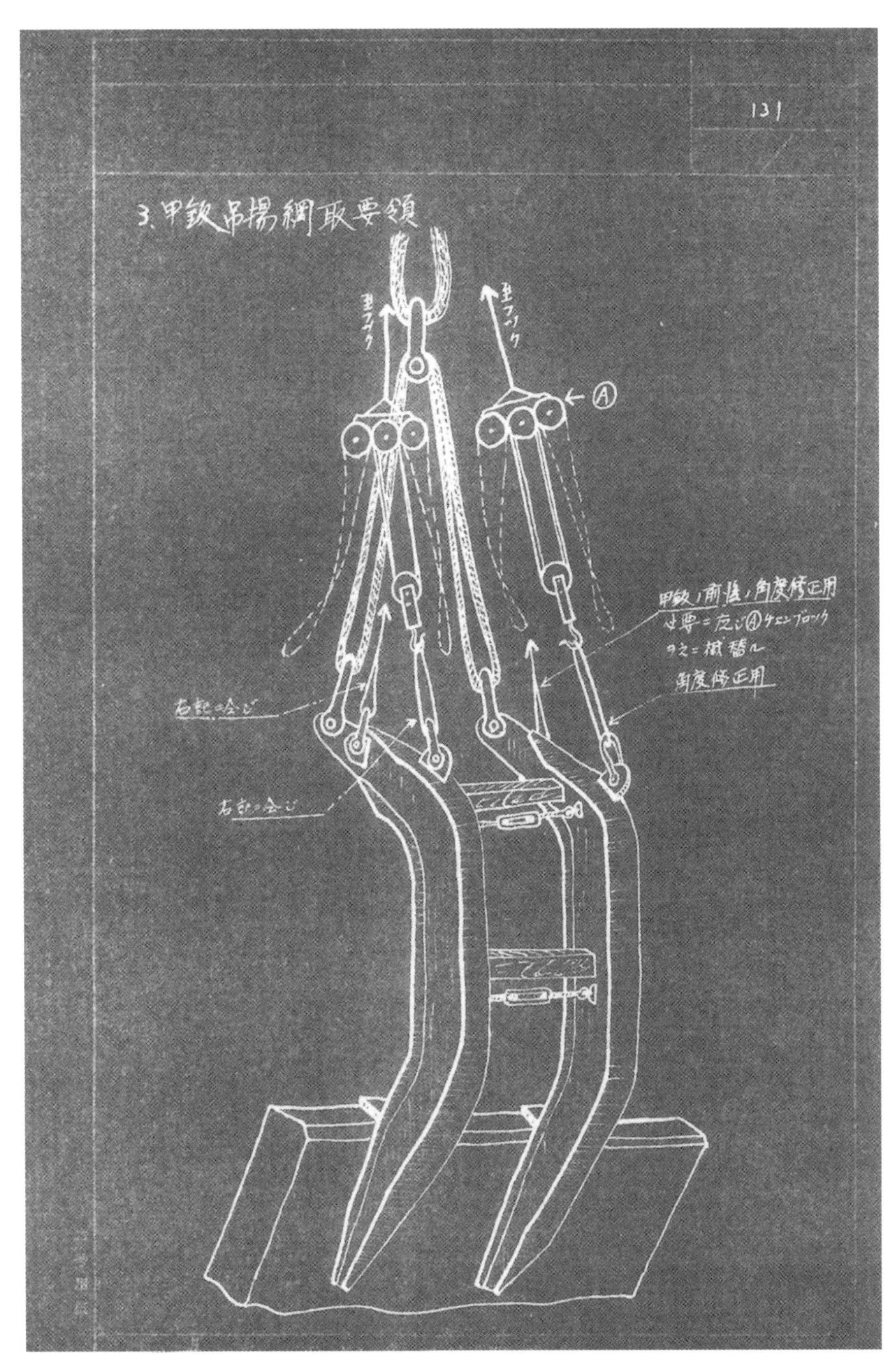

「大和」の舷側甲鈑を取り付ける要領を示した青図。甲鈑を舷側の傾きに合わせた角度で吊り上げる。
呉工廠造船部船殻工場「第一号艦工事記録 No.1 甲鈑工事 昭和十六年九月」より

は、一〇月一二日から一六日、そして一一月四日から九日までに装着を終えた。さらに、一一月一一日から二〇日までに後部中甲板甲鈑（第三番主砲塔）の二四枚を装着できた。

　前部最上甲板鋼鈑および全甲板工事を含む甲板構築は、陸上では組み合わせ穿孔などの加工を行なわず、甲板鋼板取り付け後に現場で配列して作業を完了した。

続々と取り付けられる甲鈑

　昭和一五年（一九四〇）四月上旬から前部最上甲板の甲鈑取り付けが開始された。「ビーム」と「ガーダー」の組み合わせは五月一〇日に取り付けられた。六月上旬には甲板鋼板取り付け、先打ち鋲の鉸鋲、甲板取り外し、七月一〇日に甲鈑の本取り付けが実施され、錨鎖（びょうさ）甲板から波よけ号令台まで両舷に七〇枚。中央部最上甲板甲鈑取り付けは、同年六月七日から一八日までに、そして甲鈑一〇枚の本取り付けは六月二四日、二五日の両日で完了した。


　昭和一五年（一九四〇）四月上旬から五月二〇日にかけて、後部最上甲板甲鈑取り付けが行なわれた。「ビーム」と「ガーダー」組み合わせ、取り付け工事が五月一〇日から六月二〇日までに、甲板鋼板取り付けが五月一〇から六月三〇日、甲鈑本取り付けが九月一〇日から一〇月五日までに完了した。

　露天甲板には、幅約九インチ（二二九ミリ）、厚さ約三インチ（七六ミリ）のチーク材（熱帯産の高木、軽く堅く腐りにくく膨張収縮率が小さい）が張られた。

　砲塔甲鈑の取り付け工事は、一番主砲は昭和一五年（一九四〇）一〇月一四日に五枚、一五日に九枚、二番主砲は一一月五日に一〇枚、六日に六枚、三番主砲は一一月二一日に一四枚、二二日に二枚と順調に作業は進行した。

　工事が順調に進行したために、完成の三ヵ月繰り上げが発令された。

　「大和」、「武蔵」、「信濃」は、大臣訓令による日本海軍水上艦電源の交流化に対する方針によって最後の直流電源艦となった。以降の艦船は、交流四四〇ボルト、駆逐艦は交流二二〇ボルトを採用することになる。

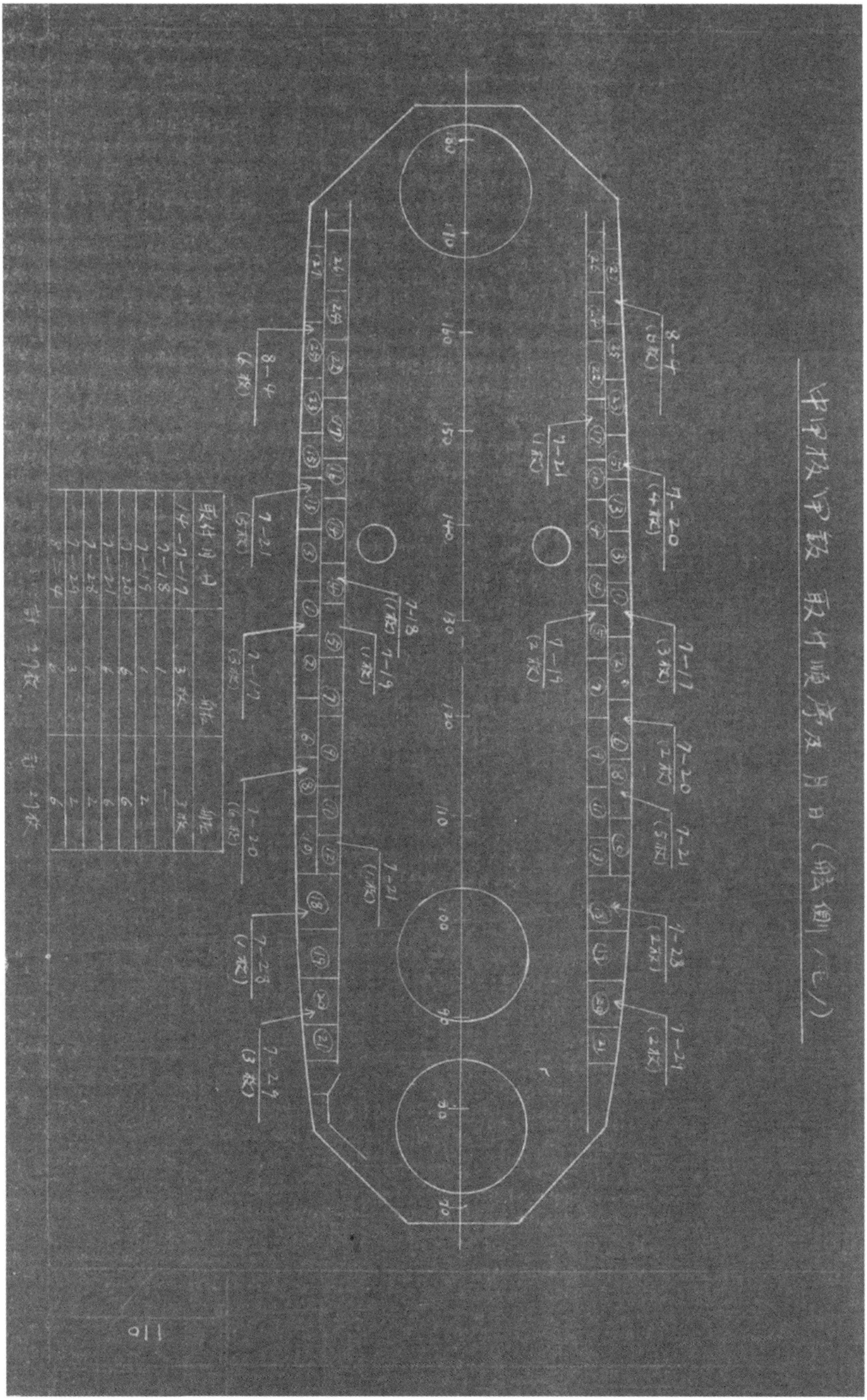

「大和」舷側甲鈑の取付順序と取付日を示した青図。呉工廠造船部船殻工場「第一号艦工事記録 No.1 甲鈑工事 昭和十六年九月」より

第一号艦「大和」の工事は、造船部実竣工数一九一万三〇〇工数、廠外注分工数約一〇万工数、砲熕部一二万工数、造機部約五〇万工数にもなった。そして、電気部などを含む総延べ作業人員数は三〇〇万人以上に達するという世紀の大事業であった。

「大和」の生命線である砲戦指揮のための九八式方位盤照準装置、九八式的針的速測定盤、九四式高射装置は日本光学工業(株)が、九八式射撃盤改一は愛知時計電気(株)が、そして、九五式機銃射撃装置は富士電機製造(株)が生産した。

「大和」型戦艦を待ち受けていた運命

当時、世界最大の艦載砲を搭載した最新式戦艦は国家を泰山の安きに置き得る、と考えられていた。

日米が開戦した昭和一六年(一九四一)一二月八日は、軍艦「大和」の完工日であった。前日に山口県徳山湾沖で世界最初の四六センチ砲九門の一斉試射が成功裏に終わり、これで戦争に使えるというめどもついていた。

そして、「大和」の完工日は、姉妹艦となるべき同型三番艦「信濃」と四番艦「第一一一号艦(紀伊)」が戦艦としての生命を絶たれた日でもあった。

航空主兵のうねりは、日露戦争での成功を基に建造された兵器を時代遅れとし、新たに台頭した飛行機による攻撃力が、日本海軍最新の戦艦の運命に影を落とすことになる。それは、一部の航空関係者以外には夢にも想像できないことだった。

膨大な費用と人員によって完成させた新兵器は、時代の趨勢(すうせい)、技術の革新、対抗兵器の出現によって、一挙に無用の兵器になるという宿命を有していたのである。

昭和二〇年(一九四五)四月七日、「大和」は海上特攻として沖縄に向かう途中、九州坊の岬の南西約一〇〇海里の海面において、米艦上機の集中攻撃を受けた。設計時の損害想定時に計算された砲弾ではなく、爆弾九一発、ロケット弾一一二発、魚雷五九本が「大和」に襲いかかった。被害想定をはるかに超える命中弾を受けた「大和」は、左に転覆すると、搭載火薬である主砲弾用無煙火薬と黒色火薬の誘爆により船体を爆裂させて海中に没した。

日本の海軍力を結集し、その海上部隊の伝統と栄光を後世に残す任務を託された「大和」は、北緯三〇度四三・二分、東経一二八度四・一分の海底三四五メートルに眠っている。

〔歴史群像シリーズ『超超弩級戦艦「大和」建造』二〇〇六年九月（学研プラス）掲載〕

＊各項目の集計重量と合計欄の数値との間に10,000トンの差があるのに注意。

船殻　　P.2

名称	重量（噸）	[illegible]G（米）	力率 前方	力率 後方	平板竜骨下面ヨリ重心迄ノ高KG（米）	力率
外板	3,113.58	6.95		21,639.88	6.09	18,973.13
肋材	1,208.10	17.16		20,730.26	5.29	6,384.45
縦通材	1,851.31	15.19		28,114.21	7.75	14,348.73
内底板	831.83	7.61		6,327.38	1.94	1,612.33
梁	921.19	17.81		16,406.45	13.35	12,300.16
支柱	31.77	-1.66	52.74		11.97	379.45
鋼甲板	4,238.05	9.20		38,984.26	13.84	58,646.95
艦橋構造	305.72	8.59		2,624.53	28.98	8,859.00
諸囲壁上部構造物等	632.31	19.51		12,333.94	16.25	10,276.45
隔壁	3,446.36	11.01		37,928.02	8.25	28,426.15
機械台諸台補機台等	604.59	34.33		20,754.33	4.76	2,878.04
砲塔構造	1,629.17	.39		635.38	11.72	19,091.66
砲支筒及兵器台	214.39	27.10		5,809.97	23.36	5,008.15
大型鍛造品及鋳造品並代用物	418.33	89.22		37,322.37	4.99	2,088.15
木甲板	195.90	-2.05	401.13		18.39	3,602.05
甲板敷物等	39.27	7.12		279.60	13.35	524.25
内張防熱材木製仕切等	180.00	24.61		4,429.80	12.21	2,197.80
弾火薬庫防熱材	225.47	2.34		527.31	7.59	1,711.88
防禦関係形鋼等	430.79	10.84		4,669.98	9.03	3,889.94
塗料其ノ他	525.47	12.03		6,321.40	11.28	5,927.30
合計	11,043.60	12.61		26536520	9.84	20712602

「軽荷重心公試時重量調査表」の船殻のページ

＊甲鈑の各項目集計重量と合計欄の数値との間に10,000トンの差があるのに注意。

甲鈑及防禦材　P.3

名称		重量（瓲）	[illegible]後方へ重心迄ノ距離G（米）	力率 前方	力率 後方	平板竜骨下面ヨリ重心迄ノ高KG（米）	力率
甲鈑	砲塔	2.775.34	2.31		6.397.50	17.69	49.099.66
	舷側	5.881.70	9.59		56.398.81	9.43	55.480.65
	甲板	9.153.47	11.31		103.561.05	13.47	123.253.60
	隔壁	1.928.49	1.82		3.518.50	8.31	16.026.27
	司令塔及通信筒等	318.00	−1.87	595.55		25.43	8.086.91
	煙路及通風路	299.34	11.30		3.382.73	15.91	4.762.87
	揚弾薬筒等	273.81	16.84		4.610.64	14.24	3.898.28
	舵取機室	630.04	113.54		71.532.00	9.34	5.888.13
	甲鈑背面木材	5.47	1.22		6.68	10.67	58.34
合計		11.265.66	11.70		248.812.36	12.54	266.554.71
防禦材	砲塔	20.56	4.55		93.57	17.36	356.95
	舷側	111.84	18.09		2.022.69	4.37	448.62
	甲板	618.61	15.94		9.862.82	13.71	8.483.43
	隔壁	640.49	21.63		13.854.44	8.82	5.647.11
	艦橋指揮所司令塔通信筒等	131.75	9.70		1.277.62	28.97	3.817.14
	煙路通風路	36.43	11.45		417.25	19.21	699.64
	揚弾薬筒[illegible]	21.91	15.41		337.79	16.20	354.93
	舵取機室	26.07	114.74		2.991.72	7.40	192.90
	防禦格子防禦[illegible]	21.08	8.42		177.50	9.52	200.54
合計		1.628.73	19.06		31.035.40	12.40	20.201.26

軽荷重心公試時
重量調査表

「軽荷重心公試時重量調査表」の甲鈑防御材のページ。軽荷状態は液体等がほとんど積載されていない状態。進水後に実施される重心査定試験時のものであろう。左は表紙

船殻　P.2

名稱	重量(瓲)	⊕G(米)	力率 前方	力率 後方	KG(米)	力率
外板	3113.581	6.950		21639.816	6.094	18972.132
肋材	1208.104	17.159		20730.264	5.285	6384.446
縦通材	1851.312	15.186		28114.208	7.751	14348.729
内底板	831.826	7.607		6327.375	1.938	1612.333
梁	921.192	17.810		16406.449	13.352	12300.164
支柱	31.767	-1.660	52.744		11.966	379.447
鋼甲板	4238.004	9.199		38983.671	13.838	58644.436
艦橋構造	305.531	8.585		2623.067	28.976	8852.960
諸囲壁上部構造物等	632.292	19.606		12233.632	16.252	10276.208
隔壁	3446.283	11.005		37927.129	8.248	28425.486
機械台 主台 補機台等	604.595	34.328		20754.567	4.760	2878.070
旋塔構造	1629.171	0.383		641.996	11.719	19091.647
旋支筒及兵器台	211.366	27.096		5727.195	23.411	4948.205
大[illegible]代用物	418.829	89.218		37322.370	4.992	2088.152
木甲板	195.899	-2.047	401.014		18.387	3601.918
甲板敷物等	36.600	7.120		260.606	13.350	488.597
[illegible]等	174.216	24.614		4288.165	12.213	2127.700
弾火薬庫防熱材	225.328	2.338		526.806	7.593	1710.850
防禦関係形鋼等	430.766	10.840		4649.977	9.030	3889.937
塗料其ノ他	514.512	12.044		6196.969	11.289	5808.126
合計	11020.694	12.607		265000.464	9.839	[illegible]

第二回
完成豫想重量表
昭和十六年十月十四日現在

「第二回完成予想重量表」（昭和16年10月14日現在）の船殻のページ。完成状態を想定して、何度か重量表がまとめられる。左は表紙

甲鈑及防禦材

P.3

名稱		重量 (噸)	⊗G (米)	力率 前方	力率 後方	KG (米)	力率
甲鈑	砲塔	2775.344	2.305		6397.498	17.691	49099.663
	舷側	5881.697	9.589		56398.814	9.433	55480.655
	甲板	9,153.472	11.314		103561.048	13.465	123253.597
	隔壁	1,928.494	1.824		3518.498	8.310	16026.267
	司令塔通信筒等	318.003	−1.873	595.549		25.430	8086.911
	煙路及通風路	299.342	11.301		3382.728	15.911	4762.869
	揚弾薬筒等	273.805	16.839		4,610.647	14.237	3898.282
	舵取機室	630.037	113.536		71531.997	9.344	5888.125
	甲鈑背面木材	5.467	1.223		6.684	10.672	58.342
	合計	11,265.661	11.700		248812.365	12.535	266554.711
防禦材	砲塔	20.562	4.551		93.572	17.360	356.953
	舷側	111.841	18.085		2,022.693	4.369	448.623
	甲板	618.610	15.944		9,862.816	13.714	8483.426
	隔壁	640.487	21.631		13854.440	8.817	5647.111
	[illegible]	131.746	9.698		1,277.623	28.973	3817.141
	煙路及通風路	36.428	11.454		417.247	19.206	699.642
	[illegible]	21.906	15.414		337.793	16.202	354.931
	舵取機室	26.074	114.739		2991.715	7.398	192.899
	[illegible]	21.075	8.422		177.503	9.515	200.536
	合計	1,628.729	19.055		31,035.402	12.403	20201.262

「第二回完成予想重量表」の防御材のページ。「軽荷重心公試時重量調査表」と比べると、各数値が詳細になっているのがわかる

かつてない巨艦の進水と完成

船渠で進水した「大和」

　昭和十五年（一九四〇）八月八日、「第一号艦・軍艦大和」の進水式は呉海軍工廠の造船船渠内で、約三ヵ月後の十一月一日、「第二号艦・軍艦武蔵」は、三菱長崎造船所ガントリー第二船台からそれぞれ行なわれた。一号艦の進水式時の排水量は四万二一八九トン、二号艦は船体重量を三万五七三七トンに抑えることとした。

　船渠内から進水する「大和」の吃水は七メートルぎりぎりのため、舷側四一〇ミリの傾斜甲鈑などは積むことができなかった。しかし、重量約四五〇〇トンになる四つのタービンや一二個のボイラーである機関部、二〇〇ミリの中甲板はすでに搭載済みであった。前部に積む主砲塔二基、一〇階に相当する前艦橋などは搭載されていなかったため、船体の後部に重心が偏り、吃水は艦首部五メートル、後部八メートルに及び渠内から引き出す際に艦尾が渠底につかえる可能性があった。綿密な計算の結果、前部に三〇〇〇トンのバラストが必要とされた。バラストはサビの出る心配があったが、海水を注入することで解決。船体長二五六メートルの後部と前部との吃水差は約六〇ミリ、吃水平均六・五メートル以内とほぼ水平に浮揚し大成功となった。進水後「大和」は大型ポンツーンの浮き桟橋に横付け艤装に入った。

船台から進水した「武蔵」

　一方、船台上の「武蔵」の進水は困難な問題が山積みされていた。長崎造船所は進水を成功させるため、内外の軍艦を含む二三三隻の進水関係文献を研究、過去三〇年にわたる気温、潮高に関する観測記録を調査した。建造中の二号艦船台は対岸まで距離が六三五メートルしかなく、巨大船体は惰性で対岸に衝突するおそれがあった。そこで制御用重量物の海底曳行が採用され、二条の固定台と滑走する滑り台からなる進水台が用意された。

「進水用意よし」の号令で長崎造船所長が抑え綱を切断した。直後、「武

戦艦「大和」進水式式台。呉海軍工廠造船部長の苦心の作。1940年8月8日の撮影で、整列しているのは造船部の部員

「大和」を建造した呉海軍工廠造船船渠。写真は1917年（大正6）8月の「長門」の起工式

大和型2番艦「武蔵」を建造した三菱重工業長崎造船所の第2船台（左）

蔵」の巨体はびくとも動かなかった。天皇のご名代伏見宮軍令部総長以下海軍大臣たちは固唾をのんで見守った。一分後、船体は最大速力六〇メートル／分で滑走した。艦尾が浮揚し、滑走開始二分一四秒で穏やかな長崎湾の海面に「武蔵」の巨体が停止。その時参列した関係者から「バンザイ」の声と万雷の拍手が造船所内に響き渡った。「武蔵」は進水後向島の岸壁で艤装工事を始めた。

艤装は急ピッチで進められ、昭和十六年一二月八日、「大和」は完工。同月一六日、竣工式を迎えた。「武蔵」は、翌年八月五日に竣工式を迎えた。

〔別冊歴史REAL『戦艦「大和」と「武蔵」』二〇一三年一二月（洋泉社MOOK）掲載〕

戦艦「大和」のメカニズム

イラスト　田村紀雄

「大和」は国力で劣る日本が列強海軍に対抗するため、〝数〟の劣勢を〝質〟でカバーしようと建造した艦である。そのため、この空前絶後の巨大戦艦には、頂点に挑んだ当時の技術者たちの英知と、最先端の建艦・兵装技術の結晶ともいえるテクノロジーがふんだんに盛り込まれていた。

攻撃面では、驚異的な射程と威力を秘めていた世界最大の四五口径四六センチ主砲、目標の手前で着水しても魚雷のごとく直進し敵艦を破壊する九一式徹甲弾、雲霞のごとく迫る敵機を叩き墜とす三式通常弾、ハリネズミのごとき高角砲と対空機銃etc……。

防御面では、二〇〇キロ爆弾による急降下爆撃にも耐えうる集中防御方式（バイタルパート）、敵機の雷撃をものともしない舷側装甲、「大和」の艦体の弱点をカバーする「蜂の巣甲鈑」、浸水から身を守る良好な復元力ｅｔｃ……。

そのほか、三〇〇〇トンもの主砲塔を動かす水圧式タービンポンプ、一万四〇〇〇メートル先の敵艦を照射する探照灯、一四〇キロメートル先の敵機を探知する電探、〝大和ホテル〟と揶揄されるほど恵まれた艦内装備ｅｔｃ……。

いまだ謎に包まれた面が多い「大和」だが、すでに明らかになっているこれらの一つ一つが、他ならぬ「大和」を特徴づける大切な個性となっていることは言うまでもない。

四六センチ三連装主砲塔

「大和」の同型艦である「武蔵」に搭載された四五口径四六センチ三連装砲塔（※1）を初めて見た海軍のある士官は「『扶桑』の三六センチ連装砲塔の優に二倍の大きさはあった。本当にこれが自由自在に旋回、俯仰（上下動）するのだろうか、と疑いたくなるほど巨大であった」と証言している。

大和型の主砲塔の構造は大別して、砲室、旋回盤、上部給弾室、下部給弾室、上部給薬室、下部給薬室となっていた。外観を見ることができる三つの砲身を装備した砲架を覆う砲室に、旋回盤直下の船体内部にある給弾室、給薬室が艦底まで達している。およそ六階建てに相当する巨大な構造物であった。

重量は砲身一門が一六五トン、砲塔旋回部が二五一〇トンであった。これだけで駆逐艦一隻に相当する重さである。砲身も合わせた一基あたりの重量は三〇〇五トン、戦闘時はこれに弾丸と装薬も加わるから、実際はもっと重い。つまり三基の主砲塔だけで重量が一万トン近くになるわけで、これは高雄型重巡の基準排水量に匹敵した。

全長二一メートルの砲身の間隔は三・〇五〇メートル、これが前楯六六センチ、側面二五センチ、後方一九センチ、屋根鈑二五センチの台形の砲室に収まり、さらに砲室直下の旋回盤の直径は一二・二七四メートルであった。

※1　一般に「砲塔」というと最上甲板にある砲身の突き出た部分を連想するが、本来ここは「砲室」といい、砲塔とは砲室をはじめ下部の給弾室、給薬室全体のことを指す。

四六センチ主砲弾装塡システム

「大和」に積み込まれている主砲の砲弾は、砲一門あたりの定数が一〇〇発、砲塔一基では三〇〇発となっていた。砲塔ごとにみていくと、全数の三分の二にあたる一八〇発を上下の給弾室に置き、残りの一二〇発

「大和」2番主砲塔の構造図

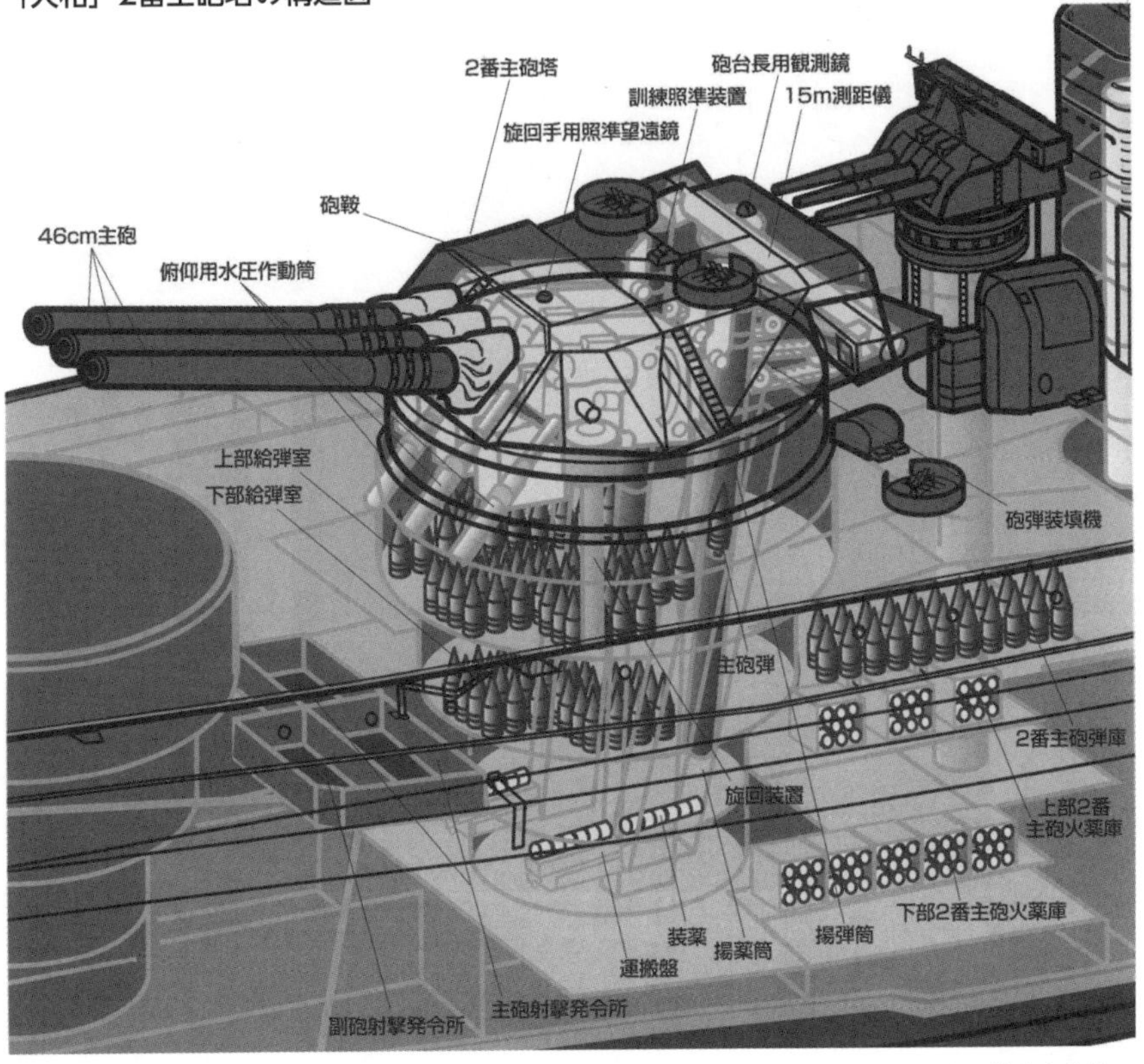

「大和」の主砲塔は6階建て（艦底部から数えると7階建て）になっている。ここで、その構造を簡単に見ていこう。

6階:46センチ砲の砲架と弾薬装填機、15メートル測距儀がある。砲塔の能力をフルに活かすための階で、主砲発射時の反動を受け止める、強固な装甲で火薬に対する安全性を持たせるなどの要求に応えたつくりになっている。

5階：砲塔を回転させる旋回盤と、砲身に俯仰角を与えるための作動筒がある。6階を操作室とするなら、この階は砲塔全体を動かす機械室にあたる。

4～3階：給弾室。4階が上部給弾室、3階が下部給弾室と呼ばれる。揚弾室があって、ここから弾丸が6階まで上げられる。すぐ後ろは弾薬室になっていて、給弾室の弾丸がなくなると随時供給される。

2～1階：給薬室。2階が上部給薬室、1階が下部給薬室と呼ばれる。揚薬筒があって、ここから装薬が6階まで上げられる。冷却しなければならない装薬は、同じ階の砲塔の外にある火薬庫に置かれていて、主砲発射のときに随時供給される。

を弾庫内に縦置きに（※2）収納していた。

　主砲弾と装薬の装填は、次のような作業手順で行なわれた。

　まず弾庫内にある砲弾を縦置きの状態のまま一弾ずつ横に送る（※3）。運弾盤に乗せて砲塔内の給弾室に送り込んだら、そこから最上階の砲室まで続く揚弾筒に一弾ずつ入れる。揚弾筒に入れられた砲弾は、押揚桿で一ピッチずつ上に上にと運ばれる。砲室まで来ると、縦置きの砲弾を主砲の砲尾に装填できるように、横向きに変えて換装台に転下する。発射の準備が整ったところで砲身に固定栓を挿入し、仰角を三度に固定したところで、換装台から砲身内に砲弾を移し装填する。

　砲弾の装填が終わると、次は装薬だ。弾庫の下にある火薬庫内には、円筒型の火薬缶（ジュラルミン製）一缶に一パックあたり五五キログラムの火薬が二パック収められている。この火薬缶は一フロアに六～七段積み重ねられており、取り出しやすいように前方に五度の傾斜がついている。

　火薬缶から取り出された装薬は、ローラーコンベアで一パックずつ給薬室の防炎筒まで運ばれる。そして主砲一発分の装薬量（六パック分、三三〇キログラム）になると、円筒状の装薬筒に詰められ、揚薬筐で給薬室から砲室まで一挙にケーブルで釣り上げられる。ここで装薬は装填機に移され、砲身内に装填される。「大和」は砲弾・装薬とも単独の装填機を装備していた。順序としては、まず砲弾が装填され、その後に装薬が装填される。一連の動作は機械化されており、時間にして六～八秒ほどしかかからなかったという。

　主砲の砲尾には火門管、抑気具、尾栓及び発火装置などがあった。抑気具は発射ガスが砲尾から逸出するのを防ぎ、尾栓は発射時の圧力を支える。そして発火装置が撃発または電気により火管を作動させ、この火焔によって火門管の細孔から装薬に点火するのである。

※2　大和型以前の戦艦では砲弾を弾庫内に横積みにして収納していた。
※3　弾丸装薬水圧筒で六〇〇ミリを一ピッチとして横に動いていく。

射撃指揮系統、命中率、そして威力

　弾丸および装薬を装塡すると、尾栓を閉鎖する。これで発射準備完了だ。

　檣楼トップにある射撃指揮所の方位盤照準装置の配置についている射手が引き金を引くと、砲尾の発火装置が作動し装薬に点火。火薬ガスの圧力が高まり、砲弾底部の導環が砲身内部に刻まれた旋条（七二個）に絡み合う強さに達すると、砲弾はこの旋条に沿って砲身内部を約一三メートルに一回転の割合で右回転しつつ前進し、毎秒七八〇メートルの初速で砲口を飛び出し、二万メートルを三二・五二秒、三万メートルを五六・三二秒で駆け抜け、標的に命中するのである。

　このとき三連装主砲が一斉射されると、重量約一・五トンの砲弾のエネルギーが飛行中に互いに干渉し、弾道に歪みが生じてしまうので、散布界（※4）に大きく影響することになる。そこで三連装のうち真ん中の砲身は、両脇の砲身に〇・八秒遅れて（米海軍技術

砲弾の装塡
揚弾筒によって砲塔最上部の砲室まで送られてきた主砲弾は、砲弾装塡機と換装台によって横向きにされ、砲身の仰角を三度に固定し準備が整ったところで、砲身内に送られ装塡される。

装薬の装塡
揚薬筒によって砲塔最上部の砲室まで釣り上げられた装薬は、砲弾が装塡された後、砲弾装塡機とは別の装塡機によって砲身内に送られ装塡される。

団資料による）弾丸が飛び出すようになっていた。このように、発射のタイミングを意図的にずらすことで砲弾同士の干渉を軽減させる働きをする装置を発砲遅延装置という。「大和」の主砲が装備していたものは九八式発砲遅延装置と呼ばれる。

「大和」が搭載していた一式徹甲弾は、九一式徹甲弾に染料を挿入した着色弾である。九一式徹甲弾は、日本海軍が廃艦「土佐」を標的とする射撃実験で発見した水中弾効果により完成した秘密兵器であった。

それまでの日本海軍の常識のひとつに、海面に落下した砲弾は海水の抵抗から急速にその威力を失うとの考えがあった。しかしこの射撃実験の際、角度約一七度で落下した徹甲弾が海面下を魚雷のように水平に直進し、舷側に激突した事実を発見した。

その距離はおよそ三五メートルにも及び、「土佐」に命中した〝水中弾〟は舷側隔壁を貫通し、艦内奥深くに侵入してから遅延信管によって爆発、約三〇〇〇トンもの浸水をもたらしたのである。

当時の舷側甲鈑防禦は、吃水線上部には厚い装甲鈑を装備し、吃水線下の外側に水雷防禦用のバルジを設

砲弾の装塡

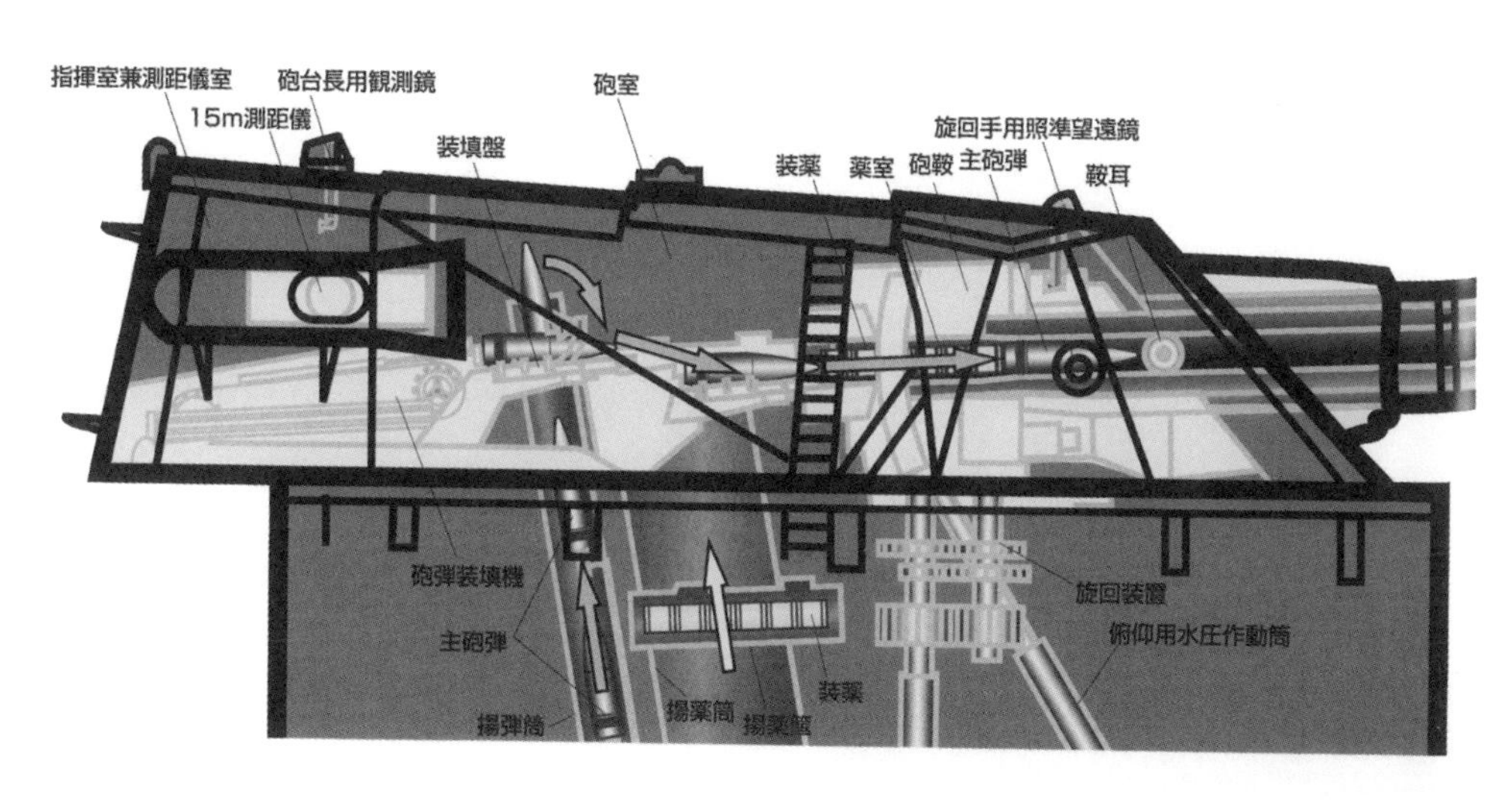

九一式徹甲弾

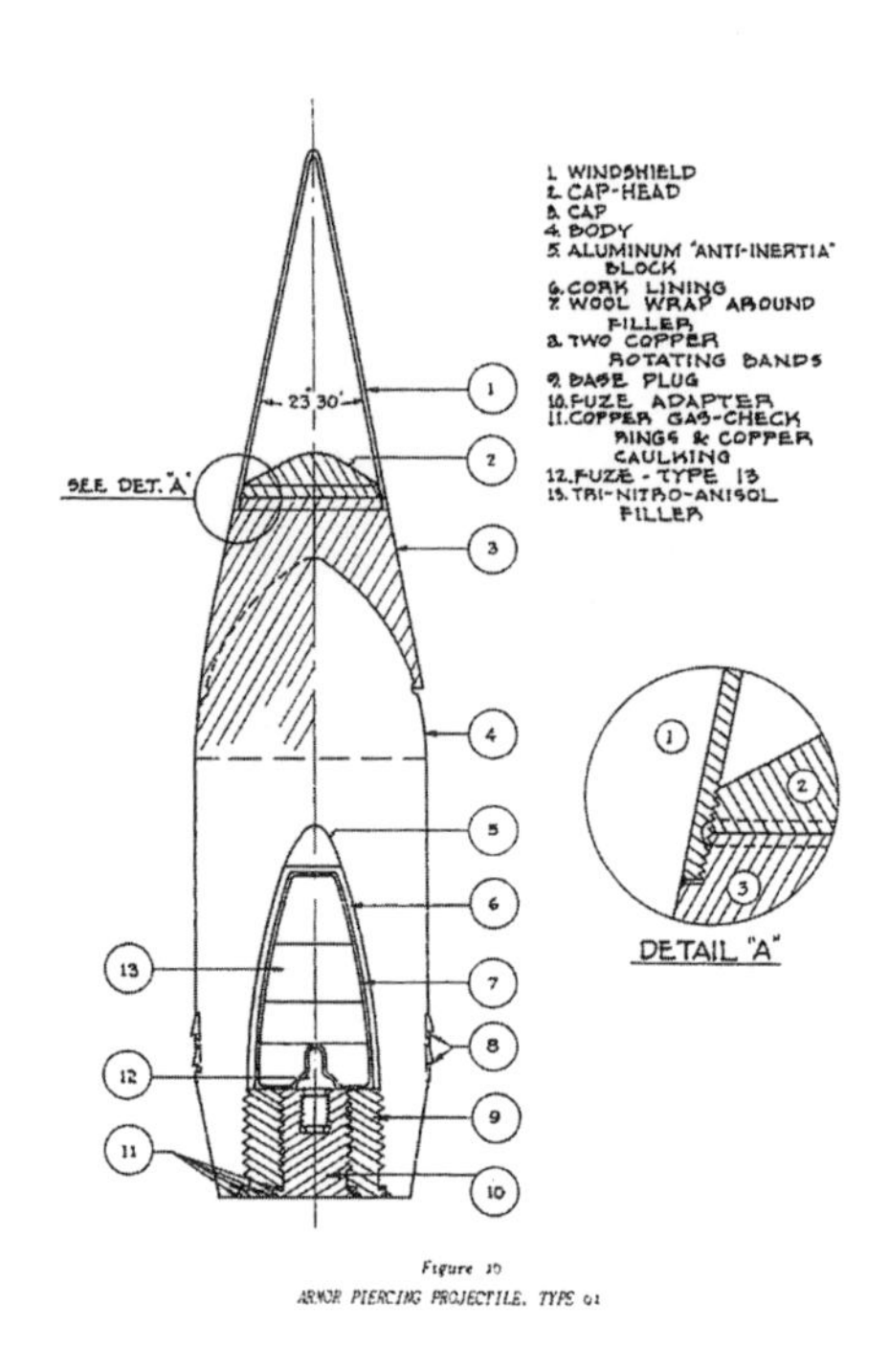

米海軍の技術調査団による九一式徹甲弾の内部構造図。驚くほど詳細に分析していることがわかる。九一式徹甲弾の全長は1.98mだが、これは空気抵抗を減少させて射程の増大をはかる風帽や被帽（この図では1～3）を含めた寸法で、実際の弾体長は1.2mほどであった。

け、その内側に防禦甲鈑を装備し、船体中心から爆発位置を遠ざける方法をとっていた。しかし、この〝水中弾〟の発見により、舷側防禦に対する新たな設計概念を持つに至ったのであった。

※4　発射された砲弾のばらつきを表わす用語。基本的に射程が長いほど、その途中の物理的効果によって散布界が広がるため、大口径・長砲身の砲になるほどばらつきも大きくなる

主砲塔を動かしたハイテク水圧ポンプ

戦後に日本に乗り込んできた米海軍の技術調査団は、日本海軍艦艇の設計と構造、砲熕、装甲鈑、精錬法、電子学などが、米海軍のそれと比較していかなるものであったかを調査した。その際、調査団員の一人は「我々が『大和』を建造せよと命じられれば、船体を造るのは可能かもしれない。だが四六センチ三連装砲塔を動かす水圧ポンプについては確信がもてない」とつぶやいたという。

「大和」の主砲塔は、砲塔の旋回、砲身の俯仰、弾薬

大和の主砲射撃指揮系統の概要

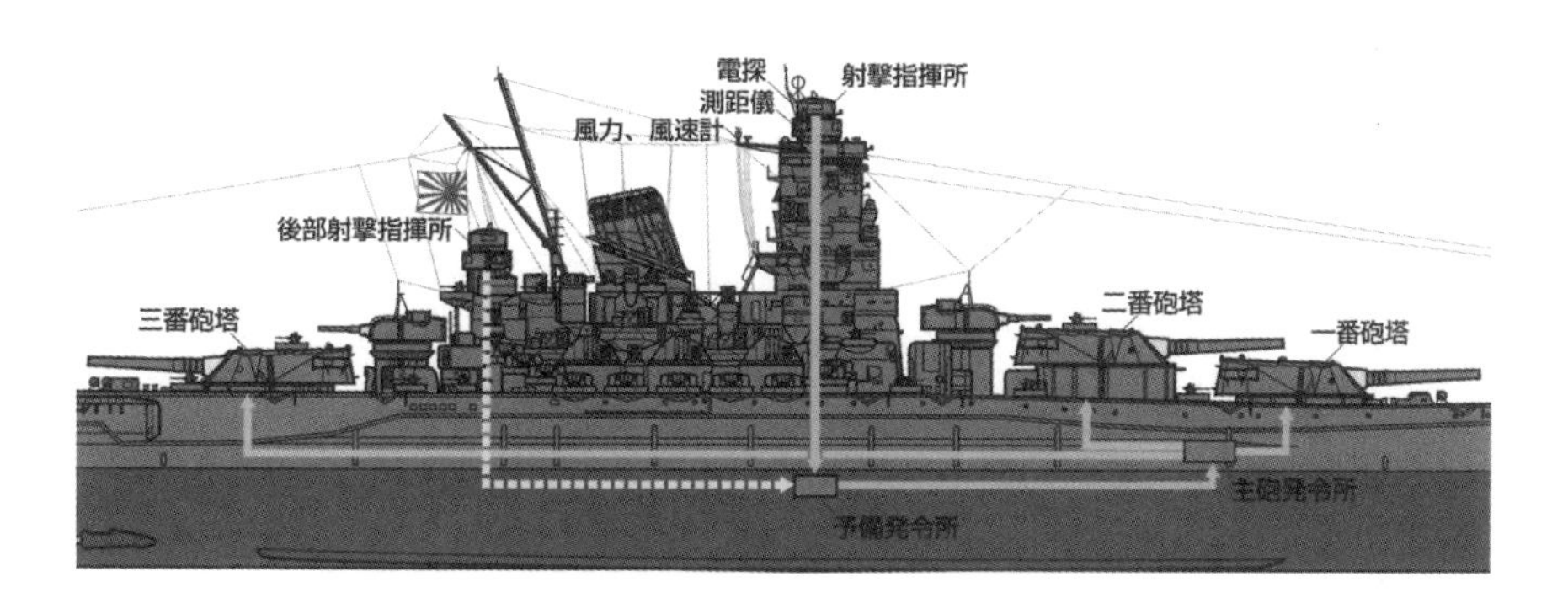

檣楼トップの射撃指揮所には、主砲射撃指揮の要となる方位盤が据え付けられ、指揮官はここから必要な指令を出す。まず電探や測距儀によって得られた敵艦の位置情報と、方位盤によって得られた主砲塔の最適旋回角、俯仰角などが、主砲発令所内にある射撃盤に送られる。そして主砲発令所は、送られてきたこれらの情報をもとに、射撃盤によって旋回角、俯仰角に対する修正角を算出し、各主砲塔に送るのである。

庫からの揚弾、揚薬、弾丸の装塡、運弾、運薬などのすべての原動力を五〇〇〇馬力の水圧式タービンポンプ二基（一基は予備）と約一〇〇トンの水に頼っていた。これにより移動する敵艦を砲塔を旋回させて狙いつつ、砲弾と装薬を船体部から砲塔部へ敏速に移動するといった芸当が可能だった。

「大和」の主砲塔は一九三四年に設計が着手された。七年間にわたる技術陣の寝食を忘れた没頭の末、一九四一年に兵試発射が行なわれた。技術陣は、一九二五年にスイスから輸入して以来、呉の軍需倉庫でほこりを被っていたブラウン・ボバリー社の七〇〇馬力駆動多段式遠心ポンプをモデルに、仕切り板を加えるなどの改良を施し、ついに軸馬力四八〇〇、蒸気馬力五〇〇〇のタービンポンプを完成させたのだった。

旋回機にはスーパーギアー方式が採用された。四八個の大型ローラーベアリングによって砲塔が一秒あたり三度の割合で旋回し（全周旋回一二〇秒）、全長二二メートルの砲身は各々が独立して一秒に一〇度の割合で俯仰するように操作できた。

この方式は砲塔が通常の状態にあるときは何の問題

もなく作動したが、始動時と反転時の加速・減速の際に旋回機にかかる荷重は相当なものがあり、五〇〇〇馬力のタービンポンプだけでは円滑な作動が望めなかった。そこで「大和」には、旋回起動装置として一〇〇馬力電動機と特二十番油圧整動機が直列に装備された。これにより、たとえ「大和」が敵艦の進行方向に対し反対方向に最大速力で航行していても、砲塔の旋回速度および砲身の俯仰をリアルタイムで調整し、正確に照準できるようになった。

さらにクウールプルーフと呼ばれる装置によって、砲塔各部の電気的、機械的な操作指示の誤作動を防ぐようになっていた。

5000馬力水圧式タービンポンプ

軸馬力	4800hp
蒸気馬力	5000hp
回転数	3700～4000／分
吸入口径	380mm×2
噴出口径	260mm×1
噴出量	1100㎥／時
噴出圧力	70.3kg／㎠

貯水タンクからタービンポンプに通じるパイプは、直径380㎜のものが2系統使われており、砲塔に送る直前の段階で直径260㎜のパイプ1本に合流する。水量が同じであれば、川幅が狭くなると流れが速くなるのと同じ理屈で、太い2本のパイプが細い1本のパイプになることで水圧は一気に高められる。こうして噴出時の圧力は1平方センチあたり70.3kgにもなる。

世界初の大型バルバス・バウ

「大和」は艦幅が異常に広く、吃水が浅いずんぐりした艦型である。これは世界最大の四六センチ砲一斉射による巨大な衝撃にも耐え得るよう、人間に喩えると背骨に当たるバーチカルキールを船体の中心に二本備えていたからだ。

しかし、この艦型では安定性は向上するものの、速力の面で不利であった。それを解消するために採用されたのが「バルバス・バウ」と呼ばれる球状艦首である。球状艦首はすでに米海軍の戦艦でも採用されていたが、船底から前方に三メートルも突き出した大型のものを採用したのは「大和」が最初である。

この大型の球状艦首は、最大速力二七ノットで八パーセントも抵抗を減らす効果があったという。その結果、公試では速力一六ノットで航続距離七二〇〇浬とされていたが、実際には航続距離一万二一〇〇浬を超える計算となり、就役後の燃料搭載量は当初より約二

艦首吃水線下部の大型バルバス・バウ（球状艦首）

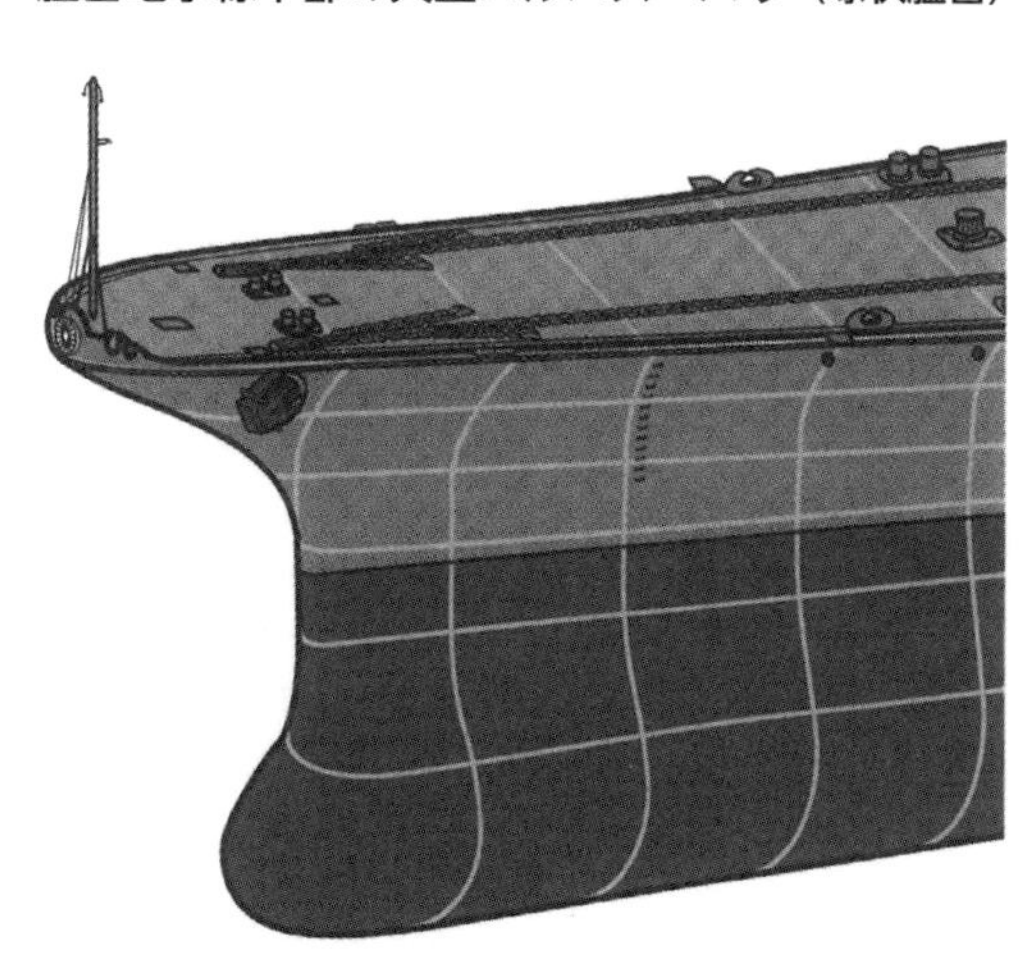

排水量に比べて全長が短く、全幅が大きく、吃水の浅い「大和」の艦型は、安定性には優れていたものの、速力を出すには不利であった。しかし、大型バルバス・バウの採用によって27ノットの速力で8パーセント以上も抵抗を減らすことができ、これが航続距離の増大と有効馬力の節約につながった。

〇〇〇トンも少ない四三〇〇〇トンで十分と判断された。「大和」の艦型の優秀さを示す一例である。

レーダー装備（電波探信儀）

日本海軍は、電波探信儀電探室掌科に関し、砲術長は通信科所掌を主張、通信長は砲術科か航海科所掌にすべきと主張する（つまり自分のところは御免こうむりたい）など、レーダーを軽視する傾向にあった。

「大和」が電探（レーダー）を装備したのは一九四三年（昭和一八）七月のことで、最初のものは「武蔵」と同じ対空用の「二式二号電波探信儀一型」であった。アンテナは大型の長方形で、一五メートル測距儀の両端上部に取り付けられた。測距塔内を二分し、左舷側を電探室に改造、送信機変調機及び電源装置などを艦尾方向に、交信機と指示機を艦首側につくられた操作卓上に設置した。併せて命令受信器・測距・測角発信器、テレトークと専用電話も設けられた。二号電波探信儀一型は、八〇〇キログラムを超える重量や一五メートルを超えるスパンがネックとなって、大型艦船にしか装備できなかった。最大有効距離は、単機の航空機の場合が七〇キロメートル、編隊の場合が一二四キロメートルであった。一方、八木アンテナ（※5）の優秀性を認めた米軍は機上レーダーを搭載し、悪天候の中でも日本軍艦艇を発見して攻撃できた。

一九四四年（昭和一九）三月には、対水上見張り用

三式一号電波探信儀三型

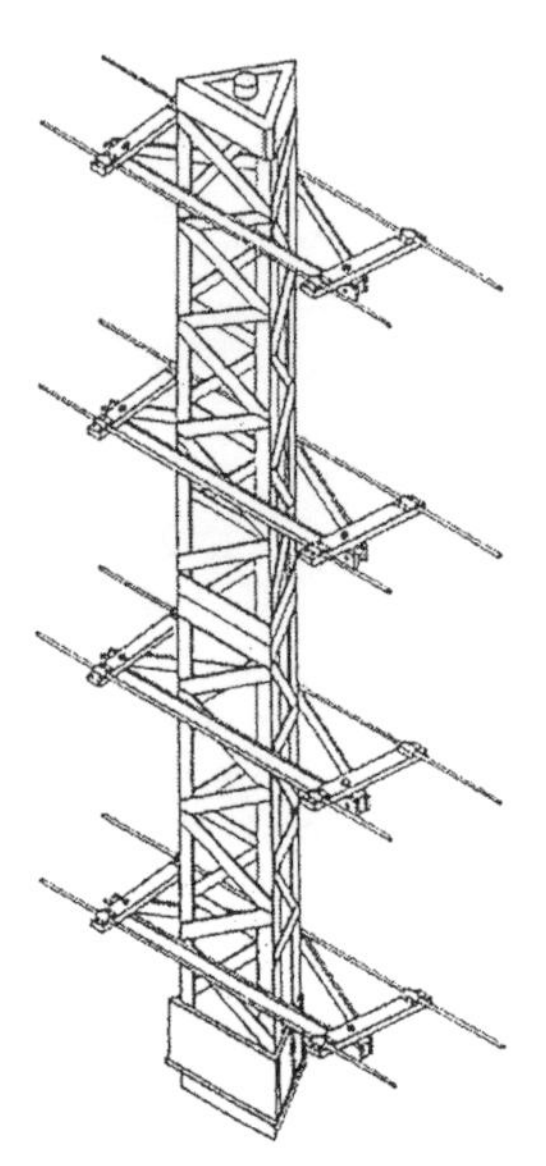

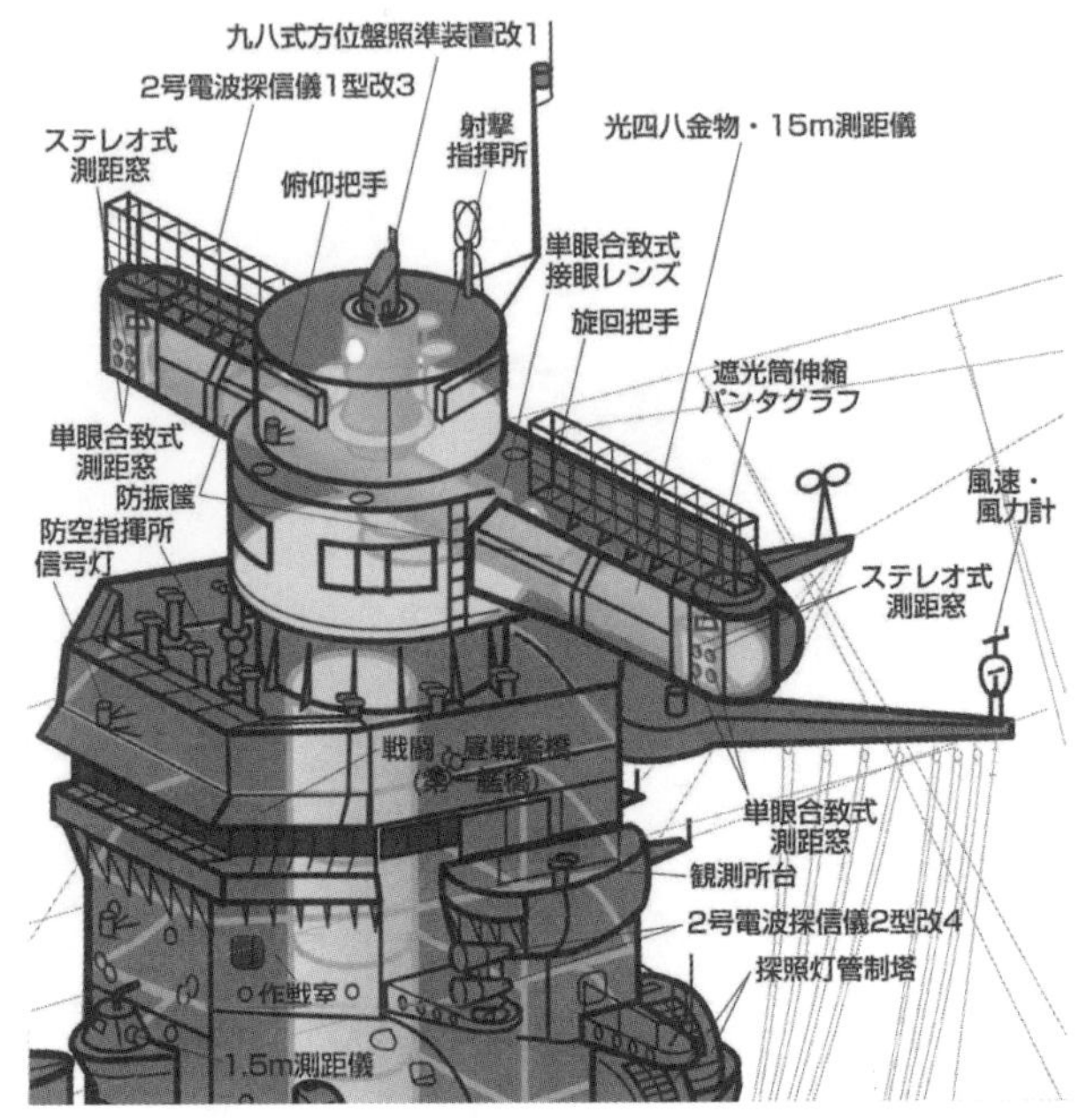

兼射撃用の「三式二号電波探信儀二型（仮称）」を副砲方位盤後部の両舷に装備した。これはミッドウェー作戦に参加した「日向」の訓令実験で性能不足、動作不安定とされ、いったんは不合格となったものの、その後、受信機のオートダイン化と電探調整を可能にする疑似反射波発生器（レーボック）が完成、「大和」に採用された。改良によって受信機の感度はやや低下したが、安定性が良くなり、非常に使いやすくなっていた。最大有効距離は、戦艦の場合が三五キロメートル、駆逐艦の場合が一七キロメートルだった。

「大和」の電探

二式二号電波探信儀一型

用途	艦載用対空
波長	150㎝
出力	5kw
測定方法	最大感度法
最大有効距離	単機70km／編隊124km
重量	840kg

三式二号電波探信儀二型

用途	対水上兼射撃
波長	10㎝
出力	2kw
測定方法	最大感度法
最大有効距離	戦艦70km／駆逐艦35km
重量	1320kg

三式一号電波探信儀三型

用途	小型対空
波長	200㎝
出力	10kw
測定方法	最大感度法
最大有効距離	単機60km／編隊140km
重量	110kg

これと同時に、対空見張り用の「一号電波探信儀三型」が後部指揮所の両舷に設置された。本来は地上用であったが、二号電波探信儀一型より取り扱いが簡単で、かつ探知性能もはるかにこちらの方が良いと喜ばれた。日本海軍においては、そのコンパクトさを利して駆逐艦や潜水艦はおろか哨戒艇にまで装備され、およそ二〇〇〇台におよぶ生産をみるまでに好評だった。最大有効距離は、単機の航空機の場合が六〇キロメートル、編隊の場合が一四〇キロメートルであった。

※5　一九二五年（大正一四）に東北帝国大学教授八木秀次博士が考案したもので、各国でレーダー用アンテナとして使われた。アメリカでは八木アンテナの先進性にいち早く着目し、レーダー実用化への第一歩を踏み出した。当時の日本軍上層部は誰も八木アンテナの可能性に気づかず、開戦後の一九四二年、マニラで接収した米軍のレーダーアンテナに八木博士のパテントが刻んであり、海軍は大いに慌てたという

世界最高性能の測距儀

「大和」は主砲用、副砲用、高角砲用、航海用の四種類の測距儀を装備していた。

艦隊決戦における射程は伸びるいっぽう（※6）で、弾道性が改良されるにつれ、命中率の向上が要求された。そして敵より早く有効弾を発射し、命中させるためには、正確な距離を測る測距装置の装備が重要視された。

「大和」が装備する一五メートル測距儀は「光四八金物」と呼称され、世界一の大きさと性能を誇っていた。測距儀の両端についている左右対物鏡間の距離が離れているほど測距精度が高くなるのである。「大和」では、陽炎のため不規則ながら、およそ四万メートルの距離（「山城」では三万七〇〇〇メートル）から敵艦の檣楼上部を見ることができたという。

そして意外にも、この測距儀を開発したのは酸素魚雷を完成させた岸本鹿子（艦政本部魚雷部所属）であるという。日本光学工業（現在のニコン）の技師がドイツのツァイス社を見学した際、垂直部のほとんどない目標でも測距できる、倒分像ステレオ六メートル測距儀で、正分像合致式測距儀の約一・六倍の精度が期待できるとの情報を得たが、砲熕部が購入に積極的で

なかったため、代わりに魚雷部が四基購入し、一五メートル測距儀の完成に大いに寄与したのだ。

「大和」の一五メートル測距儀は、逆分像ステレオ式一台と正分像合致式二台の三連装で、三人の測手が配置されていた。価格は当時のお金で一基四〇万円であった。現在の価格に換算すれば数十億円になるであろう。

2つの測距方式

単眼合致式

目標物　主標　副標

左眼　右眼

遊標立体視式

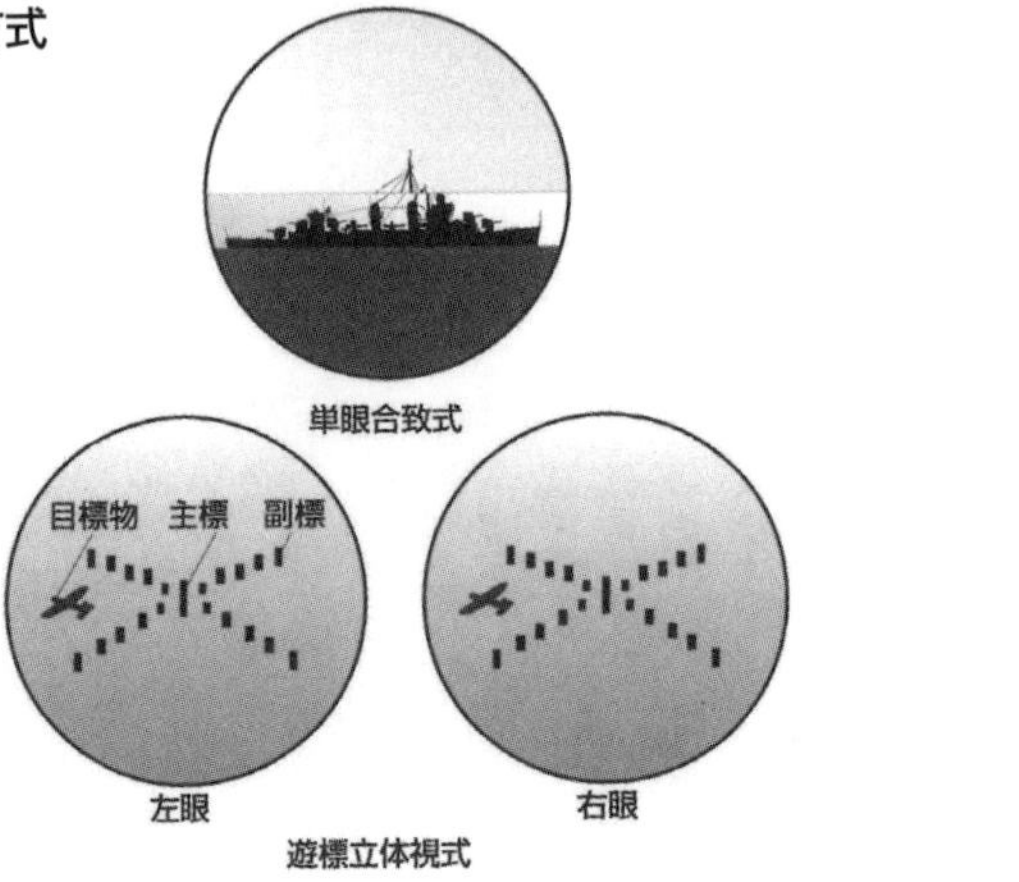

「大和」が装備する15メートル測距儀は、①単眼で行なう正分像合致式　②両眼で立体的に行なう逆分像ステレオ式の三連装となっていた。2つの方式の特長を簡単に解説すると、
①左右の窓から取り込んだ光を中央のプリズムで一つの接眼レンズに導く方式。左からの光が上半分、右からの光が下半分の像となり、プリズムを調整して上下の像を合致させると距離が読みとれる。移動速度が遅い艦艇などの目標の測距に適している。
②左右それぞれの中央プリズム、接眼レンズを利用して、双眼鏡と同様の感覚で目標との距離を測る方式。焦点が合えばはっきりと見え、このときに視野内の指標（主標、副標）を基準にして距離を測定する。移動速度の速い航空機などの目標の測距に適している。

※6　黄海海戦における戦闘距離は三五〇〇メートル、日本海海戦では六四〇〇メートル、ジュットランド海戦では一万一〇〇〇メートルと、次第に彼我の距離が増していた。

大型探照灯

大和型戦艦は世界最大の直径一五〇センチの探照灯を片舷に各四基、計八基、中央部煙突付近に装備し、前部艦橋にある一二センチ双眼望遠鏡を備えた管制器で遠隔操作していた。最大照射距離は一万二〇〇〇メートルであった。

探照灯は暗夜に来襲する敵水雷戦隊を視認し、副砲で撃退するための手段とされていた。襲撃してくる敵をなるべく早期に、しかも、遠距離で捕捉できるよう、砲術側から大型探照灯の要求が相次いだ。

この要求によって、金剛型、扶桑型、伊勢型、長門型の各戦艦に反射鏡（※7）直径一一〇センチの探照灯が装備された。そして大和型の「大和」「武蔵」には、これを大きく上回る反射鏡直径一五〇センチの九六式探照灯が装備された。

しかし、「大和」の探照灯は結局一度も実戦で使用されることがなかった。一九四二年（昭和一七）三月二七日に見張り照射訓練、一九四四年（昭和一九）一〇月八日に「武蔵」を目標艦にして訓練を実施したなどの記録があるが、具体的なデータはない。

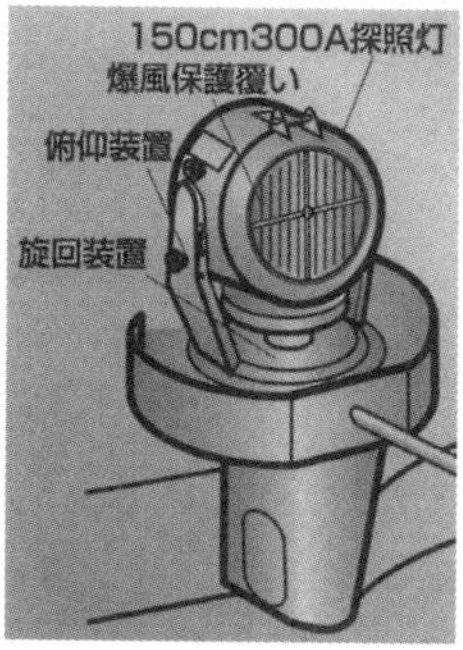

150cm300A探照灯
爆風保護覆い
俯仰装置
旋回装置

「大和」の主砲射撃時に発生する凄まじい爆風に耐えるため、九六式探照灯は外形を球状に近くし、前面ガラスには特殊強化ガラスを用い、さらに爆風除けの覆いも装備していた。

九六式探照灯

焦点距離	65cm
アーク電圧	75ボルト
アーク電流	300アンペア
電極直径a	5mm（陽極）
電極直径b	11mm（陰極）
ビーム開度	約2°
俯仰角	−10°〜+100°
最大照射距離	約1万4000m
対単機有効射程距離	約8000m

ちなみに探照灯は、日本海軍の得意とする夜戦において、敵艦を暗闇から浮かび上がらせ、水雷戦隊が魚雷の集中打を浴びせるためにも必要と考えられた。ただし、いったん探照灯を照射すれば、目標の視認は容易になるが、同時に自艦の位置を敵に知られる危険をも含んでいた。したがって、照射開始と同時に射撃を開始して、敵を先制撃破することが絶対条件とされた。

一九四二年（昭和一七）一一月、ガダルカナルの敵飛行場砲撃に向かった挺身攻撃隊「比叡」「霧島」が米艦隊と遭遇した。「比叡」は「照射始め、撃ち方始め」でいっせいに探照灯の強烈な光線を敵巡洋艦に浴びせ、砲撃を開始した。と同時に米艦隊のレーダー射撃の集中打を受け、操舵不能となり、最後は自沈する羽目になったのだ。

※7　探照灯の構造は、強烈な光を出す光源をガラス製の凹面反射鏡の焦点に置き、ここから出た光を反射鏡で平行に収束して照らすようになっていた。つまり探照灯の光の円柱の太さは、反射鏡の直径に比例していた

〔『戦艦大和メカニカルガイドブック』二〇〇六年一月（イカロス・ムック）掲載〕

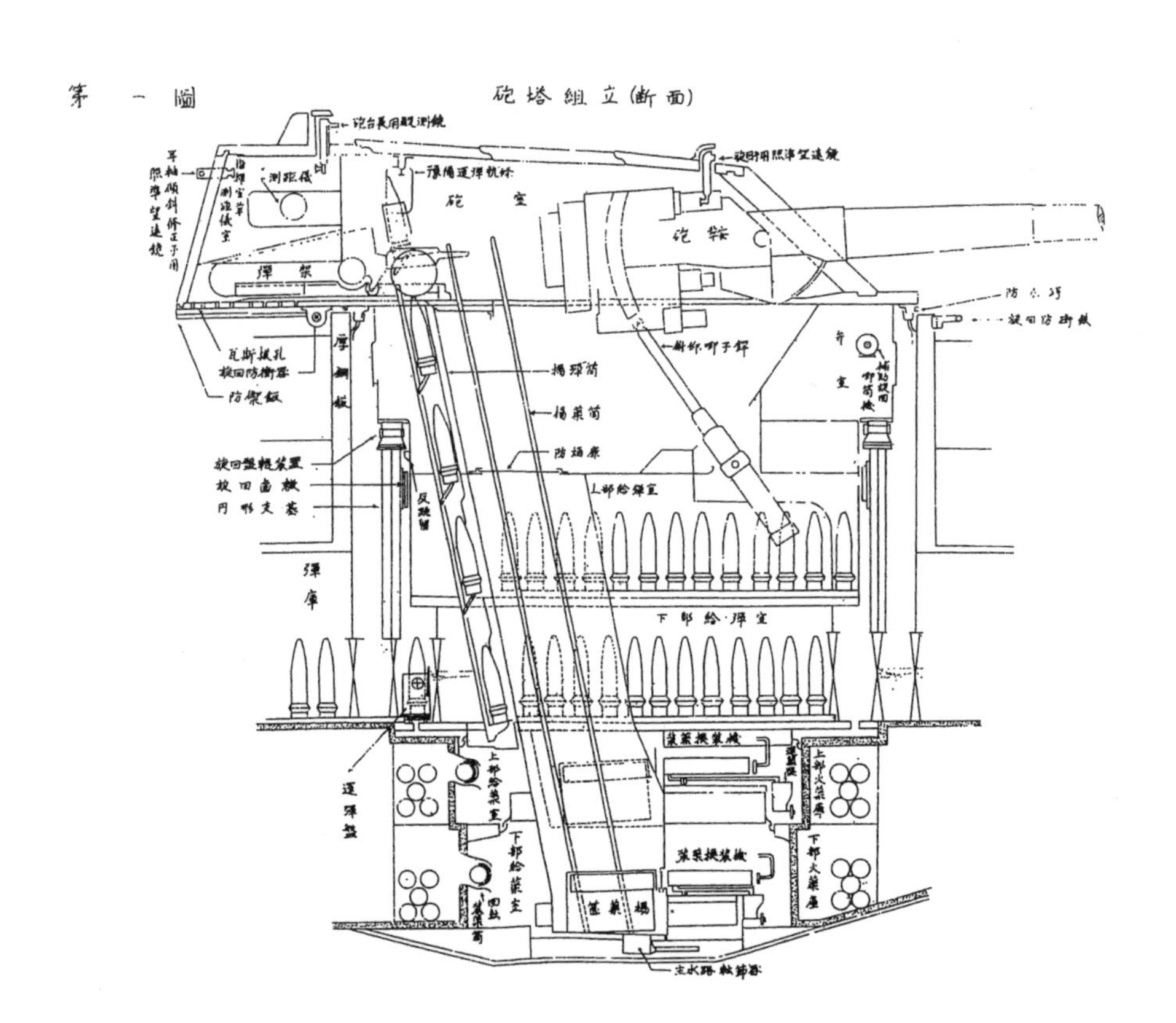

46センチ主砲塔断面（『兵器学教科書・九四式四十糎砲塔』より）

第二圖　　砲塔組立(後面)

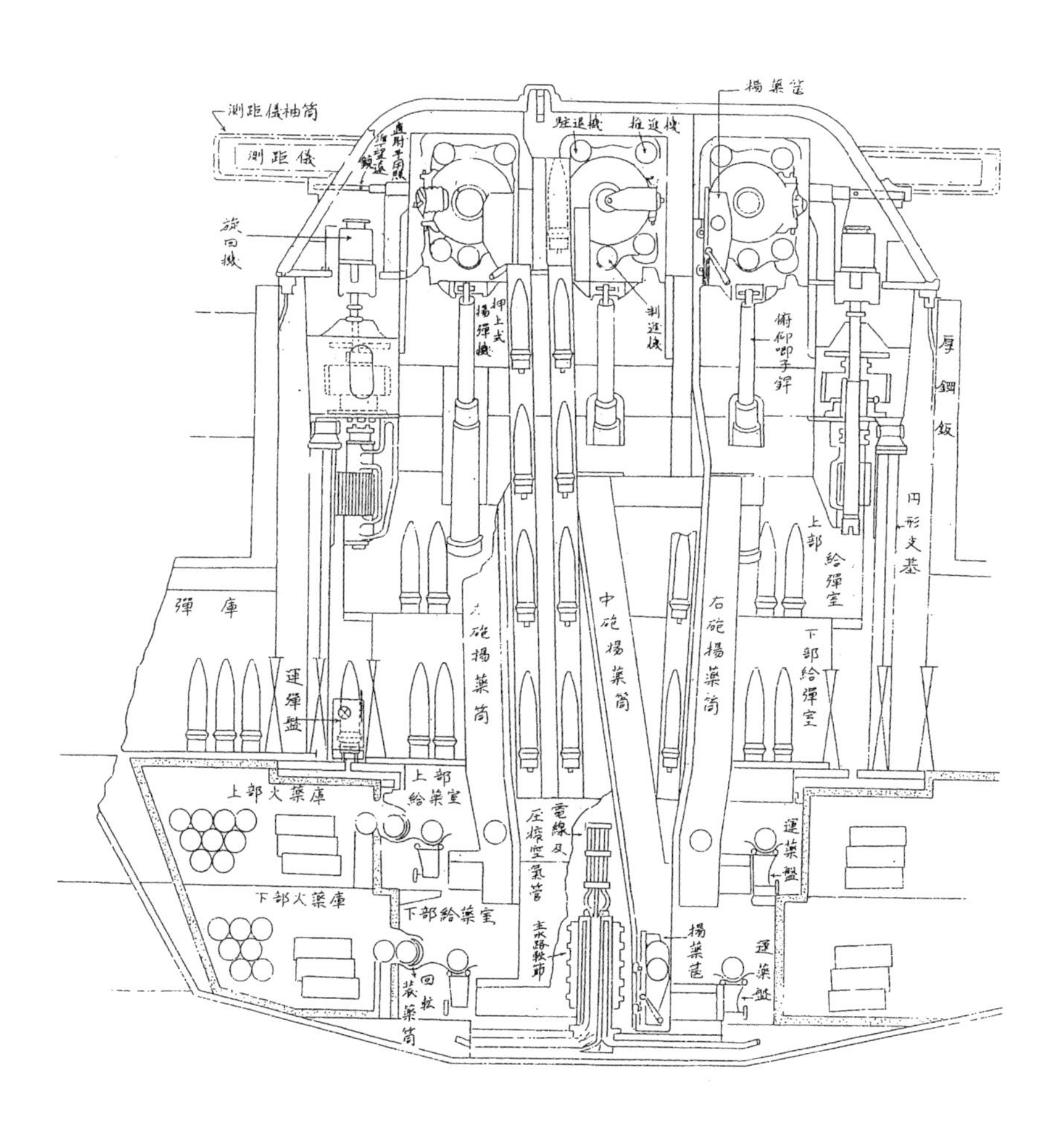

46センチ主砲塔後面(『兵器学教科書・九四式四十糎砲塔』より)

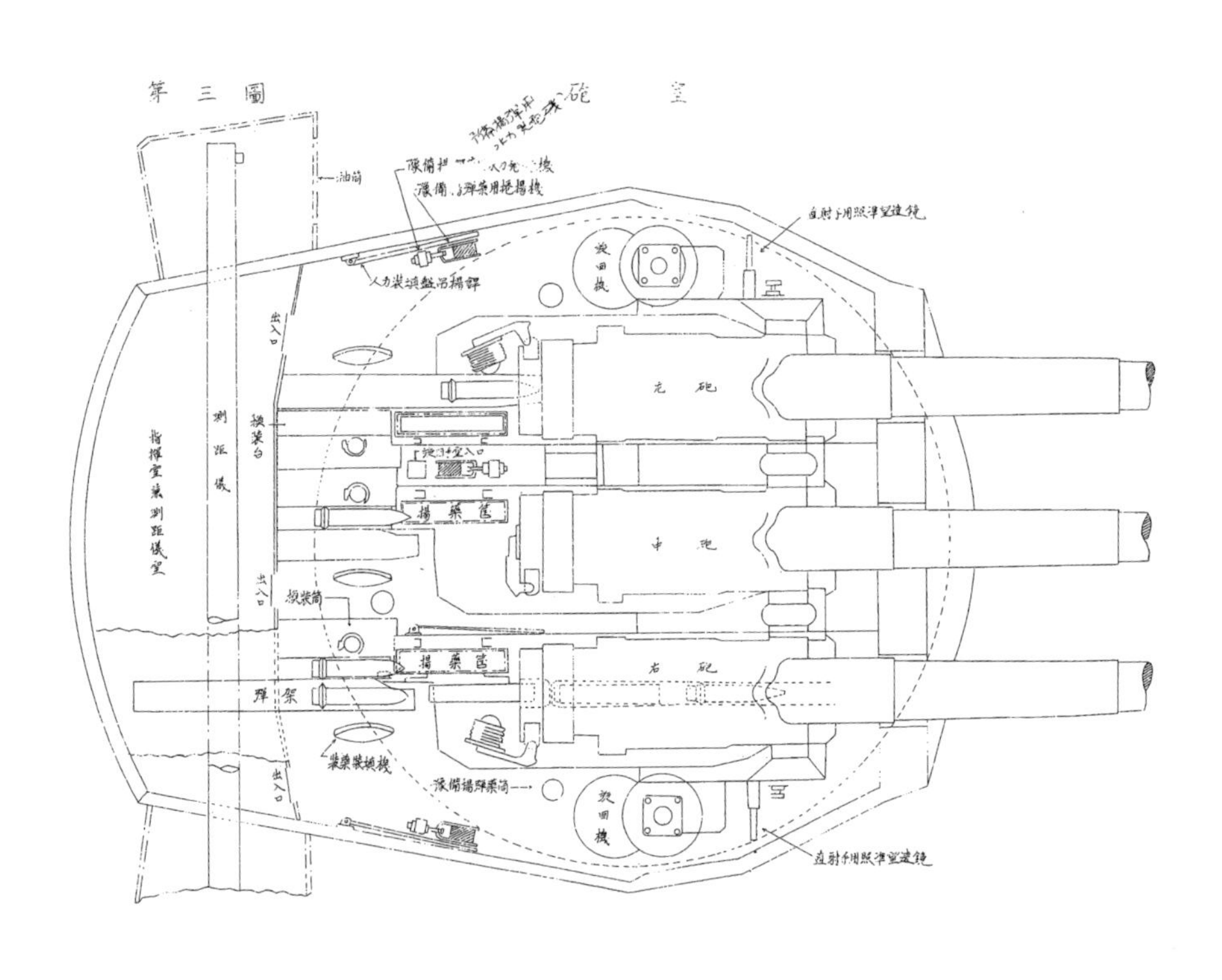

46センチ主砲塔砲室（『兵器学教科書・九四式四十糎砲塔』より）

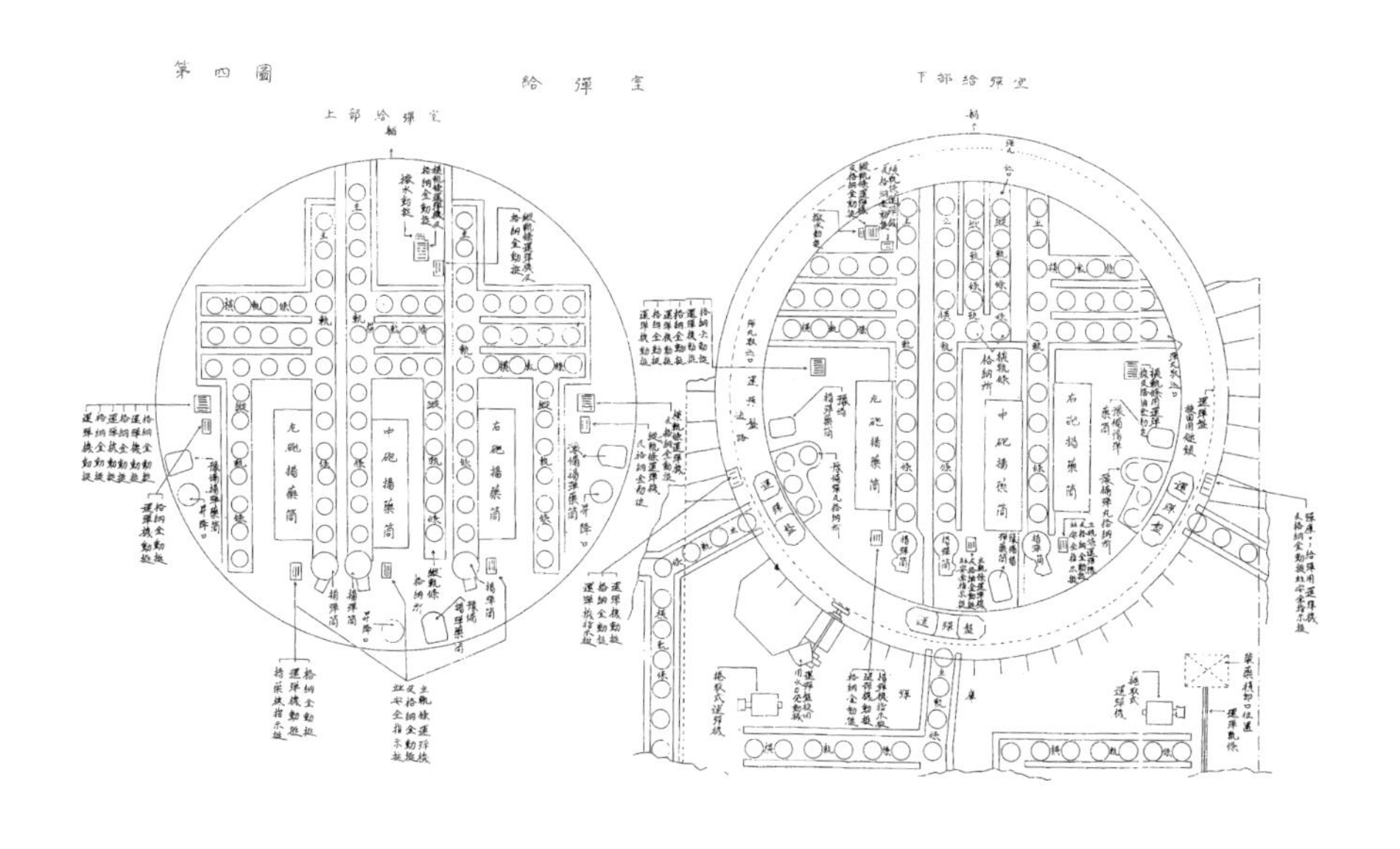

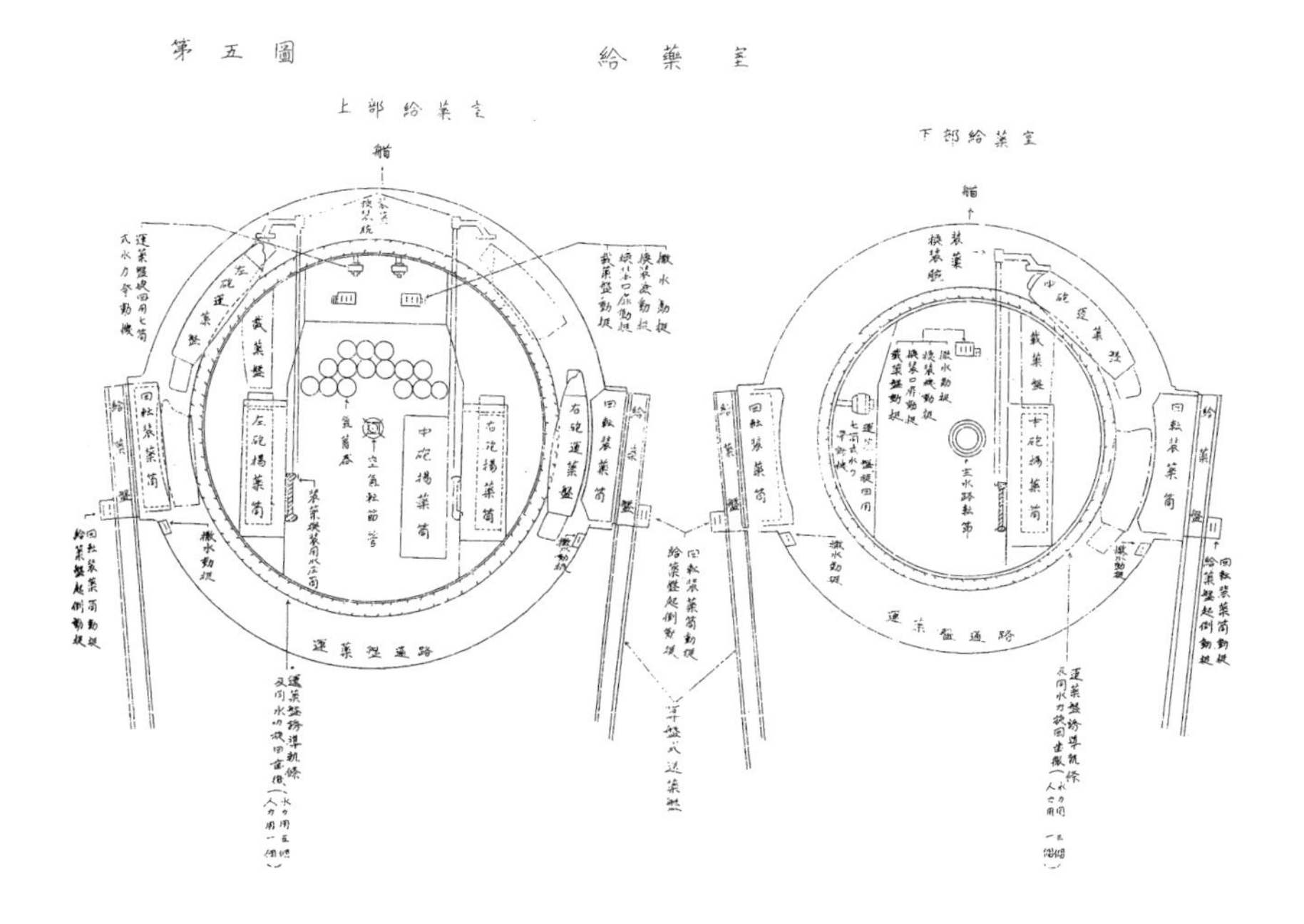

46センチ主砲塔給弾室（上）と給薬室（『兵器学教科書・九四式四十糎砲塔』より）

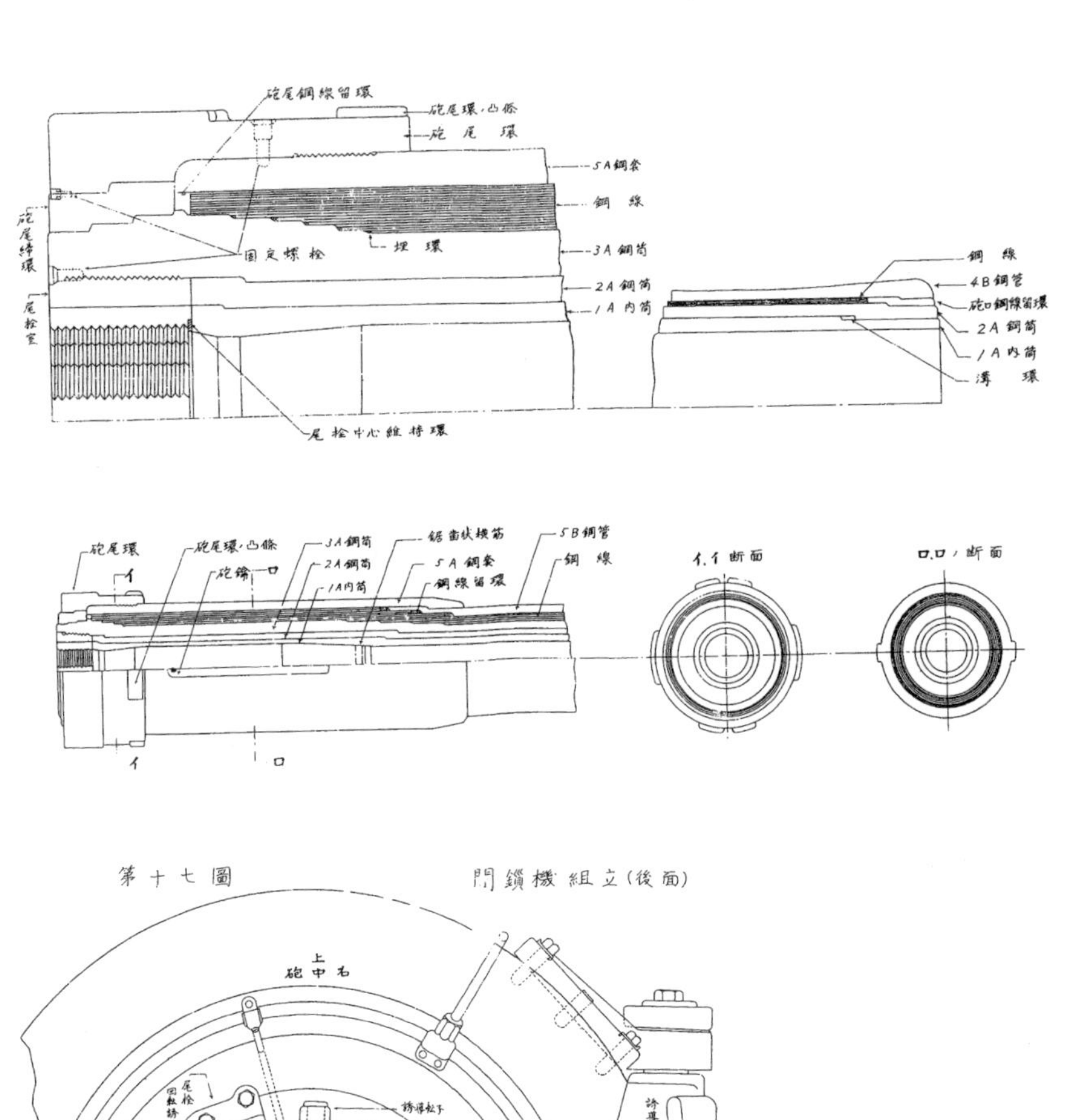

第十七圖　閉鎖機組立(後面)

46センチ主砲砲身（上）と閉鎖機後面（『兵器学教科書・九四式四十糎砲塔』より）

艦内生活諸設備

船体の構造

「デッカイ！　スゴイ！」の一語につきる大和型戦艦は、水線長が二五六メートルあり、船体のフレーム（肋骨）の数は一メートル間隔で一番から二四六番まであった。

また、艦首から艦尾まではおよそ一〇メートル間隔（間隔はかならずしも一定ではない）で第一区から第二三区まで区分されていた。

この区分は長大な艦内のいわば番地に当たり、最上甲板の両舷側に白いマーカーが記されていた。このマーカーはまた、戦闘時の被害区域の特定にも役立てたと思われる。

船底下面から最上甲板（露天甲板ともいう）までの船体の深さは一八・九一五メートルある。地上のマンションなどの建物でいえば七階建て相当といえるが、そう驚くほどの高さでもない。

それというのも、軍艦は客船と違い、必要な船体容積を確保する一方で、できるだけコンパクトなサイズにまとめる必要があるからである。

船体内は最上甲板、上甲板、中甲板（装甲甲板）、一部に第二中甲板、下甲板、最下甲板、第一船艙甲板、

捷号作戦時、比島スル海で戦闘中の「大和」。最上甲板の両舷側に白いマーカーが記されている

一部に第二船艙甲板、そして船底の二重底（大部分が重油庫になっている）の六〜七層からなっていた。さらに、最上甲板上の船体中央部には上部構造物があり、下部高角砲甲板、上部高角砲甲板、下部探照灯甲板など各層が築かれ、それより上方に前檣楼、煙突、後檣楼がそびえ立っていた。各甲板は、ラッタル（垂直に近い鉄ハシゴ）で結ばれていた。

「艦内旅行」

さて、大和型戦艦に配属がきまった乗組員は、各自の分隊に配属され、各部署に散ることになるが、はじめて乗り組んだ者には四、五日間の教育期間があった。まずは分隊の居住区（上甲板、中甲板、下甲板、最下甲板）に連れて行かれる。

このおり兵員には「上陸札」というものが渡される。札の上部には「右舷」あるいは「左舷」と書かれており、配置番号によって「右舷直」、「左舷直」が決まる。

海軍用語でいう「半舷上陸」というのは、右舷あるいは左舷の片舷（半数）の者が上陸をゆるされることをいう。

札の中央には自分の名前が大きく書かれていて、その右側には階級名が、左側には上に善行章の種類、下に所属分隊が記入されている。たとえば「善一」と記入されている場合、それは「善行章第一線」のことで、海軍に三年以上勤務していることがわかるのである。

この「上陸札」は、上等兵曹以下の乗組員にとっては「通行手形」のようなもので、上陸や公用で艦を離れる際には、舷門の当直員に提出し、帰艦時に受け取る大切なものであった。

さて、居住区がわかると、次は艦内勤務・生活で絶対に覚えておかなければならない烹炊室（上甲板右舷第一四区）、酒保（兵員向けに日用品や飲食物を置いてある売店。上甲板中央第四区）、自分の配置場所に案内される。

そして、教育期間の最終日には「艦内旅行」と称するテストが実施された。

朝八時ごろ、最上甲板の所定の場所に集合させられ、各自に艦内の部署名が印刷された出題用紙が配られる。出題は一人一人異なるのでお互いに相談することはできない。用紙を受け取ると各自、指定された個所へ走って行き待機している係員から検印をもらい、全個所の検印を集めた者から出発点に戻ってくる。

迷路のような艦内の様子を競技形式で覚えこまされるわけだが、すべての検印を集めて戻るまで、早い者で昼ごろ、なかには夜九時を過ぎた者さえいたという。

そうした訓練を受けても、艦内で迷ってしまうことも多く、その場合は、一度最上甲板に出てからでないと自分の分隊居住区に戻れなかったという。

居住区と設備

大和型戦艦を設計したときの乗組員定数は、およそ二三〇〇名を想定していた。

しかしその後、機銃、高角砲等の増設で、「武蔵」は約二五〇〇余名に、「大和」では最終的に約三三〇〇余名に増加した。

大和型は、主砲発砲時の爆風対策のため搭載艇・搭載機をすべて艦内格納式にしたため、艦尾部分の大半がそれに当てられた。居住スペースの確保の面からはややマイナスであったが、それでも、少しでも生活条件を良くして乗組員の戦力発揮を高めようと、一人当たりの床面積は三・二平方メートルとした。

これは大和型以前の最大艦である戦艦「長門」の二・六平方メートルと比べてかなり改善されていたといえる。

ところで、軍艦のみならず船一般は、右舷側が正舷すなわち上座に当たる。船の側面図を片側だけ見せる場合はかならず右舷側面図にするという約束になっている。

大和型でも司令長官室・同公室・同寝室、参謀長公室・同寝室、艦長公室・同寝室、幕僚室などの高官の部屋は、上座に相当する右舷側上甲板の前檣楼前後に集中して設けられている。

高官の各部屋の設備は、艦長公室を例にとれば、蒸気で湯を沸かす浴室はタイル張りで、厠（トイレ）も含めてすべて立派な洋式の設いであった。右舷側には士官私室も並ぶが、いずれも当時の一流ホテルのロビ

①〜㉓＝上甲板艦内区分
⑴〜㉑＝最上甲板区分

A＝長官寝室、B＝長官公室、C＝長官室、D＝参謀長室、E＝艦長公室、F＝幕僚室、G＝艦隊司令部事務室、H＝士官室、I＝分隊長室、J＝兵員室、K＝副長室、L＝主計長室、M＝機関長室、N＝工作長室、O＝砲術長室、P＝艦隊主計長室、Q＝艦隊軍医長室、R＝艦隊機関長室、S＝准士官以上烹炊室、T＝長官・艦長烹炊室、U＝兵員浴室、V＝洗濯機室、W＝兵員烹炊室、X＝調理室、Y＝洗い場、Z＝洗面所
＊最上甲板の区分について第16区と第17区の間の区画に不明な点があるが、原資料のまま掲載した。なお区分は各甲板で微妙に異なる。

ーのようであったという。

　一方、下級の兵員室も明るく広く、個人用ロッカーも備えておりなかなか豪勢であった。

　分隊居住区は、寝室兼食堂兼居間になっていて、部屋の中央に取り外しのできる檜製のテーブル（食卓になる）が置いてあった。寝床も従来のハンモック（吊床）は少なく、大部分は組立式か三段式の長さ約六尺（約一・八メートル）、幅約二尺五寸（約七五センチ）の立派なスチール製の寝台だった。

通風と冷暖房装置

　軍艦は装甲として使われる特殊鋼をはじめさまざまな鋼板で覆われ仕切られた建造物である。それらは熱伝導率の高い金属であり、しかも艦内には熱源となる各種の機械類がいたる所に設置されている。

　軍艦の内部は、ことに夏期とか南方での作戦中ではいちじるしく高温多湿になる。艦内でありながら補機部員などが熱射病にかかる場合があったという。兵員

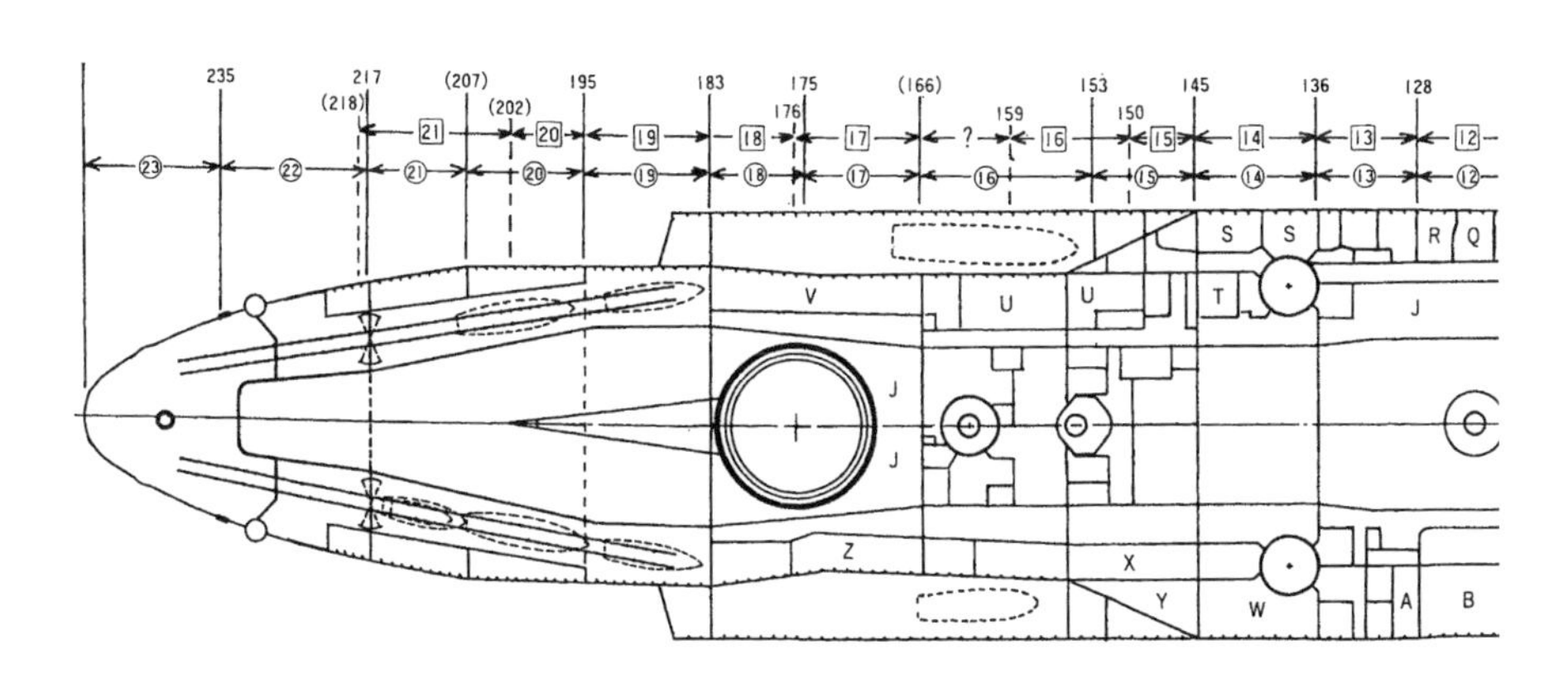

上甲板居住区と艦内区分

室の一部なども蒸し風呂のようになり睡眠も満足にとれない状態になる。

大和型戦艦の設計に当たっては、こうした居住環境の改善にもかなり留意されたといってよい。夏期の外気温度を摂氏三三度と定めて設計基準にし、その場合、居住区を三八度以内、補機室を四三度以内に収まるように設計された。それでも、今日の常識から見れば相当の高温ではあるが……。

熱源となる電動機類はフレーム内に収め、給排気の通風は低騒音で防水も完備した軸流内通風機（小穴製作所と荏原製作所製造）を使用し、居住区、砲塔内、機械室に合計二八二台（総出力一二八四馬力）が設置されていた。

しかし、快適な居住環境を実現するためには、たんに換気・通風をするだけでは不十分である。湿気と温度とが不快でない程度にコントロールされなければならない。

そこで大和型では、主砲塔下部の火薬庫（装薬室）を冷却する火薬庫冷却機（日立製作所亀戸工場と荏原製作所製造）を利用して通風系統に大がかりな冷房システムを取り入れた。

これは、通常の通風空気を冷やすためのタンク内冷水管に、火薬庫冷却機から冷気を導いて冷水管をさらに冷やして通風空気を冷却するもので、同時に空気中の湿気も露となって除去するものだった。

火薬庫冷却機はターボ式冷却機といい、冷媒を「メチレンクロライト」とするもので、全四台で毎時六〇万キロカロリーの能力を発揮した。

冷房範囲は、当初全居住区に対して実施するはずだったが、海軍部内に冷房は兵員室用としては贅沢だとの反対意見もあって、加熱を受ける煙路付近の中甲板中央部の兵員室、士官居住区、発令所、電信室などに限定された。さらに冷房は、火薬庫を冷却していないときにだけ実施されるもので、また能力上、全冷房範囲に対して同時に冷房すると湿気の除去は良好だったが、冷房効率は低下した。

とはいえ、発令所などの循環通風区画は、冷房によって夏期でも摂氏二七度が保たれたという。トラック泊地に碇泊する「大和」・「武蔵」は、他艦から「大和ホテル」、「武蔵御殿」などと呼ばれた。

トラック泊地の「大和」（奥）と「武蔵」（聯合艦隊旗艦）。艦内の一部に冷房も備えた両艦は、他艦の乗員から「大和ホテル」「武蔵御殿」などと呼ばれた

暖房は、冷却管の代わりに蒸気管で行なわれた。

真水は貴重品

兵員は、通路ラッタル下にある冷房用排水ダクトから落ちる冷水をオスタップ（たらい）や洗面器にためて、洗濯に利用したり、体を拭いたりしたという。

というのも、下士官・兵用の大型風呂は、真水でなく海水を沸かした湯だったので、体のふき方が悪いとベトベトして敬遠されたからである。もちろんこの乗員の工夫は、禁止行為だった。

艦内生活でいちばん貴重な真水は、船倉甲板後部のスクリュー軸室（第一八区）の外側の左右両舷に二基の真水タンクと二重底内部の大型タンクに計二九七トンを貯蔵し、さらに予備タンク（第一二区と第一三区に設置）四基に計二一二トン、合計五〇九トンを貯蔵していた。

艦船での真水の大切さが身にしみている乗員は、南方特有のスコールを有効に利用した。

「総員スコール浴び方用意」の号令がかかると、乗員は一斉に防暑服を脱ぎ、体に石ケンを付けて待機し、あっという間に通り過ぎる雨で素早く体を洗い、ついでに下着やフンドシも手早く洗うのである。

雨水はまた、溜めておいて利用された。

暑さ除けに最上甲板の前部砲塔付近に張られたテントは、雨水が溜まりやすいようにゆるく張られ、下にチンケース（石油缶）、オスタップ、空のドラム缶を置いて、落ちてくるしずくを溜め防火用水や洗濯用水として利用した。

調理と食事

高温多湿の兵員烹炊室は、右舷第一四、第一五区にあって主計課の掌衣糧長の責任下にあった。別に士官烹炊所（士官室、第一士官次室、第二士官次室、准士官室の烹炊所があった）があり、専用の軍属のコックが一人配置でまかなっていた。

さらに、長官・艦長用の烹炊室のコックには、帝国ホテルや日本郵船乗り組みのベテランが徴用されていた。艦内調理室に洋食料理用電気オーブンストーブがあった。食費は、士官食が自前で兵員食は官費だった。

兵員烹炊室の設備としては、「洗米機」二基＝米は海水でといだという。

「合成調理機」二基＝大根の千切り・芋の皮むき・挽肉等、さまざまな下ごしらえができる。

「電気万能烹炊器」一五キロワット三基、二五キロワット二基の計五基＝万能の煮炊き器。

「六斗炊き蒸気炊飯釜」六基＝三重釜回転式で、一基で一度に六斗（六〇升＝六〇〇合）炊ける。兵員の米は一日一人六合と決められていたから、一食二合として、六基で一度に一八〇〇人分のご飯が炊けた。

「六斗炊き蒸気菜釜」二基＝三重釜回転式。

「二斗炊き蒸気粥釜」二基。

「茶湯製造器」二基＝一基で毎時四〇〇リットル。

「電気保温器」一個。

「蒸気保温棚」一式。

「大型食器消毒器」三個。

「一馬力冷凍機」一基。

戦艦の兵員烹炊室に並ぶ蒸気炊飯器。写真は「長門」

そのほか「ラムネ製造機」などがあった。

さらに長官、艦長、士官用の調理機器や設備と合わせて二五〇〇名以上の乗員の三度三度の食事を調理したわけである。

兵員の一日当たりの摂取カロリーは二五〇〇〜三〇〇〇カロリーと定められ、米の量は前述のように一日当たり六合、肉一八〇グラム、魚五〇グラム、野菜三〇〇グラムとそれぞれ決められていた。主食の米は五分づきで米七対麦三の麦飯だった。

朝食は和食で、味噌汁の具にはカボチャ・タマネギ・ヤマイモ等が入っていた。昼食は洋食で、太刀魚(たちうお)の料理が多かったという。他にニワトリ・ウサギ(旨かったという)・豚肉料理も出された。夕食は、和食のほかにカレーライスなども出た。「大和」「武蔵」の兵員食は、概しておいしかったという。

非常食である「戦闘食」は、たいていが握り飯と梅干しやコンビーフなど、または乾パンだったが、全艦配置かどうかは不明だが、ミルクを入れた四斗樽が要所に置いてあり、戦闘の間隙をぬって飲んだという記述が元乗員の手記に見られる。

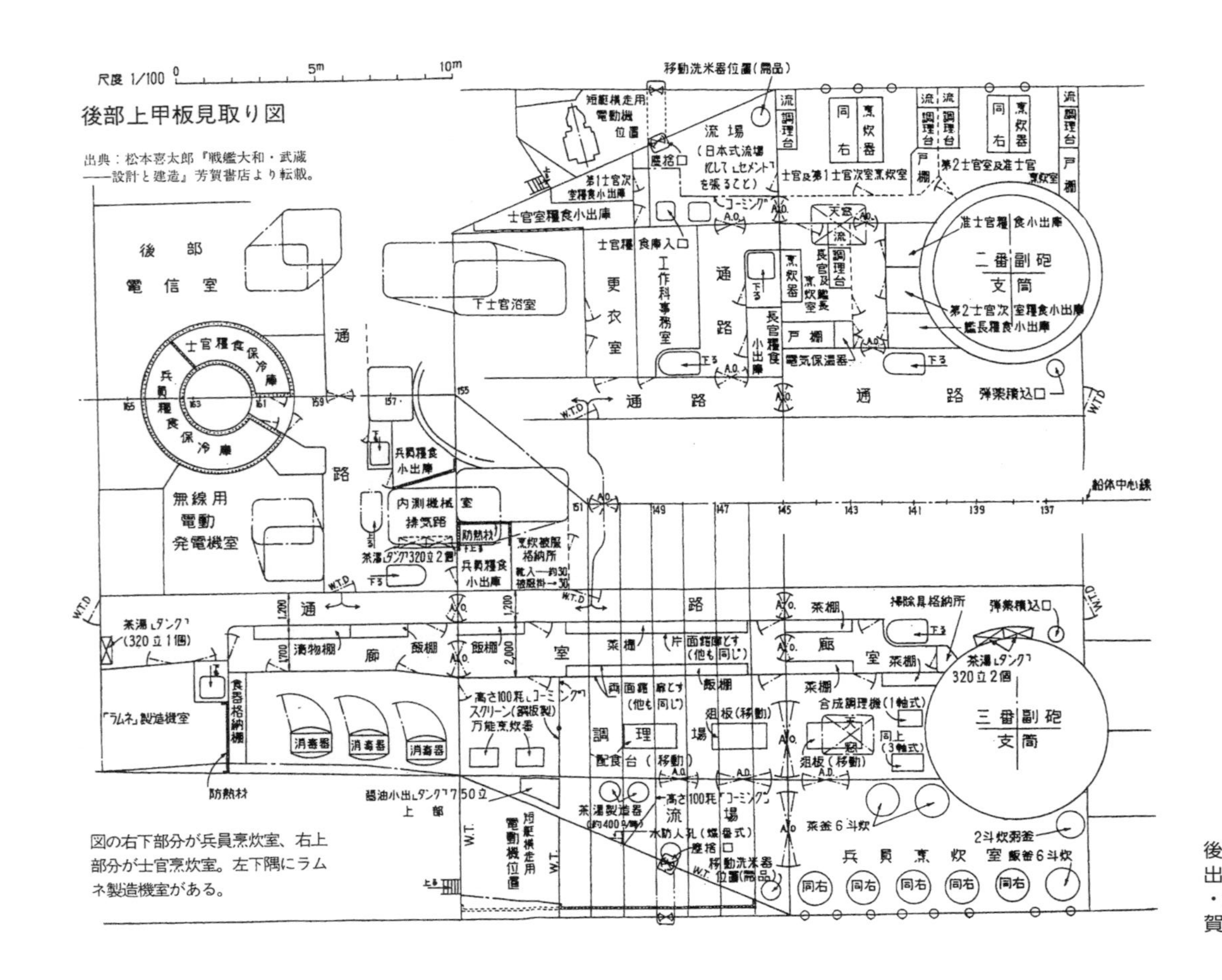

後部上甲板見取り図
出典：松本喜太郎『戦艦大和・武蔵――設計と建造』（芳賀書店）

烹炊室員たちは、一日中調理に追われ自分たちの食事もままならぬ〝三K（きつい、汚い、危険）〟労働をしいられたが、一方で役得もあった。牛肉は上等のロースやヒレ部分、ご飯も良く炊けたところをひそかに食べていた。

床屋

床屋は、軍属（民間人で軍隊に勤務する者）の理髪手（定員四名）が乗艦していた。理髪所は上甲板前部右舷にあり、小さな鏡が取り付けてある理髪用の椅子が四台置いてあった。

蒸しタオル用のスチームは、電気で沸かした。入口の脇に立派な木製の腰掛があり、その腰掛の上の蓋をあけると掃除用の七つ道具が納められていた。

電気バリカン「スピーディク」は、大阪の清水電機製作所（現スピー株式会社）製で、軍艦専用に直流方式になっていた。

散髪料金は、准士官以上の調髪二五銭、二分～五分刈二〇銭、丸刈一五銭、顔剃一〇銭。

下士官は、調髪一七銭、二分～五分刈一五銭、丸刈一二銭、顔剃七銭。

兵が二分～五分刈一三銭、丸刈八銭、顔剃五銭だった。

しかし、ほとんどの兵は、分隊備え付けのバリカンでお互いに刈りあってすましたという。

床屋さんの給料は、散髪料と別に一日当たり一円三〇銭、ひと月二六日の計算で毎月支払われた。陸で営業するより高収入になったらしいが、戦闘に巻き込まれて命を落とすかもしれないリスクと引き換えといえた。

洗濯と入浴

上甲板左舷の短艇格納所の右横に洗濯機室があった。定員は三名で常時二人くらいの軍属が働いていた。利用できたのは准士官以上の士官で洗濯は有料だった。

洗濯機は、大型のもの一台と予備一台があり、大型の回転式乾燥器があった。

洗濯係には役得というべきことがあった。洗濯機に洗濯用水を入れてから蒸気を出し、丁度いい湯かげんにして入浴したという。

洗濯機室と仕上げ室は壁で仕切られているが、アイロン台のある仕上げ室は蒸し暑く、係員はフンドシ一丁の姿で汗だくでアイロン掛をしていた。

兵員の洗濯は、前述のように溜めた雨水、冷房用ダクトから滴る水、スコールのほか、冷蔵庫に溜まる水もひそかに利用したという。洗う場所もさまざまであったが、前述の士官用洗濯機室のちょうど反対舷にある洗面所なども利用された。

バス（風呂）は、士官用と下士官・兵用とがあった。

下士官・兵用のバスは塩水、すなわち〝海水湯〟で、入浴は各分隊ごとに日を決めて、四〇人ぐらいが一斉に行なった。

順番は、先任下士官、上等兵曹、一等兵曹、二等兵曹、それから兵長、上等水兵、一等水兵、二等水兵の順だった。

入浴時には、コイン状の丸い金属板や木札（碁石だったという手記もある）を三枚、入浴券として渡される。この券一枚につき真水の湯を洗面器一杯分もらえるのである。

つまり、たった洗面器三杯の真水湯で体を洗い、石ケンを落とし、最後に海水を洗い落とさなければならないわけである。

この券を紛失したり盗まれたりすると、すべて〝海水湯〟で洗わなければならないが、海水は石ケンがききにくく、バスからあがっても体がヌルヌルして気持が悪かったという。

しかも、〝海水湯〟は最後に入るころには濁っていて、あまりいただけなかったともいう。

酒保と食品貯蔵庫

酒保すなわち売店は、前甲板中央部にあった。売店といっても一般のお店のようなものではなく、ちょうど昔の駅にはかならずあった手荷物預かり所のような殺風景な雰囲気であった。

酒保物品倉庫には、およそ五〇余トンの品物が納められていた。ちなみに「大和」・「武蔵」が積んでいた酒は、母港の呉軍港がある広島の『賀茂鶴』、灘の『月桂冠』などの銘酒であった。

米麦、味噌、醤油、砂糖、各種缶詰の貯蔵品倉庫は、上甲板、中甲板、下甲板、最下甲板の四〇余個所にあった。

後部甲板から納出庫する獣肉、ハム、魚肉、根菜・葉菜類、果物の冷凍・冷蔵庫は、乗員の約三ヵ月分を貯蔵してあった。

冷凍・冷蔵庫は後述のように氷で冷やす方式のもので、容積二二三・四立方メートル（二二万三四〇〇リットル）という巨大なもので、これは「長門」のそれの二・六倍の容積であった。現代の家庭用冷蔵庫の平均容積を四〇〇リットルとすると、約五六〇台分に相当する。乗員一人当たりの容積では〇・〇九七立方メートル（九七リットル）あった。

冷凍・冷蔵庫冷却用の製氷機は、炭酸ガス式五万キロカロリーのもので、隣室温度を四〇～五〇度と想定し、防熱材にコルクを用い、獣肉庫の庫内温度は零下二度、野菜庫は摂氏五度に保つよう設計されていた。また、弾火薬庫の冷却機の冷水も冷蔵庫に導くようになっていた。

しかし、レイテ沖海戦における「大和」主計課の戦訓報告では、野菜庫の設置場所が不適当で冷蔵がきかず「野菜腐敗庫」と化したという指摘があった。

〔歴史群像太平洋戦史シリーズ⑪『大和型戦艦』一九九六年六月（学研プラス）掲載〕

「大和」と「造船官魂」

青春をかけた「大和」

「私の青春は、太平洋戦争の末期に、戦艦『大和』『武蔵』がその持てる力を充分に発揮しないで、永遠に海の藻屑と消え去った時に失われた。なぜなら、大和、武蔵こそ、私の生涯を賭した作品だったのである」

艦政本部第四部の基本計画主任であった福田啓二元造船中将は、戦後一〇年目、月刊誌「文藝春秋」に手記「戦艦大和いまだ沈まず」を書いた。

彼にとっての青春とは、物いわぬ図面と真剣に取り組み、自分の心魂を使い果しても悔いのない仕事に出会ったときだったという。それが、戦艦「大和」の設計だった。

絶対転覆しない艦を

大和型戦艦は、とくに慎重に重心が下に行くように装備の設計をした戦艦だった。

その理由は、旧日本海軍の造艦技術上の失敗から生まれたのだった。

吹雪(ふぶき)級特型(とくがた)駆逐艦は、基準排水量一七〇〇トン、五万馬力で三八ノットの高速を出し評判が良かった。

五五〇〇トン型軽巡洋艦が波にもまれ、あえぎながら航走しているとき、遙かに小型のこの駆逐艦はその横をよく波に乗って突っ走っていた。

そして艦橋設備が著しく改善されたため、以前の艦のように艦橋員が濡れることもなかった。艦の凌波性は良いし、荒海でも楽に操艦できた。その結果、船の側から見ると無理な使い方をされるようになった。

艦政本部の基本計画主任として「大和」建造に携わった福田啓二造船大佐

一九三五年（昭和一〇）秋、大事件が起こった。特型駆逐艦「初雪」と「夕霧」の両艦は、下北半島沖で演習中、南方から襲来した猛烈な台風と同時に起こった突風とで生起した独立峰の山のような、彼方こなたに盛り上がる異常な波浪に遭遇し、船首楼甲板が艦橋前で破折、艦首部は人命救助が不可能なまま海中に没した。（第四艦隊事件）
この悲惨極まりない事件の一年半前、同じく演習中、さほどでもない暴風雨に出会い避退中の新水雷艇「友鶴（ともつる）」が転覆し、乗組員のほとんどを失うという事故があった。（友鶴事件）
帝国海軍におけるこの二大不詳事件——構造強度と復原性の欠陥——で、艦艇設計の府たる艦政本部に対して海軍部内の態度は急激に硬化し、第四部の造艦技術信ずべからず、安心して生命を艦艇に託し得ないという見解に達した。
しかし、このことが旧海軍の艦艇の安定性に対する考え方を大進歩させたのだった。
このときの技術上の実際の検討と対策の立案の責任者が、福田啓二海軍工廠造船設計主任だった。

「大和」計画に協力した平賀譲東大教授（元技術中将）

海軍省は臨時艦艇性能調査委員会を省内に設置し、加藤寛治大将を委員長に据えた。

そして用兵者側と造船官側から選出された委員が参加して、海軍艦艇の安定性能について広範囲な調査検討が行なわれた。

福田設計主任は、呉から艦政本部に転勤した。このとき、造船官を退役後、東京帝国大学の教授になっていた平賀譲氏が、海軍の技術顧問格で対応案の審議指導にあたった。

委員会発足当初のころ、専門家以外の委員は、艦の復原性能の標準を確立して、個々の艦の性能審議を行なうべきだという意見を強調した。

しかし、いまだに判らぬことだらけの気象・海象を相手とする艦の安定性を、安全第一主義の一方的な法律的標準を作って設計者に制限を与えることは、行き過ぎと考えられた。

国防の重責を担う海軍部内は、焦慮の色が濃かった。

平賀氏は、

「日本海軍の艦艇の歴史は随分と古く、多数の艦は立派に荒海の試練を耐えてきた。立派な性能を持つ艦もあったことを忘れてはいけない。まず安定性能に関係深い項目を取り上げて多くの艦艇の資料を比較検討して判断の基礎をつかむことこそ大切だ。理論はこの裏付けとして後から追っていくべきであって、理論的に全てなんでも割り切ってそれによって方向を発見しようとのみ考えるのは、このように複雑な問題の処理に対し適当でない」

と指示した。

友鶴事件が起こったとき、英国の専門家は「バルジ」を装着すれば、問題の欠点が矯正できると発表した。

当然、「友鶴」も復原力改善の方法として実施容易な「バルジ」装着の対策を施したが、大角度傾斜時の安定性にまで注意が届かなかったのが実情だった。当時、設計主任の考え方は、GM値中心主義で他の要素を見逃していたといわれる。（GM値は横メタセンタ高

さ。数値が大きいほど復原力が大きくなる）

　この問題の解決法に光を見出したのが、九州大学教授の渡邊恵弘博士だった。

　渡邊博士は海軍嘱託として海軍技術研究所に勤務していた。博士は、仮定に基づいたとはいえ、博士の理論を基に計算すると転覆の原因や経過が紙上に再現できる方法を、数日間研究所に泊り込んで研究した。

　一方、福田設計主任以下艦政本部第四部の技術者は、海軍省内に泊り込み不眠不休で平賀氏の判断方法を基準に個々の艦艇の安定性能改善対策をたて、渡邊博士の考案した理論的手法でチェックする手順を実施したのだった。

　福田設計主任は、約半年間、これらの作業の対策実施立案に文字通り生命をかけて一つ一つの結論を導き出し、復原性能改善対策を完結させたのだった。この血のにじむような体験が、大和型戦艦に活用され、絶対に転覆しないことを念頭に入れて設計が進められたのである。

「大和」プロジェクト

　一九三四年（昭和九）一〇月、軍令部（天皇直属の機関）は海軍省に「一八インチ砲搭載の新戦艦の研究に着手してほしい」との申し入れをした。

　二ヵ月後、日本政府（岡田内閣。七月八日成立。総理大臣岡田啓介、外務大臣広田弘毅、海軍大臣大角岑生）は、ワシントン海軍軍縮条約の単独廃棄の通告を決定した。

　五月三〇日には、日露戦争の日本海海戦の英雄、海軍大将東郷平八郎（八八歳）が死去し国葬が行なわれていた。皇道派青年将校がクーデター計画容疑で検挙され（一一月事件）、皇道派軍人と統制派軍人の対立が激化していた。また渋谷駅前に忠犬ハチ公の銅像が建立された年でもあった。東北の大凶作で娘の身売りが続出した。

　ドイツでは、ヒトラーが総統に就任した。五年後には、ドイツ軍がポーランドに侵入し第二次世界大戦が勃発することになる。

一般配置・所装置を担当した岡村博技師

総合連絡を担当した松本喜太郎技術少佐

艦政本部（海軍艦船、兵器の計画と審査を行なう海軍省の外部部局）は、一八インチ砲搭載の新戦艦の申し入れに待っていましたとばかり沸き立った。

戦艦の建造は、主力艦制限を目的とした一九二二年のワシントン軍縮条約、一九三〇年のロンドン軍縮会議以来制限され、新艦の建造は許されず、保有艦の改装、すなわち、いかにして超大艦超巨砲に改装するかに取り組んでいた。

しかし、軍縮条約明けにすぐ着手できる新艦建造の準備をしておく必要もあった。

艦政本部は、第一部砲熕兵器・甲鉄、第二部水雷兵器、第三部電気・無線・音響兵器、第四部艦船の基本設計・船体関係、第五部機関、第六部光学・航海兵器、第七部潜水艦の各部門に分かれていた。

第四部は、各部門が設計研究したデータを使って一つの機能的に総合された艦の艦型、寸法等の設計を行なう部門だった。艦政本部の基本設計主任は、艦の復原性改善で大活躍した福田啓二造船大佐だった。

早速プロジェクト・チームが編成された。

基本構想チームは、設計責任者に福田啓二技術大佐、一般配置および諸装置の担当に岡村博技師、船体構造と防御に仲野綱吉技師と沢田正躬技師、諸計算担当に今井信男技師、総合連絡に松本喜太郎技術少佐というスタッフで構成されていた。

松本技術少佐の努力すべき目標の造船技術上の基本問題は、三つの「S」、すなわち「スピード（Speed：速力）、ストレングス（Strength：強度、耐久力）、スタビリティー（Stability：安定性）」だった。

そして、設計責任者の福田技術大佐は、この任務の重大さを十分に理解しながらも、むしろ胸に希望を膨らませて設計に取り組んだのだった。

主砲の設計

一方、一八・一インチ砲は、砲身・砲架および砲塔の基本設計を東京の艦政本部第一部で行ない、製造図に関しては呉海軍工廠砲熕部で設計していた。

粗材は、製鋼部（ただし鋼鈑は八幡製鉄所製造）で造り、砲熕部で仕上げ・組み立てを行なった。

砲熕部砲塔工場（戦後、淀川製鋼呉工場）には、大小一一個のピット（地下を掘り下げた穴）があり、砲塔および砲架の陸上試験に使用していた。

四六センチ砲組み立て用ピットは三基あった。最大のピットに水を満たすためには三六七〇トンを必要とした。

軍縮明け対策として研究していた五〇口径と四五口径四六センチ砲身計画要領の具体化が、進められていた。

一八・一インチ砲は「九四式四〇センチ砲」（実際は四六センチ砲）の秘匿名で研究されており、とくに重量節約に重点を置いていた。

砲身重量の第一案は、五〇口径一八六トン、四五口径一六〇トン、第二案が五〇口径二〇五トン、四五口径一七七トンだったが、第一案で計画が進められた。

重量節約のため3B鋼管を廃し、2A鋼管に鋼線を巻くことが試みられた。これにより、艦本作図案の砲身重量一七七トンに対し、約一六七トンに軽量化できる計算であった。

一般に砲身の構造には、層成砲（単層砲身）、鋼線砲、自己緊縮砲の三種類があったが、大和型戦艦の砲身は鋼線砲といわれるものであった。

初速は、五〇口径が秒速八三〇メートル、四五口径は秒速七七〇メートルで計画されていたが、実際は秒速七八〇メートルとなった。

「大和」と山本五十六

基本構想研究チームは、各部門の設計研究データを

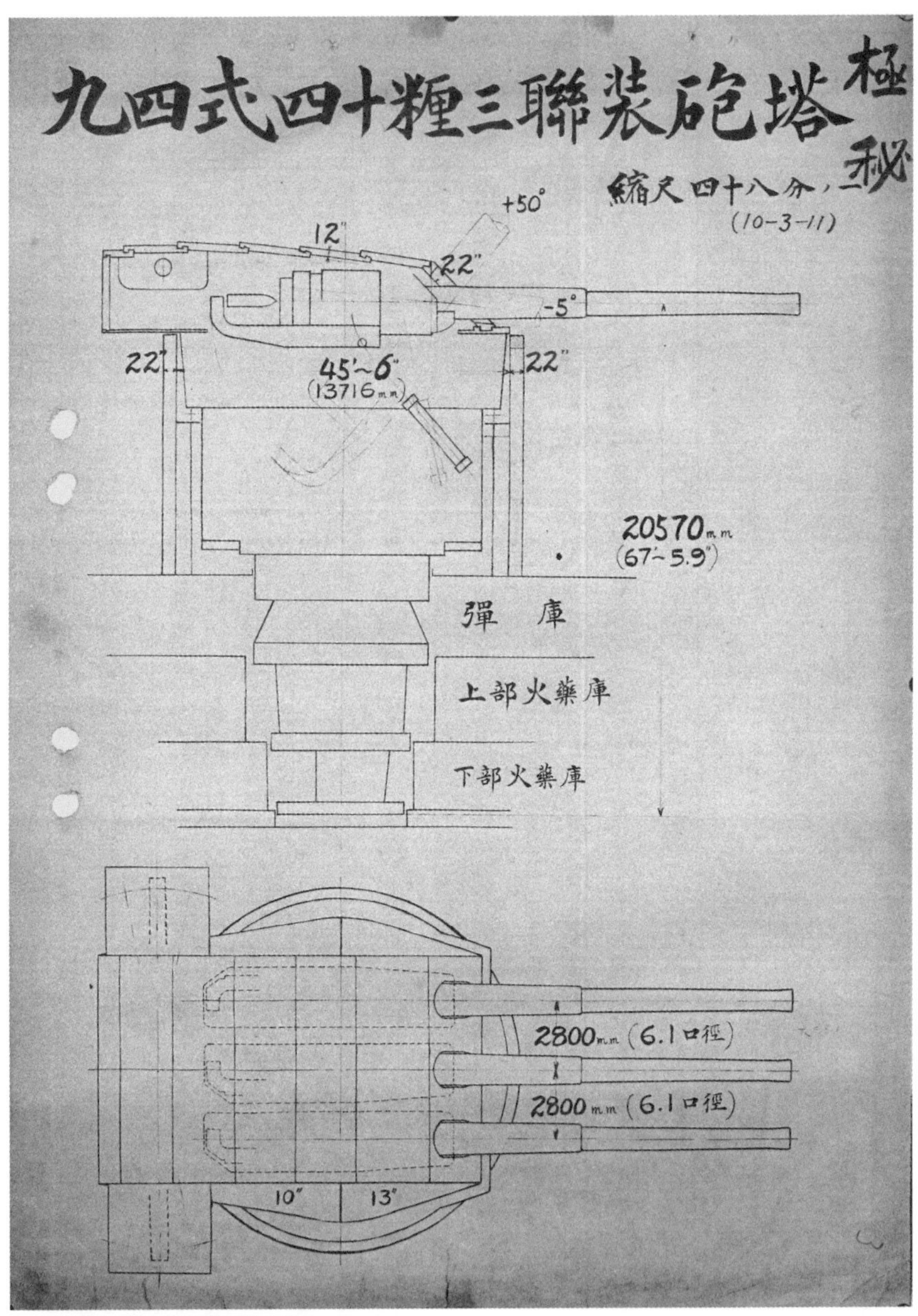

大和型主砲塔の装甲厚を示す図

もとに、昼夜を問わず計算に没頭しながら設計を行ない、その結果をパラフィン蠟(ろう)製の模型船にして試験水槽に浮かべて、船体の抵抗実験を繰り返していた。

　艦政本部の顧問である東京帝大工学部部長の平賀譲博士は、福田技術大佐に、日米建艦競争の歴史を振り返ってみると、日本が画期的な新戦艦を建造すると米国は必ずそれを上回る性能の艦を建造してくるから、

「いっそ四六センチ砲を一〇門にして絶対に米海軍に兜を脱がせる弩級艦を建造したら」と力説したという。

　一〇門艦の場合、技術的には前部・後部それぞれ「連装＋三連装」に配置するのが良かったが、それには二種類の砲塔を造らねばならず、予定工期に間に合わないため前部三連装二基、後部三連装一基の九門搭載と決まった。

　当時、航空本部長だった山本五十六少将は、福田技術大佐の肩に手をかけて、

「どうも水を差すようですまんがね。君たち今は一生懸命やってるが、いずれ近いうちに失職するぜ。これから海軍も空が大事で大艦巨砲は要らなくなると思う」

といったという。

　当時（昭和九年）、各国海軍の海戦に対する心構えは「できるだけ大きな艦にできるだけ大きな大砲を載せて戦う」ことだった。

　それが海軍国にとって愁眉を開く課題の時代だったのである。

　福田技術大佐が、

「いや、そんなことはありません。私たちは絶対とは言えないまでも極めて沈みにくい艦を造っています。これだけの可能性を考えて設計していますから」

と、話を技術的な面に向けると、山本少将は、

「ウム、しかし……」

といって黙ってしまったという。

　後に、戦艦「大和」に福田技術大佐が山本五十六聯合艦隊司令長官を訪ねると、

「しかし、いい艦が出来たものだ。この艦さえあれば、わしは絶対に戦いに勝ってみせる」

といって哄笑したという。

「大和」艦上で撮影された聯合艦隊司令部。前列右から5人目が司令長官山本五十六大将

燃料搭載量過大事件

一九三六年（昭和一一）七月、いよいよ建艦が本決まりとなり設計符号「A一四〇－F五」の艦型の建造用製図が開始された。しかし二ヵ月後、予定の機関型式である主機械蒸気タービン内側二軸七万五〇〇〇軸馬力とディーゼル外側二軸六万軸馬力の組み合わせの、ディーゼルに問題が生じ、蒸気タービンのみに変更された。

このとき、責任者の福田技術大佐の気づかぬところで、独断的に基本設計が進められる事態が生じた。それは、燃料搭載量の問題だった。

戦艦「大和」は、できるだけ小さな艦に設計したいと考えられていた。

完成した本艦の基準速力公試などの結果から、満載燃料六三〇〇トンでの航続距離を算出したところ、基準速力一五・九一ノットで一万二二〇〇浬という結果が出た。すなわち、要求された航続距離を満たすのに必要な搭載燃料は四二〇〇トンで十分だったことが判明したのであった。これは逆にいうと、艦の排水量で約四〇〇〇トン分が必要以上に大きくなってしまったことを意味した。一九四二年（昭和一七）六月二二日、「武蔵」の運転公試時には、燃料搭載量五二六四・八六トンだった。

第五部機関の設計首脳陣は、作戦中搭載燃料が多すぎても怒る人もあるまいが、万一航続距離に不足が起こっては大問題と考え「余裕」を持たせたのである。しかし、そういうことは艦艇基本設計責任者のみが判断できることであった。

このことは、各部門がそれぞれ余裕を隠し持っていたならば良い基本設計を行なうことができないという見本となった。

福田啓二技術大佐は、艦の基本設計を「庭師」（植木屋）の仕事に例えて表現していたという。庭師（造船技術者）は、主人（使用者側）の要求によってある広さの庭（艦）に多数の形、種類の樹木や石、灯籠、水など（推進機関や兵器、船体ならびに艤装斉備等）を配置して、全体の調和のとれた庭に作り上げるのが任務である。

石屋が自分の考えで石や灯籠を不釣り合いに立派なものを持ち込んだりして庭師のいうことを聞かなければ、結局その庭は不均衡な恰好の悪いものにでき上がるだろう。艦の基本設計とは、庭師の責任を造船技術者が担い、艦というものをまとめ上げる仕事をするものだ。

造船技術者の任務は、造船の設計、建造に成功することにある。

福田元造船中将は、自分の青春は、このようにして設計した「大和」（および「武蔵」）が、本来の持てる力を発揮し得ないまま海の藻屑となったとき失われてしまった、と回想している。

〔歴史群像シリーズ⑳『大和型戦艦2』一九九八年一一月（学研プラス）掲載〕

「大和」vs 各国主力戦艦その実力を徹底検証

イラスト　田村紀雄

列強の主力艦を上回る強力な四六センチ主砲

大和型戦艦「大和」「武蔵」が産声をあげる時代、世界各国の海軍は大艦巨砲主義に基づいた海軍力に国の威信を託していた。当時は一般的に艦の排水量（重量）が攻防威力の総和であると考えられていた。なかでも乗員がすべて乗り込み、いっさいの兵装・弾薬類、消耗品などを搭載した（燃料とボイラー補給水は除く）状態の排水量を基準排水量という。「大和」の建艦当時は、この基準排水量が攻防威力の総和であるという考え方が色濃く残っていた。

第二次大戦中、日本（一二）、アメリカ（二五）、イギリス（二一）、ドイツ（四）、フランス（一〇）、イタリア（八）と各国の保有していた戦艦総数は八〇隻（カッコ内が保有隻数）で、搭載された主砲の総数は七四四門にものぼっていた。この大艦巨砲主義の頂点に君臨するのが、日本海軍の至宝「大和」「武蔵」であった。

基準排水量六万四〇〇〇トン、搭載砲の四五口径四六センチ主砲九門、舷側装甲鈑最大厚四一センチを有する大和型戦艦は、基準排水量四万五〇〇〇トン、搭載砲の五〇口径四〇・六センチ主砲九門、舷側装甲鈑最大厚四〇・六センチの米海軍最大のアイオワ級戦艦をわずかに凌駕していた。

一九三六年（昭和一一）以前、日本海軍の主力戦艦は、ジュットランド海戦の戦訓を取り入れ設計を変更して完成した「長門」「陸奥」で、基準排水量三万九一三〇トン、当時世界最大の四五口径四一センチ主砲八門を搭載していた。この二艦は国民から日本の誇りとして親しまれていたが、それでも大和型と比較すると歴然たる違いがあった。一九四四年（昭和一九）一〇月二四日、フィリピン中部シブヤン海で日本軍艦隊を発見した米軍パイロットが「大和」、「武蔵」に随動する「長門」を巡洋艦と見誤ったというエピソードが残っているほどだ。

そして、なによりも大和型戦艦の存在感を確固たるものにしていたのが、その搭載砲であった。主砲口径四六センチ、砲身長二一・一三メートル、砲身重量一六五トン、徹甲弾重量一・四六トン、最大射程四万二〇〇〇メートルは、アイオワ級戦艦の主砲口径四〇・六センチ、砲身長二〇・七三メートル、砲身重量一二一・五トン、徹甲弾重量一・二二五トン、最大射程三万八七二〇メートルと比較してみると、はるかに強力であることを示している。

さらに大和型戦艦の主砲は、距離三万メートル彼方の垂直甲鈑厚四一・七センチ、水平甲鈑厚二三・一センチを撃ち抜く貫通能力があるが、アイオワ級戦艦では垂直甲鈑三五・〇センチ、水平甲鈑二〇・〇センチの貫徹能力しかなかったのである。

米海軍の巨砲重防禦主義を上回る大和型戦艦は、まぎれもなく世界一の戦艦だったといえよう。

口径の増大より発射速度を重要視していたイギリス海軍は、ワシントン海軍軍縮会議下に建造した四〇・六センチ主砲九門、全主砲を前甲板に集中配置したネルソン級戦艦以降も、四五口径三八・一センチ主砲八門を搭載したヴァンガード級戦艦を建造している。この「ヴァンガード」は基準排水量四万二五〇〇トン、装甲鈑最大厚三四・九センチであった。

一方、ヨーロッパの新戦艦建造競争の中心にいたドイツ海軍は、基準排水量四万二〇〇〇トン、四七口径三八センチ主砲八門、装甲鈑最大厚三五・六センチの

第二次世界大戦時列強主力艦基本データ

大和（日本・最終状態）

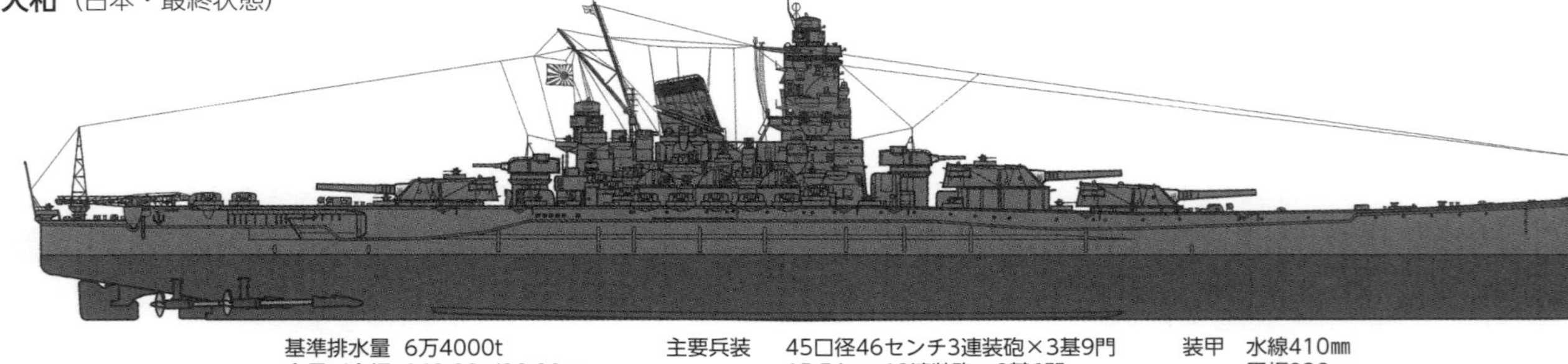

基準排水量	6万4000t	主要兵装	45口径46センチ3連装砲×3基9門	装甲	水線410㎜
全長／全幅	263.00／38.90m		15.5センチ3連装砲×2基6門		甲板230㎜
吃水	10.86m		12.7センチ連装高角砲×12基24門		主砲塔650㎜
速力	27.46kt		25ミリ3連装機銃×156梃		司令塔500㎜
航続力	7200浬（16.00kt）		25ミリ単装機銃×6梃		
出力	15万馬力		13ミリ連装機銃×4梃		

アイオワ級（アメリカ）

基準排水量	4万5000t	出力	21万2000馬力	装甲	水線307㎜
全長／全幅	270.43／32.91m	主要兵装	50口径40.6センチ3連装砲×3基9門		甲板223㎜
吃水	11.58m		12.7センチ両用砲×10基20門		主砲塔431㎜
速力	33.00kt		40ミリ機銃×60梃		司令塔444㎜
航続力	1万5000浬（15.00kt）		20ミリ機銃×60梃		

※上のイラストの縮尺はすべて同縮尺で統一

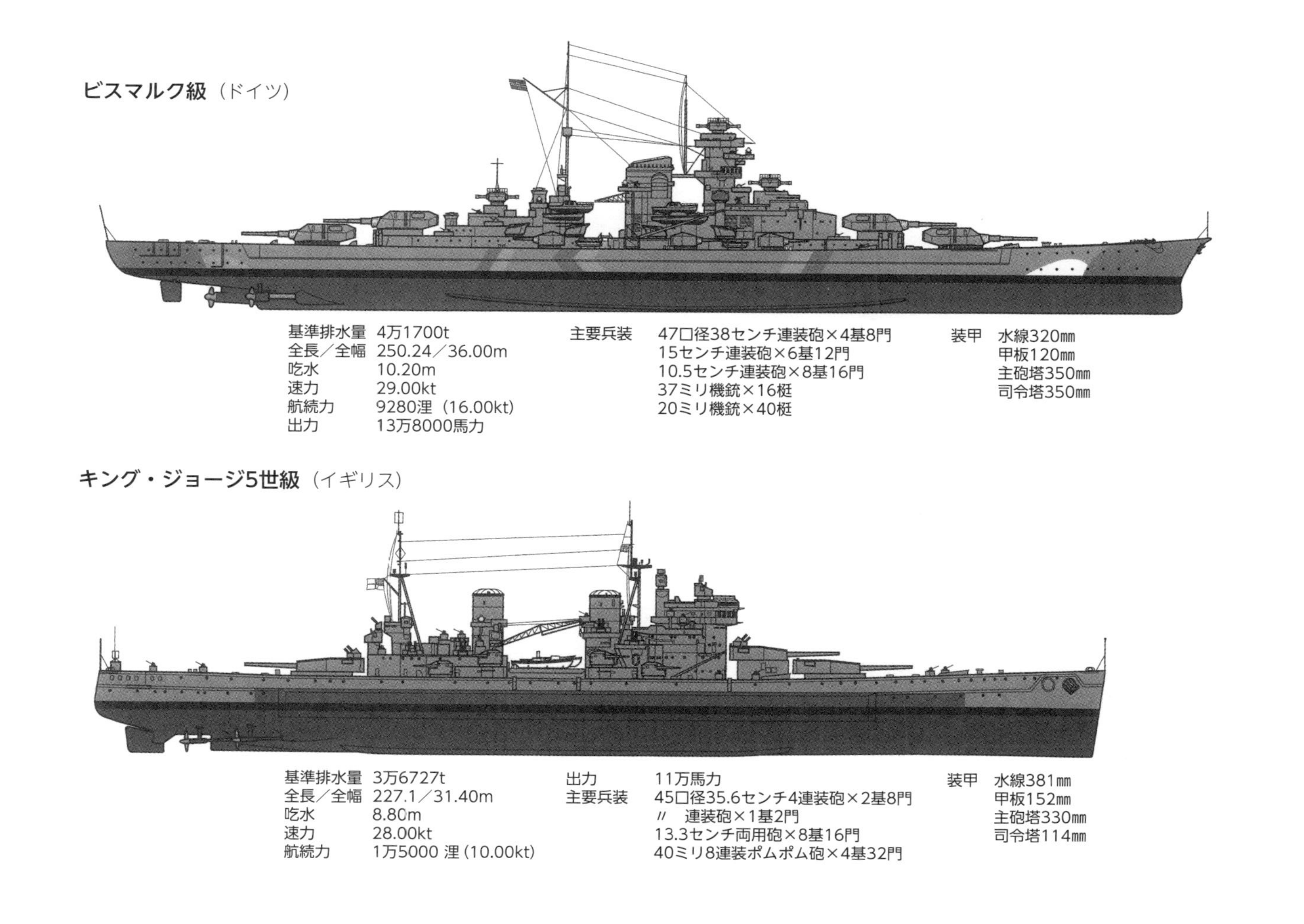

ビスマルク級（ドイツ）

基準排水量	4万1700t	主要兵装	47口径38センチ連装砲×4基8門	装甲	水線320㎜
全長／全幅	250.24／36.00m		15センチ連装砲×6基12門		甲板120㎜
吃水	10.20m		10.5センチ連装砲×8基16門		主砲塔350㎜
速力	29.00kt		37ミリ機銃×16梃		司令塔350㎜
航続力	9280浬（16.00kt）		20ミリ機銃×40梃		
出力	13万8000馬力				

キング・ジョージ5世級（イギリス）

基準排水量	3万6727t	出力	11万馬力	装甲	水線381㎜
全長／全幅	227.1／31.40m	主要兵装	45口径35.6センチ4連装砲×2基8門		甲板152㎜
吃水	8.80m		〃　連装砲×1基2門		主砲塔330㎜
速力	28.00kt		13.3センチ両用砲×8基16門		司令塔114㎜
航続力	1万5000 浬（10.00kt）		40ミリ8連装ポムポム砲×4基32門		

主砲塔サイズの比較

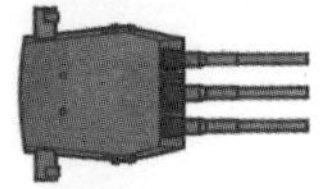

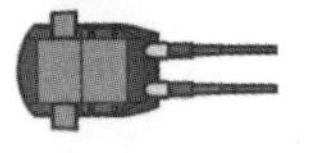

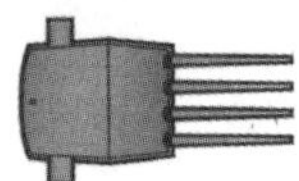

図は日独米英の主力戦艦の主砲塔を比較したもの。主砲の口径では、日本海軍の戦艦「大和」が頭抜けていることがよくわかるだろう。砲塔数についても「大和」「アイオワ」は3基、「キング・ジョージ5世」は3基、「ビスマルク」は4基となっている。合算すると戦艦「大和」は46cm主砲を9門備えており、最強の攻撃力を誇る戦艦だったことがわかる。

主砲貫徹力の比較（距離27,500m）

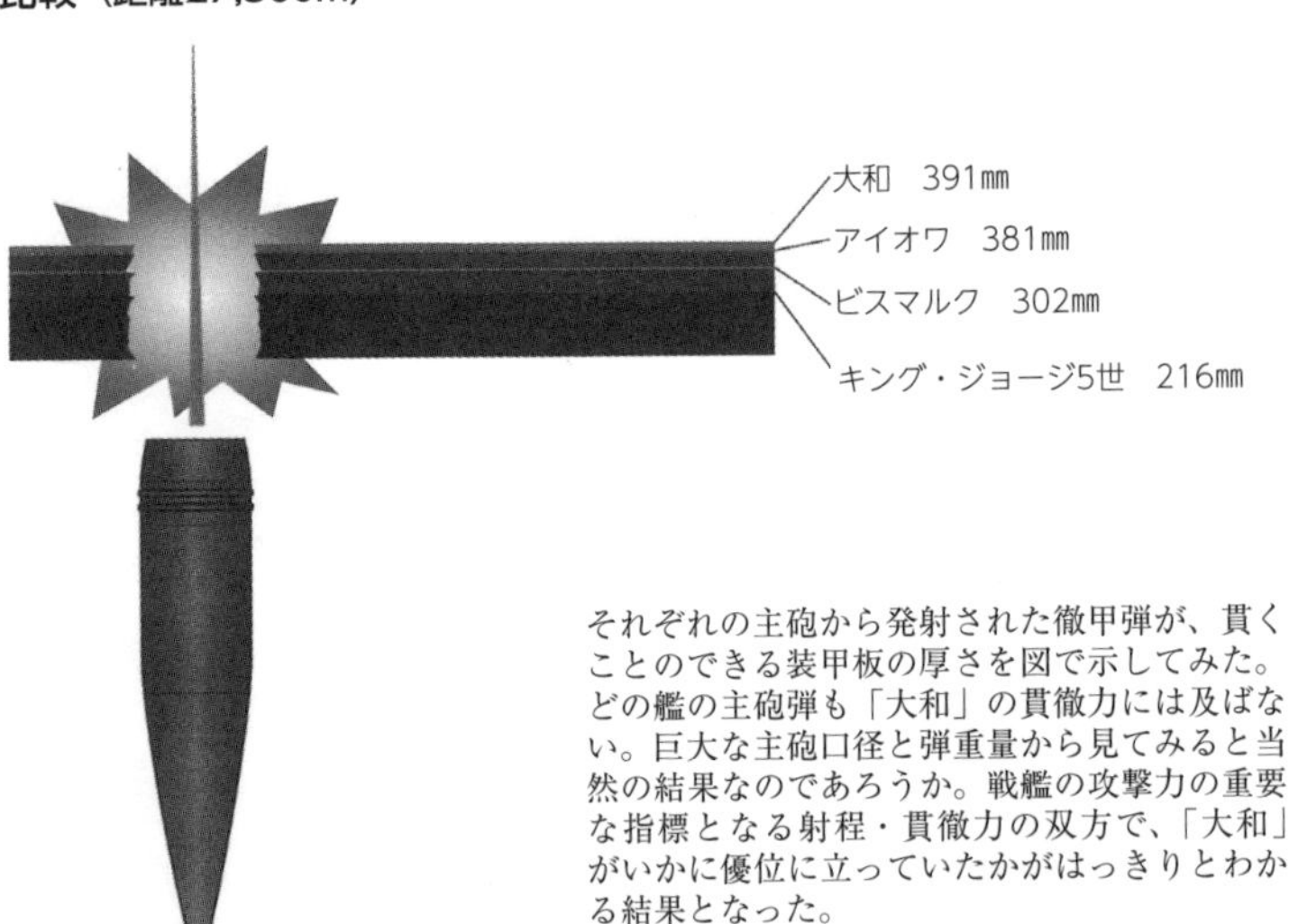

それぞれの主砲から発射された徹甲弾が、貫くことのできる装甲板の厚さを図で示してみた。どの艦の主砲弾も「大和」の貫徹力には及ばない。巨大な主砲口径と弾重量から見てみると当然の結果なのであろうか。戦艦の攻撃力の重要な指標となる射程・貫徹力の双方で、「大和」がいかに優位に立っていたかがはっきりとわかる結果となった。

主砲徹甲弾重量の比較

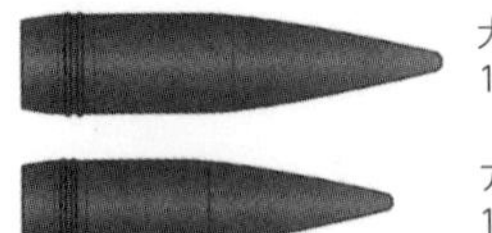

敵艦の装甲を貫くために使用する徹甲弾の重量を比較してみた。「大和」は「キング・ジョージ5世」の倍以上の重量で、46cmという大口径主砲を搭載したメリットが射程以外でも如実に表われている。一般的に徹甲弾の重量が大きければ大きいほど、落下して命中した際の貫通力が大きくなるため、「大和」の攻撃力の強大さがいかほどか理解できるだろう。

主砲射程距離

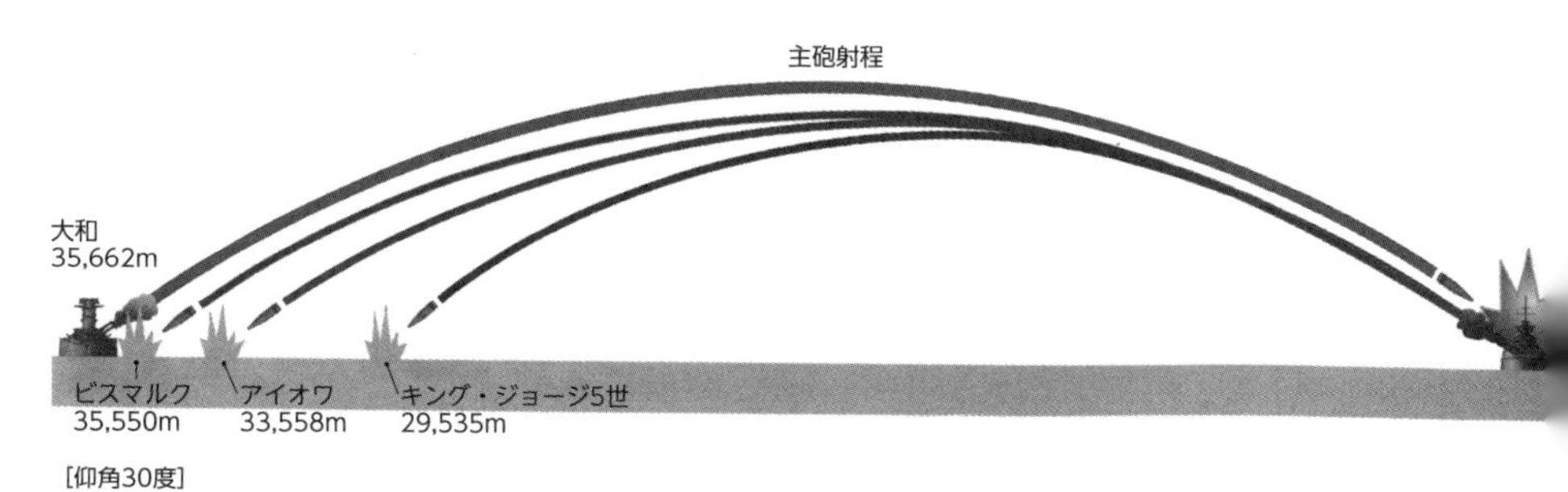

各艦の主砲射程距離を図にしてみた。ここでも「大和」が他の艦を凌駕していることがわかる。「大和」の主砲射程は35,662mで、他の戦艦と同時に砲撃を行なった場合、リーチの長い「大和」は一方的に先制攻撃を行なうことができるのだ。各国ともこのようなアウトレンジ攻撃の有効性は理解していたが、「大和」の域にまで到達できた艦は存在しなかった。

「ビスマルク」を建造。その対抗艦であるイタリア海軍の「ヴィットリオ・ヴェネト」は五〇口径三八・一センチ主砲九門、装甲鈑最大厚三五センチ、フランス海軍の「リシュリュー」も四五口径三八センチ主砲八門、装甲鈑最大厚三三センチを有するいずれも優秀な艦であった。しかし、最大の攻撃力を持つ大和型戦艦には遠く及ばなかったのである。

画期的な新技術の採用で得た強靭な防御力

大和型戦艦の設計成立の鍵のひとつは、従来の日本の戦艦とちがって防御力に対し最大の努力が成されていた点にあった。日本海軍は、従来のVC甲鈑から英国式油焼入れ装置を使用していたので、四〇センチ以上の極厚甲鈑においては、硬化不足の原因と思われる欠陥の発生に苦心していた。

こうした問題解決のために開発されたのが画期的なVH甲鈑であった。敵の徹甲弾を破砕するには厚い表面硬化層が必要で、しかも裏面は強靭でなければなら

装甲厚の比較

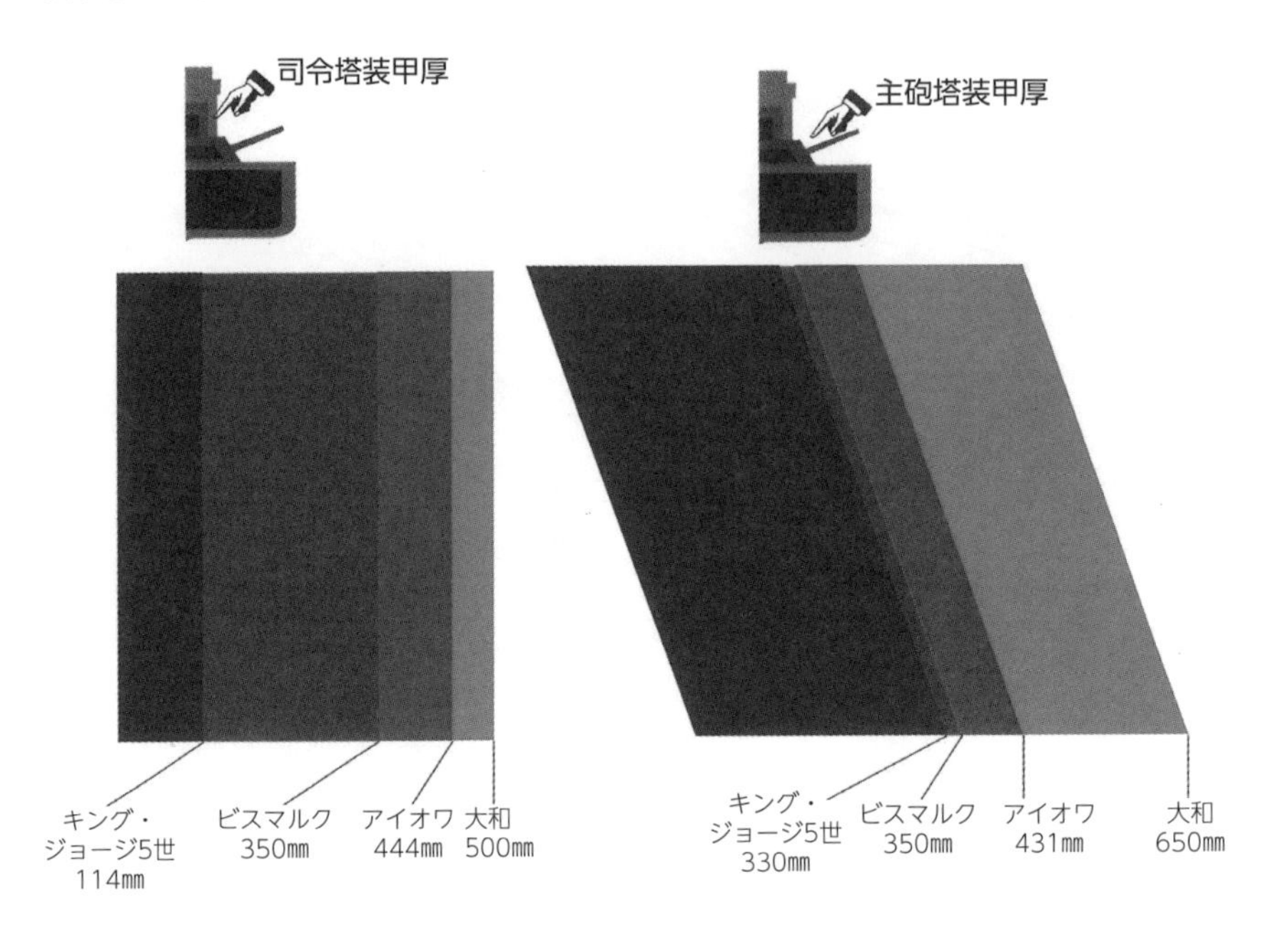

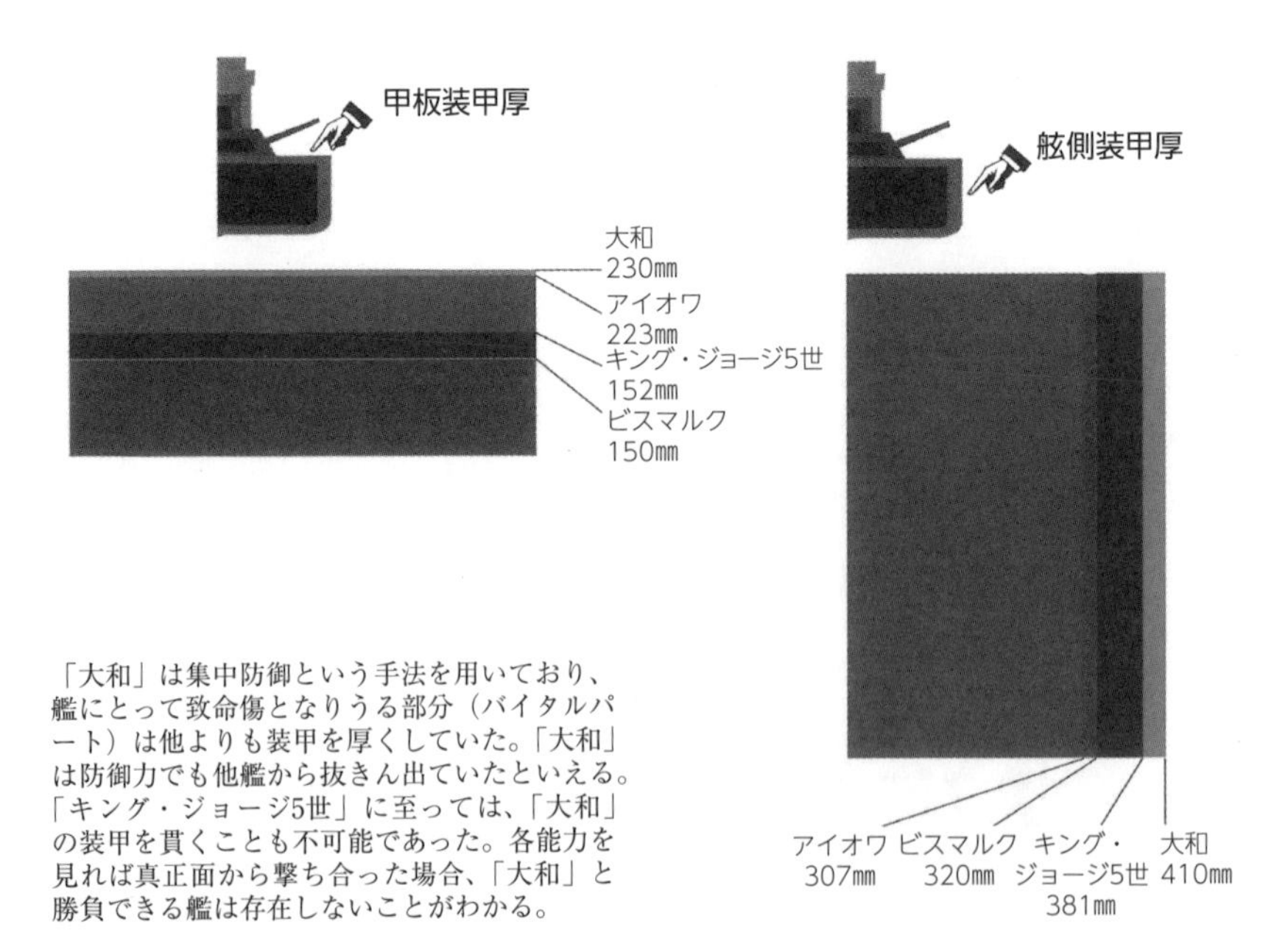

「大和」は集中防御という手法を用いており、艦にとって致命傷となりうる部分（バイタルパート）は他よりも装甲を厚くしていた。「大和」は防御力でも他艦から抜きん出ていたといえる。「キング・ジョージ5世」に至っては、「大和」の装甲を貫くことも不可能であった。各能力を見れば真正面から撃ち合った場合、「大和」と勝負できる艦は存在しないことがわかる。

なかった。日本海軍技術陣は表面焼入れに際し、亀裂発生の原因となり、大口径砲弾に対し役に立たない薄い浸炭層が設備、燃料、浸炭剤、時間、労力などの浪費と考え、思い切ってこの工程を省略した。

そして当時世界最大の一万五〇〇〇トン水圧機を購入し、厚肉甲鈑の内部まで効果的に鍛錬、さらに表面硬化層の成分調整を均一にするため裏面から孔を穿って温度計を挿入し、予測温度になったときに鈑を加熱炉から取り出し急冷するという日本海軍の秘密特許の工法を生み出した。この製造法は特に熟練工を必要としないため、製造時間が従来のＶＣ甲鈑の三分の二に短縮され、同一設備で一・五倍の大量生産が可能となったのであった。

また日本海軍の高度な建艦技術は、厚さが下部に行くにしたがって薄くなる舷側傾斜甲鈑を可能にし、大和型戦艦の建造コストを下げるのに拍車をかけた。「大和」は低価格戦艦でもあった。

一方、軍令部要求の基本計画符号一四〇にあたる三主砲艦首部集中型、公試排水量六万九五〇〇トン、長さ二九四メートル、最大幅四一・二メートル、吃水一〇・四メートル、速力三一ノットの超大船型は、二年間の造船技術陣の苦労の結果、主砲塔を前部二基、後部一基を配置した公試排水量六万九一〇〇トン、長さ二六三メートル、最大幅三八・九メートル、平均吃水一〇・八六メートル、速力二七ノットのコンパクトな船型にまとめられ完成したのであった。

こうした小型化の伝統は、当時から日本技術陣のもっとも得意とするところであった。現在の熾烈な国際経済のなかにあっても、家電製品を含むあらゆる製品の小型化において、世界各国に対して優位を誇っている。

〔『戦艦大和メカニカルガイドブック』二〇〇六年一月（イカロス・ムック）掲載〕

〔左〕ワシントンD.C.の米海軍工廠内に展示されている46センチ砲の九一式徹甲弾と著者（身長168cm）。〔上〕46センチ砲の砲口に潜り込んで見せる米兵

ワシントンD.C.の米海軍工廠内に展示されている「信濃」用の65cm厚の主砲塔前盾。戦後、米海軍が50口径16インチ砲で貫通した穴が開いている（左が射入口、右が射出口）

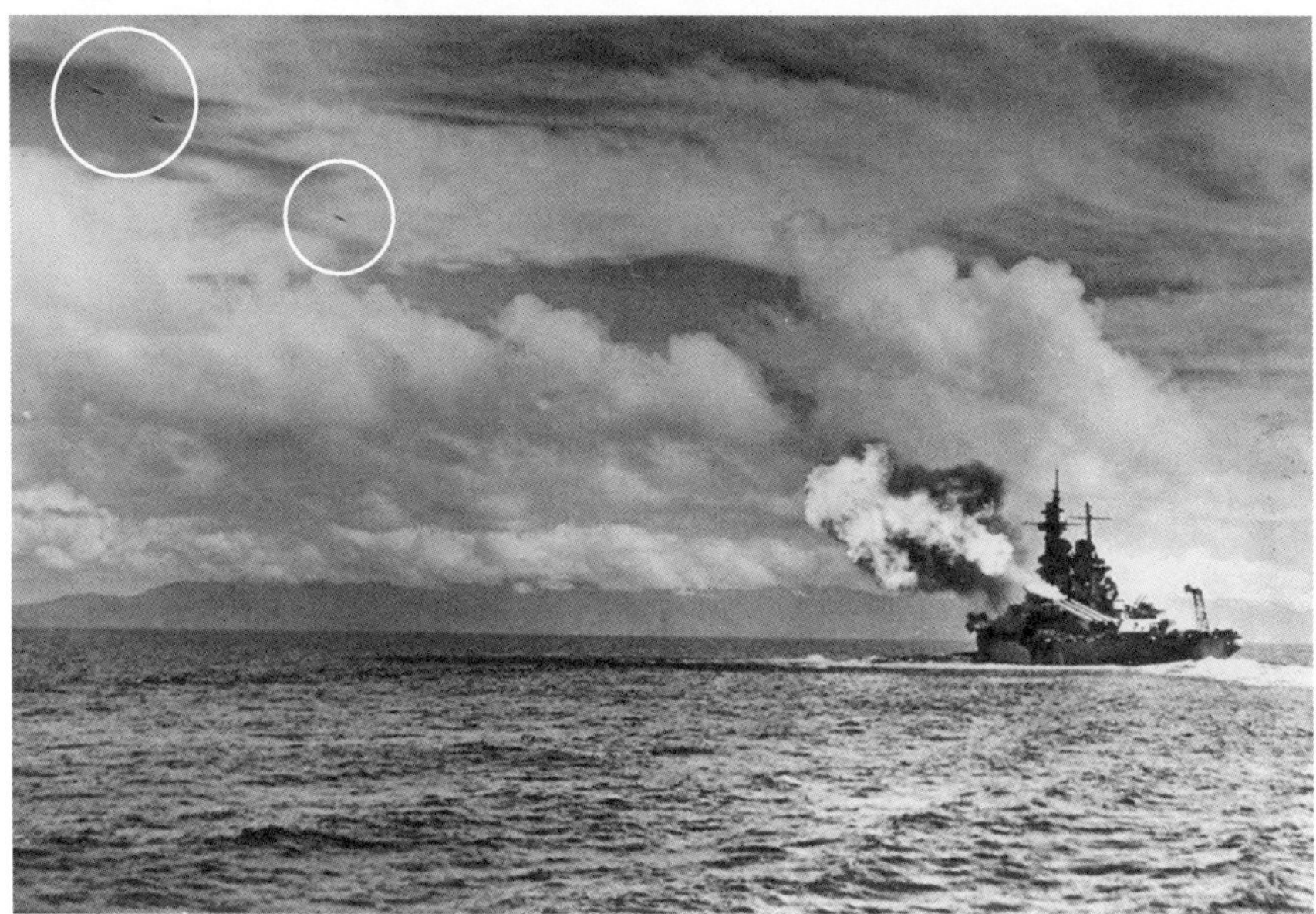

16インチ主砲を発射するアイオワ級戦艦「ミズーリ」。上は前部主砲6門の斉射、下は後部主砲3門の斉射。発射直後の砲弾が写っている（丸印）

完成しなかったアメリカ海軍の一八インチ砲

一九一九年（大正八）のアメリカ海軍製砲工場の記録には、四八口径一八インチ砲の設計図が存在する。

しかし、アメリカ軍の一八インチ砲は完成することなく、実験用五六口径一六インチ砲に造り替えられた。その後、実験用一六インチ砲は兵器局の指示で再び四八口径一八インチ砲に転換されることに決定した。

一九四一年（昭和一六）三月、一八インチ砲への改造が開始され、半月後に完成させた。だが試射中に部品損傷問題が発生、仰角を掛けた射撃は中止された。

一九五七年（昭和三二）までの一六年間に、各種装置を交換して一一五回の試射が行なわれた。

しかし、この砲が完成されることはなかった。四七口径一八インチ砲身は、現在でもダルグレン海軍水上兵器センターの弾道実験所に「唯一の一八インチ砲」の看板とともに保存されている。

この砲身重量は約一八〇トン、長さ約二二メートル、薬室の直径は約一・六メートルある。

結局、一八・一インチ砲を実戦装備したのは日本海軍の大和型戦艦「大和」「武蔵」二艦のみであった。

〔別冊歴史REAL『戦艦「大和」と「武蔵」』二〇一三年一二月（洋泉社MOOK）掲載〕

米海軍唯一の18インチ砲としてヴァージニア州ダルグレン試射場内に展示されている47口径の砲身

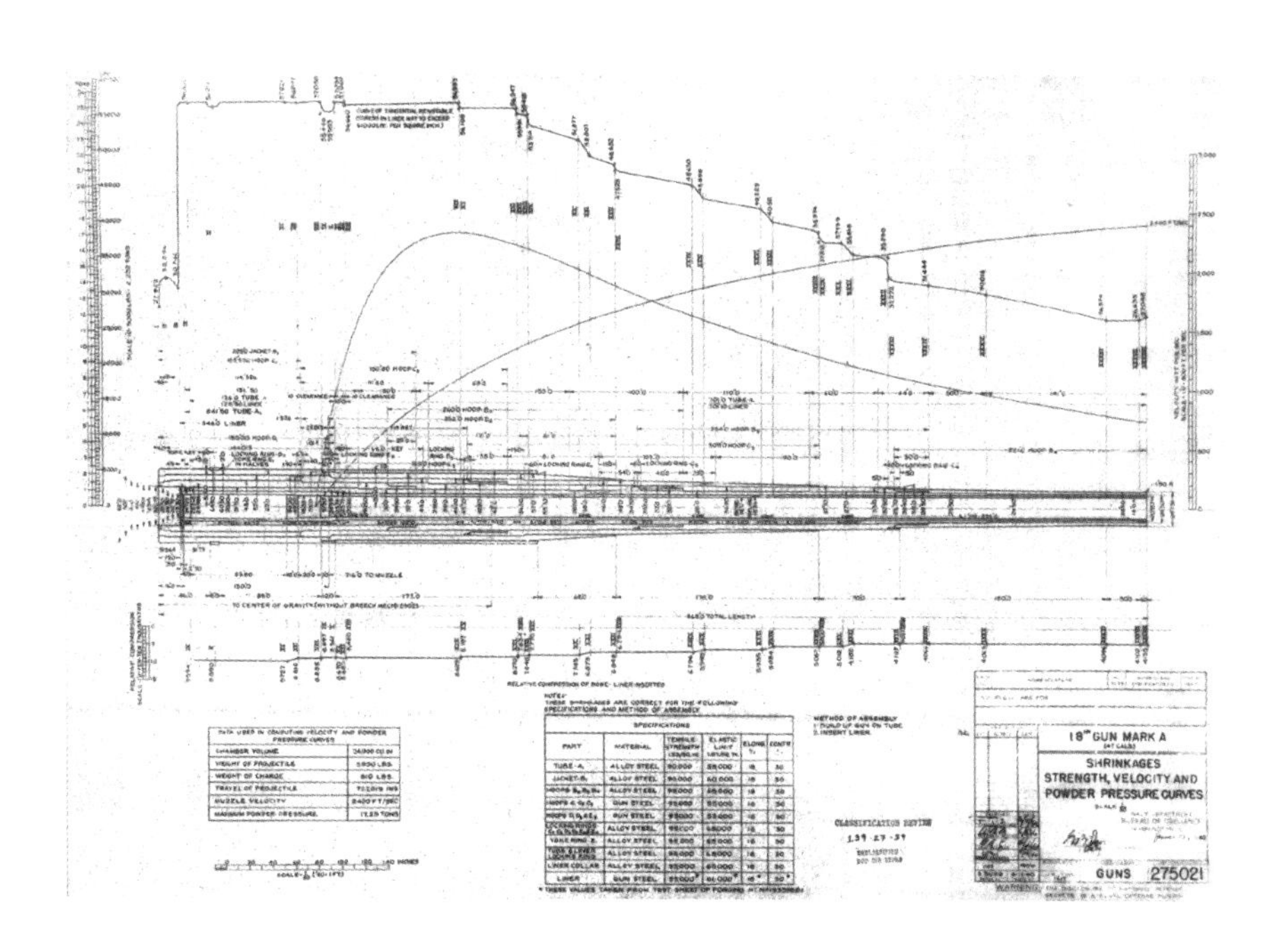

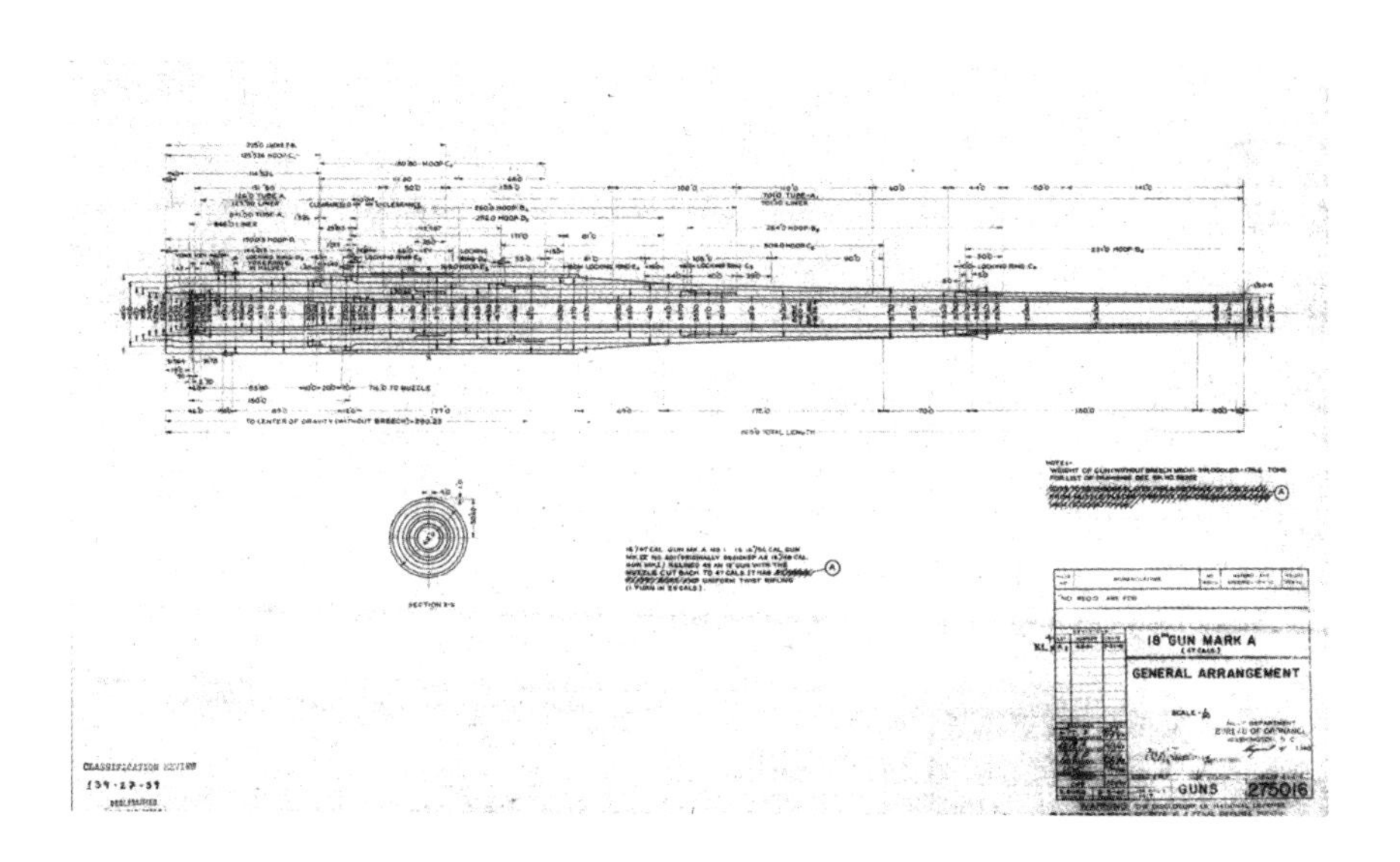

アメリカ海軍の48口径18インチ砲の設計図

軍極秘／大和型戦艦の年間維持費

その正体は旧海軍艦政本部会計部関連資料の記録から明かされた。この数値は、戦後一部の者が無用の長物と酷評する軍艦「大和」の年間維持費として算出されたものであった。

軍極秘・海軍艦政本部の昭和一六年六月一九日付・昭和一七年度新艦船維持費内訳表は、型式・戦艦、艦名「大和」。維持費・船体四四万二九〇〇円、機関七万八〇〇〇円、砲熕一六四万八二一六円、水雷二万八四六六円、航海一五万四〇三一円、電気五八万九二八〇円、無線四六万四四八〇円、総額三四〇万五三七三円を示していた。

ここに日本海軍の造船技術の結集であり、空前絶後とは？

「大和」の年間維持費が明らかに

七三年前の年間艦船維持費「三四〇万五三七三円」は、現在の価値に換算すればおよそ六八億円に相当する。当時、零式艦上戦闘機の製造単価はおよそ一六万円、現在プロペラ機の製造は約三億円として、二〇〇〇倍と換算した。同時期の阿賀野（あがの）型巡洋艦維持費は「三九万八三七九円」、秋月型駆逐艦で「三三万三五八六円」である。これら艦艇の一〇倍近い維持費が必要な軍艦とは？

の巨砲九門を搭載した「大和」の巨額な維持費が明らかになった。

昭和一九年度新艦船維持費要求資料にある新艦「大鳳」型（航空母艦）は、定員総数二五〇〇名基準で九七万九二〇五円（大鳳型のトン数を三万五〇〇〇トンとし「飛鷹」二万五〇〇〇トンに対するトン数の割合に依り算定）、信濃型（注：大和型戦艦改装航空母艦）は定員総数三三五四名基準で一一一万三六七六円であった。何を基準に艦船維持費は算出されたのだろうか。

会計部長と首席部員の朱印のある艦本機密第八号の五五一〇軍極秘文書には、海軍艦政本部各部（第七部を除く）宛てに新艦船維持費に関する件照会「第一号艦の維持費を大蔵省と協定の必要があり、昭和一二年度要求の算出法に準じ算出の上、二一日迄に送付する。追って屯数に関しては基準排水量として内諾書明記される」よう明記されていた。

積算の基準は、トン数、馬力、定員総数が必要とされた。海軍艦政本部第五部による新艦船維持費算出法は、比較対照艦「長門」「陸奥」の昭和一三年より同一四年に至る最近の修理費平均実費を統計的に求め、同対照艦の馬力使用限度標準（極秘）記載の馬力とした。そして修理費は、一馬力当たり平均修理に協定艦の馬力（極秘）を乗じ修理費を求めるというものであった。最高機密軍機に属する戦艦「大和」のトン数は軍極秘文書には空白、経理局A局員に照会のこととなっている。「大和」の基準排水量は完成時六万四〇〇〇トン、なお公試状態六万九〇〇〇トン、満載状態七万二八〇九トンであった。そして造船造兵および修理費はトン数に拘わらず所要の額を計算することになっていたのである。馬力は一五万、一馬力当たり五二銭、所要修理費七万八〇〇〇円。人員は大佐一名、中佐一三名、少佐一五名、大尉一六名、中尉一五名、少尉一四名計七四名、以下、特務大・中・少計七七名、下士官一・二・三計七三二名、兵一・二・三計一八五〇名合計二七三三名を基準にしていた。

両艦合わせて一三六億円

昭和一八年度新艦船維持費艦型要求額調（海軍艦政

トラック泊地に停泊する戦艦「大和」と「武蔵」

本部）に「大和型（戦艦）金額　三四〇万五三七三円・事由　機関はすべて馬力にて計上する。大和成立額通り」と記録されている。二号艦「武蔵」に予算がついた記録である。両艦合わせて一三六億円の維持費に支えられ、昭和一八年（一九四三）四月頃撮影されたトラック泊地に悠然と停泊する「武蔵」「大和」の有名な写真をみると別の興味深いシーンとなる。「大和ホテル」、「武蔵旅館」と揶揄される両艦のトラック泊地停泊日数は以下のとおりである。「大和」はトラック泊地に長期停泊したのは二回あり、昭和一七年八月二八日から一八年五月二七日の二七二日と、二回目一八年八月二三日から一九年一月九日まで一三〇日の合計四〇二日間となる。

「武蔵」は昭和一八年一月二二日から同年五月一六日の八四日と、二回目一八年八月五日から一九年二月九日までの一八一日の合計二六五日間であった。この時期、太平洋では日米両軍の激戦が続いていた。戦闘艦としての能力と対費用効果に注目すると、運用面での効果の悪さと高性能故の整備費用に注目が集まるのは当然と思われる。

「大和」の戦歴は、昭和一六年（一九四一）一二月一六日の竣工から捷一号作戦に至るまでの二年一〇ヵ月、ミッドウェー作戦、全般作戦支援、「カ」号作戦支援、南太平洋方面作戦支援、修理整備作業、艦隊所定作業、戊一号輸送作戦をふくめ評点（後述）累積わずか八点であった。

その「大和」が功績抜群艦として評価されたのが、昭和一九年一〇月二五日、フィリピン中部サマール島東岸沖で生起した米護衛空母追撃戦にあった。この時、対空弾と徹甲弾の入れ替え準備に相当の時間を要し、初弾発砲の時機が遅れた。「大和」「長門」両艦の第一、第二斉射には、対空焼霰弾（三式通常弾）が装填されており、第三斉射目に二発の一式徹甲弾が発射された。「大和」前部六門は、発砲時刻午前六時五九分、目標空母、初照尺距離三一五（三万一五〇〇メートル）、初弾、斉射回数五、効果（撃沈）第三斉射目（徹甲弾）命中火災。続いて午前七時六分と九分に各三斉射、一隻大火災と判定、その後煙幕妨害により主砲射撃を中止した。午前八時二二分には二万一八〇〇メートルで電測直接その後間接射撃を実施したが戦果は不明だった。米軍記録には、この時直撃弾を受けた護衛空母の記録はない。

得点制の導入

昭和一七年七月、大東亜戦争の大行賞事務処理のため海軍省人事局に功績調査部が設置され、昭和一八年に入り、ある程度の得点制を検討、昭和二〇年一月から、はっきりと点数制が具体的なものとなった。殊勲甲選出要領によると、評点付与標準は飛行機の撃墜（該船が攻撃して確実なもののみ）一機に付き単独の場合三点、協同の場合一点の評価であった。敵砲台飛行機基地等軍事施設を砲撃効果大なるもの五点。ただし、戦艦・巡洋艦にて砲撃効果特に大なるもの一〇点とし、掃海艇、砲艦、護衛艦、特設巡洋艦、特務艦の撃沈一〇点と同等との認識で評価した。空母・戦艦の撃沈五〇点、撃破二〇点、巡洋艦の撃沈三〇点、撃破一〇点、二艦協同の場合三分の二、三艦協同の場合二分の一、四艦協同以上の場合三分の一と評価した。作戦点では、成功五点、不成功二点、小さな作戦の成功二点とした。

この評点付与標準に基づき「功績抜群艦・軍艦大和個艦既得功績総計点数二一六点（突入作戦をふくまず）」と評価されたのである。僚艦「長門」は功績顕著・総点数四六点、「金剛」功績顕著・総合点数二九点、「榛名」功績顕著総計二二点、米軍機九二機の直接攻撃・爆弾八〇発、空中魚雷三七本の集中により沈没した姉妹艦「武蔵」は総計点数九〇点だった。

この評点付与標準により零点と評価された航空母艦「信濃」・大和型戦艦三番艦「一一〇号艦」を臨時軍事費（昭和一九年）急速建造計画改⑤計画艦船製造費追加所要見込み調書・海軍艦政本部（昭和一八年七月三日）より改装予算を明らかにする。

空母への改装予算は

一一〇号艦改装に対する経費は、改装に要する経費今回分㋑一二七〇万八五五七円、既成立或いは要求中の分㋺四六一〇万〇〇〇〇円、不用となる額（㋺マイナス㋑）四八一万一二二二円、既注文消化額二八五八万〇二二一円と記されている。第一一〇号艦改装予算調書（砲熕の部）によると事項・兵器費として、定数兵器費金額一〇三三万〇二八〇円と予備兵器費一〇三万二〇二八円小計一一三五万二三〇八円。備装及び公試費として、備装費五〇万六五〇〇円と公試費二六万三八二〇円との小計七七万〇三二〇円。製図費工事費六万〇六一三円。予備費として、契約予備費三万七九八七円と一般予備費四八万七三二九円の小計五二万五三一六円の合計一二七〇万八五五七円と記載されている。

ここで「大和」にも搭載された対空兵器の単価を知る記録を示す。

品名：四〇口径八九式十二糎七連装高角砲、数量八基単価一八万七三〇〇円、金額一四九万八四〇〇円（記事　電動機及び整動機共）。付属兵器一式、金額九万〇二〇〇円。揚弾薬機一六組単価二万〇三〇〇円、金額三二万四八〇〇円（記事　電動機共）。弾薬四八〇〇発、単価二八万七〇〇〇円、金額一三七万七六〇〇円。九四式高射装置四組、単価一五万六一〇〇円、金額六二万四四〇〇円。同射撃塔四組単価四〇万〇〇〇〇円。金額一六〇万〇〇〇〇円。

品名：九六式二十五粍三連装機銃、二二基の内一四基単価一二万六八〇〇円、金額一三七万七六〇〇円（改装に伴う不足分）。同付属兵器数量一式、金額四五万三六〇〇円（改装に伴う不足分）、同揚弾薬機二二基の内一四基単価八四五〇円、金額一一万八三〇〇円（改装に伴う不足分）、同弾薬数量一七万一六〇〇発内一一万四〇〇〇発単価二六円、金額二九六万四〇〇〇円、二十五粍機銃射撃装置、一一組の内七組、単価七万八六〇〇円、金額五五万〇二〇〇円。礼砲用空放装薬包二〇〇発、単価四二円九〇銭、金額八五八〇円などとなる。

さらに、改装船体費として船殻関係の追加すべき金額は、飛行甲板新設一七五万〇〇〇〇円、不用となった金額として各砲塔甲鈑（未加工）一九五万三〇〇〇円、そして水線上舷側甲鈑厚さ変更一八五万九二八〇円、その合計三八一万二二八〇円と計上されていた。結局、本艦に対する予算配付額五六一〇万〇〇〇〇円に対し、船体費分（船殻、甲鐵、防禦、艤装、固定斉備、その他）の関係をふくみ追加を要する金額一九五八万二一八二円、合計七五六八万二一八二円に膨らんだのである。

「臨時軍事費」の一款として

このような軍事費は、どのような仕組みで計上されるのだろうか。大本営政府連絡会議は、「今次戦争を「大東亜戦争」と呼称して平時と戦時の法律的分界時期を昭和一六年一二月八日とする決定を行ない、各法律中の「支那事変」を「大東亜戦争」に改め、昭和一七年三月一日に施行した。わが国では、日清戦争（戦争継続期間一〇ヵ月戦費支出額二億三三四〇万〇〇〇〇円）、日露戦争（戦争継続期間一九ヵ月戦費支出額一八億二六二九万〇〇〇〇円）、欧州戦争・シベリア出兵（戦争継続期間一二七ヵ月戦費支出額一五億五三七〇万六〇〇〇円）の三回にわたり、宣戦を宣言した戦争の場合には一般会計と区分した「臨時軍事費特別会計」を設置する慣例となっていた。支那事変に関しても先例にならって第七二議会（昭和一二年九月一〇日公布）の協賛を経て、「北支事変」を拡大して「支那事変」と改称、支那事件費の終局までを一会計年度として「臨時軍事特別会計」を設けることになった。そして随時予算が追加され、大東亜戦争時の第七八議会において臨時軍事費第七次追加（公布昭和一六年一二月一七日）として今次戦争の終結までを一会計年度として特別に整理したのである。

こうして、昭和一二年（一九三七）九月一〇日から昭和二一年（一九四六）二月二八日まで、約八年半の期間を一会計年度内とした前後一五回の予算編成が行なわれるのである。歳出予算の科目は、単に「臨時軍事費」の一款で、予算科目は区別されず、その内容は外部にはほとんどわからなかった。この中に「大和」艦船維持費や「信濃」の改装費もふくまれていたのである。

例「科目　臨時軍事費：事項番号五　事項　一一〇号艦改装　金額三一万〇〇〇〇円　年度割り　昭和一七年度五万〇〇〇〇円　一八年度二六万〇〇〇〇円　一九年度　計三一万〇〇〇〇円　算出基礎及び理由工事概要　煙路煙突改造一二万五〇〇〇円、消防ビルジポンプ増設一四万〇〇〇〇円、風路改造四万五〇〇〇円　計三一万〇〇〇〇円　備考　本改装に依る取止め工事なし」

今次戦争に敗北し、どのくらいの金額が動いたのだろうか。昭和三〇年（一九五五）四月刊行の『昭和財政史第四巻臨時軍事費』（昭和財政史編纂室編）によれば会計期間昭和一二年九月一〇日から昭和二一年二月二八日の一〇一ヵ月となる日華事変・太平洋戦争の臨時軍事費特別会計（公債・借入金、他会計から受入、献納金、雑収入をふくむ歳入）合計一七三三億〇六一五万四〇〇〇円、戦争継続期間九八ヵ月、戦費支出額―臨時軍事費特別会計、一般会計臨時軍事費、臨時事件費をふくむ合計七七五八億八七三万九〇〇〇円と記録されている。戦費支出額一ヵ月平均七億一三一五万〇〇〇〇円と一般会計歳出一ヵ月平均八億〇二六〇万七〇〇〇円である。「欲しがりません勝つまでは」と苦難に耐える国民の知らないところで巨額な金額が失われていたのである。

〔『丸』二〇一五年一一月号（潮書房光人社）掲載〕

「大和」型三番艦「信濃」の計画から空母改装まで

軍艦「信濃」の誕生

「達　第二一二號(ゴウ)　横須賀海軍工廠ニ於(オイ)テ建造中ノ軍艦一隻ニ左ノ通リ命名セラル・軍艦『信濃(シナノ)』　昭和一九年七月一日　海軍大臣」

「信濃」は、大和型戦艦の三番艦として、第四次海軍軍備充実計画（㊃(まるよん)計画）により計画された軍艦（第一一〇号艦）で、艦籍は横須賀鎮守府と決まった。

「信濃」を建造した横須賀海軍工廠の状況

日本海軍が示す艦船類別には、軍艦（戦艦、巡洋艦、航空母艦、水上機母艦、潜水母艦、敷設艦、海防艦、砲艦）、駆逐艦、水雷艇、掃海艇、潜水艦、特務艦があった。

戦艦は、軍艦のなかでももっとも大きく、優れた攻撃力と防御力とを備え、艦隊の主力となって戦闘するものである。そして、航空母艦の性能と任務は、自ら航空機を搭載する目的をもって設計され、かつ艦上において航空機が発着できる軍艦とだけ説明されていた。

主力艦となる「大和」型戦艦「信濃」の母港となり、その本籍軍港となるべき横須賀鎮守府には、大和型を建造し、修理のために入渠させる船渠（ドック）が必要だった。

第一号艦「大和」には、建造する呉海軍工廠造船船渠（明治四五年［一九一二］三月一一日開渠）と修理入渠用の第四船渠（昭和四年［一九二九］一一月一六日開渠）があった。

第二号艦「武蔵」は、三菱長崎造船所の船台上で建造された。しかし、同造船所には「大和」型戦艦を入渠させられるだけの船渠設備がないので、進水後の「武蔵」は佐世保海軍工廠第七船渠（昭和一〇年［一九三五］四月二日構築開始、一六年［一九四一］一月一四日開渠）に入渠して工事が続けられた。

竣工後の「武蔵」は艦籍のある横須賀鎮守府所属となるので、横須賀第六船渠（昭和一〇年［一九三五］七月一日構築開始、一五年［一九四〇］五月四日開渠、長さ三三〇メートル、幅四八メートル、深さ一八メートル）の早急な完成が要求されていた。

しかし、大和型戦艦の設計段階では、第一一〇号艦「信濃」を建造すべき造船船渠も入渠すべき修理用船渠も未定であった。

そして、この横須賀第六船渠を完成にこぎ着けるには、多大な困難が待ち受けていたのである。

海軍工廠は、艦船および兵器の造修、購買および実験に関すること、また、工作物である有線通信装置の造修、購買および実験に関することを担当する作業庁であって、工廠長は鎮守府司令長官に従属した。そして、技術に関しては、海軍艦政本部長または海軍航空本部長により処置された。

「大和」型三番艦、四番艦建造の議が進められた時、施設の集中を極力避けるべきとの意見が圧倒的に多かったため、いったんは構築予定の川崎重工泉州工場で三番艦を建造することになった。しかし、泉州工場は工事が進捗せず、大艦を建造するには地勢上の難点もあった。研究段階においては、「加賀」を建造した神戸川崎造船所で建造する案も出されたが、大和型は艦幅が大きいので同造船所での建造は不可能であった。

起工時期が遅れると軍備計画に狂いが生じるため、ついに大和型が入渠可能な横須賀蠣ヶ浦の修理船渠を造船船渠併用として構築することになった。これが、当時は未完であった横須賀第六船渠である。

横須賀海軍工廠は、明治三六年（一九〇三）一一月一〇日に横須賀海軍造兵廠と造船廠を統合して、横須賀海軍工廠と改称したものであった。横須賀海軍工廠には、明治四四年（一九一一）五月一日に建設に着手した小海西岸壁と小海東岸壁（全長三〇〇メートル、水深一〇メートル、その後、水深一三メートル以上に浚渫）の二つの艤装岸壁があり、石川島造船所製の最大荷重三五〇トンと六〇トンの走行クレーン各一基を備えていた（昭和九年［一九三四］初頭完成）。それは、未来の大和型戦艦「信濃」の艤装を可能にする先見性に富んだ設備であった。

新造と修理併用船渠ともなると、渠側のクレーンの数と能力も充実する必要があった。また、三番艦を建造中に、修理用船渠を新たに横須賀付近に新造することが計画されたが、経費と時日の問題から実現は困難であった。

日本は、英米仏伊との第二次ロンドン軍縮会議（昭和一〇年［一九三五］一二月開催）によって、主力艦改装、艦齢延長、補助艦の兵力制限が取り決められたことで、条約文上の劣勢が、現実の国防力の劣勢に直結することを危惧した。そして、用兵者、造船、砲熕技術者などは新主力艦の建造を待ちわびていた。

そこで、同様の拘束を受けることは耐えられないと判断した日本は、排水量や主砲口径の制限のない軍縮無条件時代（昭和一二年［一九三七］一月以降）をにらんで自主的な建艦計画を立案した。

軍縮会議で定められた艦齢は、戦艦二〇年、航空母艦二〇年であった。改装による性能の向上には技術的な限界があった。六年後には、「陸奥」以外の主力艦「長門」、「日向」、「伊勢」、「山城」、「扶桑」、「霧島」、「榛名」、「比叡」、「金剛」が艦齢二〇年以上二六年未満に達するので、国防上の不安を解消する必要があったのである。

昭和一四年（一九三九）五月に日ソ両軍が満州とモンゴルとの国境で衝突するノモンハン事件が発生し、八月にはアメリカが日米通商航海条約の破棄を通告。そして、九月一日には、欧州で第二次大戦が勃発した。

日本は激動の国際情勢のなかにあって、日独伊三国

大和型3番艦「信濃」建造のために新たに建設された横須賀海軍工廠の造船ドック

同盟締結国として、その立場は微妙なものとなっていた。

こうした状況下、第七四回帝国議会（昭和一四年［一九三九］）において新軍備補充計画予算が成立した。これは略称㊃計画と呼ばれ、六年間の継続予算で、戦艦二隻（第一一〇号艦「信濃」と第一一一号艦）、航空母艦一隻（「大鳳」）、乙巡洋艦阿賀野型四隻、丙巡洋艦大淀型二隻、甲駆逐艦陽炎型一八隻、乙駆逐艦秋月型六隻を含む八三隻を建造する計画であった。

昭和一五年（一九四〇）五月四日、及川古志郎横須賀鎮守府司令長官、豊田副武海軍艦政本部長、荒木彦弼工廠長、設計担当・福田啓二少将、造船部長・江崎岩吉造船大佐以下、造船造兵各監督官と造船部主要部員約五〇名は、第六船渠完成の祝賀式が終わると、同渠内で「大和」型三番艦第一一〇号艦の起工式に臨んだ。

起工式では、機密保持のために外部から神主を招くことができず、神主の資格をもつ足場組長の大須賀種次が神主の役を務めたという。「信濃」の工事は軍機扱いだったのである。

「信濃」の起工を阻んだ船渠の難工事

第六船渠は、落成式は行なったもののまだ渠口部は大工事中で、海寄りの部分は未完、扉船（とせん）付近は浚渫中であった。

大和型の工事は膨大な工数となるが、横須賀海軍工廠の造船部の設備は呉海軍工廠に比べて劣っており、施設の増強を相当広範囲に実施する必要があった。その対象は、船殻（せんこく）機械場、鍛冶（たんや）捺鉄（なつてつ）場、一二〇ポンド圧縮空気動力を含む動力場などであった。

また、予定されていた船渠両側の移動が可能なジブ・クレーン一〇〇トン用、六〇トン用、二〇トン用各二基合計六基のうち、完成していたのは六〇トン用一基のみであった。

原寸図によって部材の寸法を決定する現図場、甲鈑（こうはん）の陸上組み立て、原寸に合わせた木型を造って、使用鋼鈑に墨掛けならびに穿孔（せんこう）をする甲鈑罫書（けがき）場は完成していたが、機械工場の機械は整備されていない状況だった。しかも、船渠に至る主要道路は凹凸が多く運搬車の通行に少なからず支障があるため、この整備も緊急課題であった。

また、この船渠は工廠門からもっとも遠い位置にあり、工員は通勤に寄宿舎から徒歩で一時間一〇分もかかるという苦労があった。

海軍艦政本部総務部第一課が昭和一四年（一九三九）四月一日付で調整した「新造艦艇工事予定表」によると、「信濃」は、建造所は横須賀海軍工廠、起工は昭和一二年（一九三七）一二月一二日、進水は一四年六月一日、予行運転は一五年八月中旬から九月上旬、公試運転は一五年九月上旬から一〇月上旬、引き渡しは一五年一一月二九日となっており、大和型戦艦の三番艦として竣工するはずであった。

そして、この「新造艦艇工事予定表」には、大和型戦艦の四番艦、五番艦を引き続き建造する予定も示されていた。

四番艦（第一一一号艦「紀伊」）は、建造所は神戸川崎造船所、起工は昭和一三年（一九三八）五月二五日、進水は一四年一〇月下旬、引き渡しは一五年一一月下旬、そして、五番艦（第七九七号艦）は、建造所は呉海軍工廠、起工は昭和一三年（一九三八）一一月二日、進水は一四年一一月下旬、引き渡しは一五年一一月下旬となっていた。

しかし、現実には大和型戦艦の設計時には、呉海軍工廠以外の造船船渠は、横須賀海軍工廠第六船渠（蠣ヶ浦）はまだ山を掘っている程度、三菱長崎造船所の造船船台はそのままでは使用できず、また、呉海軍工廠の造船船渠にしても、大和型建造のためには、渠底全体を約一メートル掘り下げて渠口の深さと同じにする工事を行なわなくてはならなかったのである。

世界最大の艦載砲を搭載する大和型戦艦は防御重量が大きく、そのために艦の排水量が従来の戦艦に比べて著しく大となり、従って船体寸法も巨大となった。

昭和一一年（一九三六）七月に採用された大和型戦艦の船体寸法は、公試排水量六万五二〇〇トン、水線長二五三メートル、艦幅三八・九メートル、喫水一〇・四メートル、深さ（乾舷）一八・七メートルであった。

そして、この寸法に合わせた、長さ三三六メートル、幅四八メートル、深さ一六・三メートルの規模の横須賀海軍工廠の第六船渠と佐世保海軍工廠の第七船渠が完成することになる。

第六船渠は、横須賀海軍工廠内のいちばん奥まった蠣ヶ浦に、丸五年の歳月と当時の費用で一七〇〇万円を費やして築造された。工事は、請負作業員約五〇〇名と発破で岩石を切り崩し、総容量約五二万立方メートルの土砂を取り除いて完成されたのである。

昭和一四年（一九三九）、海軍大佐は横須賀鎮守府長官に対して、「横須賀鎮守府長官は横須賀海軍工廠長および海軍航空廠をして第一一〇号艦を製造せしむべき。詳細は海軍艦政本部長および航空本部長をして別途通牒（つうちょう）せしむ」と建造訓令を発布した。

昭和一五年（一九四〇）五月四日、昭和一〇年七月一日から丸五年を要して完成させた第六船渠開渠と同時に、大和型三番艦第一一〇号艦は起工された。

「信濃」の建造始まる

一般には工事開始とされる起工だが、実際には鋼材の型取り、裁断、部分的陸上組み立て、図面に従って野書、穿孔工事などの作業が起工式に先立って行なわれる。「信濃」の場合、船殻機械場が未完成であったため、水ヶ浦機械場で鋼材の加工が行なわれていた。

船殻工事は、「大和」の建造に携わった矢野鎮造大尉を中心に、人間にたとえると背骨にあたる船体中心線のキール部分から開始された。大和型のバーチカル・キール（中心線桁板）は二枚助骨で、中央部の船底、二重底、縦通隔壁が組み立てられていった。

当時の横須賀海軍工廠は、荒木彦弼工廠長以下、造船部長・江崎岩吉造船大佐、造機部長・三戸由彦少将、造兵部長・向山均造兵少将、工員二万四〇〇〇名と臨時工員一万七〇〇〇名の計四万一〇〇〇名が働いていた。

第一一〇号艦を担当したのは、作業主任・西村弥平造船大佐、造船設計主任・竜三郎造船中佐、呉海軍工廠で第一号艦「大和」の建造を体験した矢野鎮雄少佐（船殻担当）、船殻主任・岩崎正英造船中佐、艤装担当・前田龍男造船少佐、蔵田雅彦造船少佐、立川義治技師、丸源吉技手、斉藤勘助技手などである。

最初の一年間は、船体関係の甲鈑が予定通りに運搬されず、設備が充実していないこともあって、作業は予定よりも大幅に遅れた。

「信濃」用の甲鈑の厚さは、完成した一八・一インチ（四六センチ）砲を使用しての「大和」、「武蔵」の甲鈑領収試験で計画よりやや上回ったため、一〇ミリ減少して舷側四〇〇ミリ、中甲板一九〇ミリ、砲塔円筒五四〇ミリとしてちょうど計画の耐弾力を得た。甲板の余剰重量は、艦底防御の増強による増加重量分（約六〇〇トン）に回された。

大和型戦艦の巨大な砲塔と甲鈑は、機密保持のためにすべて呉海軍工廠製鋼部で製造されていた。そのために、長崎で建造中の「武蔵」や横須賀で建造する「信濃」に運搬するための砲塔運搬船「樫野」が建造された。

「樫野」は、一八・一インチ砲塔一組の砲身三門とそのほかの甲鈑などを同時に運搬でき、将来の主砲となる一八インチ五〇口径砲および二〇インチ（五〇センチ）砲塔も運搬可能であった。

日本海軍は、ワシントン海軍軍備制限会議（軍縮条約が締結された）を挟んで、約二〇余年の長きにわたって戦艦の建造を中止していた。大和型戦艦は、艦型においてもその構造においても、従来の戦艦と比べて巨大かつ複雑であった。そのため、建造にあたっては、各種の技術的問題の研究と解決を必要とした。そこには工作上の考案や工夫が数多くあったのである。

遅々として進まない工事

「信濃」は建造そのものに関しては、第一号艦建造の資料がそろっていたので特に支障となることはなかった。

問題は、横須賀第六船渠で建造することが決定してから工事着手までの期間が短く、所要の施設の整備が間に合わないことだった。そこで、工事を予定通りに進めるために、船渠両側の移動可能なジブ・クレーン一〇〇トン用の完成が急がれた。

旗艦施設の改正は、「大和」、「武蔵」では徹底することができなかったので、司令部の意見を全面的に採用して三番艦で実施することになった。

また、防水および気密扉蓋（ぶた）（防水扉蓋、マンホールの蓋など）の大きさは、ドイツ海軍では戦艦でも駆逐艦と同様の大きさであることが判明したので、三番艦から改正することになっていた。

艦底部を形成する二重底まで加工が進んだ段階になって、磁気機雷の出現を見て艦底防御を増強することになり、改正の議が起こった。

大和型は、弾薬庫の範囲に厚さ七〇ないし八〇ミリの弾床甲鈑が張り詰めてあったので、機械室、缶室および補機室などの二重底に二五ミリＤＳ鋼板二枚を増加し、さらに、内部に一二ミリＤＳ鋼板程度の三重底を設けることを原則としていた。

その結果、一時、缶室と機械室などの艦底工事を中止して、急きょ呉海軍工廠造船部で詳細設計を行なうことになった。だが、想定された艦底爆発に対する防御力の実験はまだ終了していなかった。

そこで、昭和一六年（一九四一）に入ってから、系統的な模型実験でその防御力を確認したのであった。

重装甲防御を期待される大和型は、船体長に比して主要防御部（バイタル・パート）が短いので、前後部の非装甲部が大きく、計算上でも浸水状態における予備浮力、復原性能に余裕がなかった。

そこで、舷側水中防御縦壁を艦首部無装甲部の両舷に設けて防御を強化し、被害時の浸水量を減少させることが考えられた。しかし、第一一〇号艦（大和型三番艦）では実施されず、改一一〇号艦で実現するはずであった。

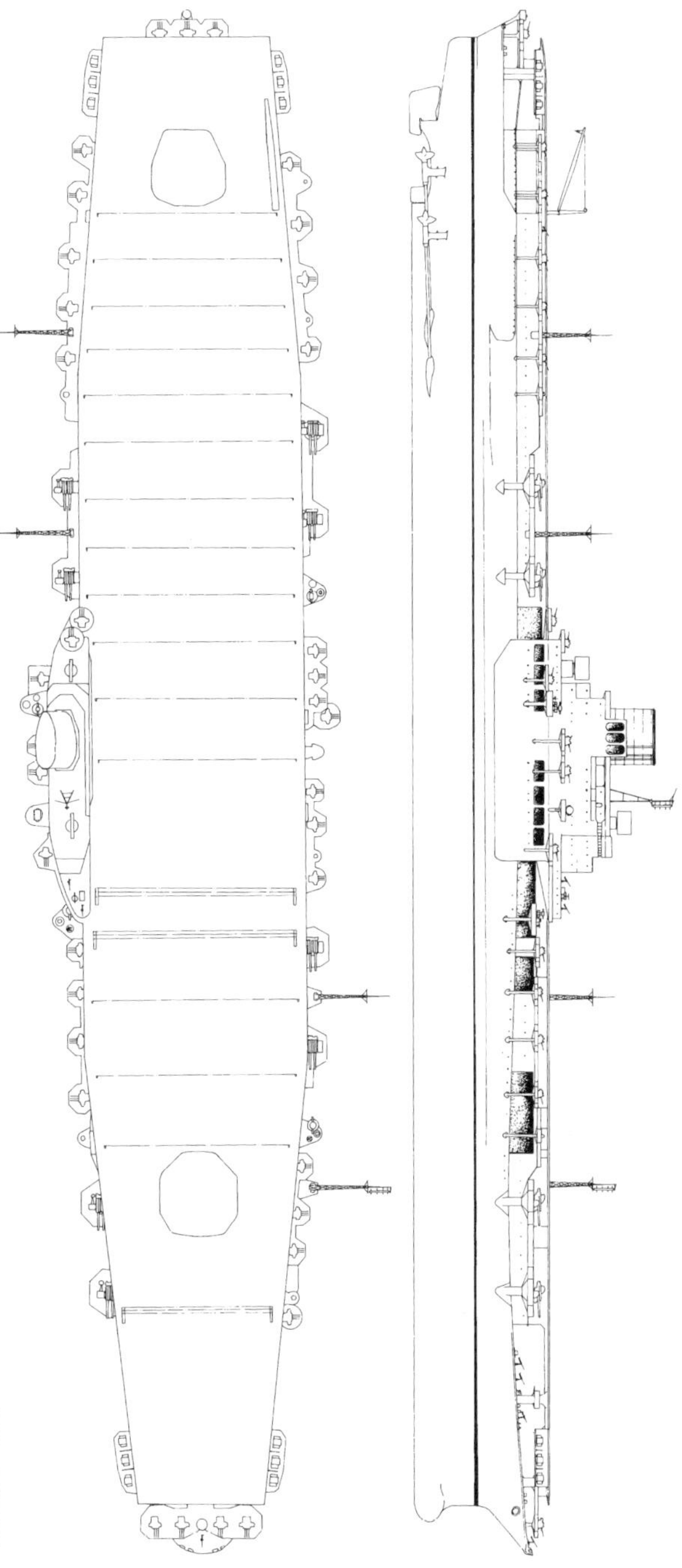

航空母艦「信濃」（完成時）

作図　石橋孝夫

艦底防御の増強、甲鈑厚さの減少、旗艦施設の改正、防水および気密扉蓋の改正が加わったことで、「信濃」の工事はいったん中止されることになる。

昭和一五年（一九四〇）度に入ると、在米資産が凍結され、九月に商議された新軍備補充計画（㊄計画）には含まれていた改一一〇号艦型戦艦一隻、新戦艦二隻の建造は見合わされた。

昭和一六年（一九四一）一一月六日、略称「(急)計画」により、三番艦と四番艦の完成順位を下げる案が商議され、一二月八日、「本艦は戦艦としての工事を中止して、浮揚出渠させるに必要な工事だけを進めて、なるべく速やかに出渠せしむべき」との訓令が出されるに至る。

船体下部構造が固まっていた第一一〇号艦「信濃」は、そのままの状態でしばらく放置されたが、呉海軍工廠造船船渠内において、「大和」の進水後に起工された第一一一号艦はスクラップにされたのであった。

第一一〇号艦は、将来戦艦になるのか、ほかの何かに改造されるのか一切不明のまま、工事の再開予定は翌一七年（一九四二）一〇月頃とされた。

戦艦から航空母艦へ

こうして大和型戦艦としての生命を絶たれた第一一〇号艦であったが、昭和一七年（一九四二）六月上旬のミッドウェー海戦で、主力航空母艦「加賀」、「赤城」、「飛龍」、「蒼龍」が米海軍機に一挙に沈められると、巨艦のもつ強力な防御力とその不沈性に注目が集まることになる。

「何が何でも航空母艦だ。空母を一隻でも多く造って戦勢の挽回だ」

昭和一七年（一九四二）六月三〇日決裁の官房機密第八一〇七号によって、以下のことが決定された。

「主題の件に関しては省部間研究の結果、意見一致せるを以って左記方針に依りその実行に着手し、極力整備促進を図ること取計可然哉。追って軍令部より商議手続は他の艦種に関するも、第一一〇号艦はおおむね昭和一九年末完成を目途とし、航空母艦に改装するものとし、尚出得る限り艤装簡単化および戦訓取入れ工事を促進する」

こうして、第一一〇号艦「信濃」は、波乱万丈の経過を経て完成にこぎ着けることになるのである。

「信濃」の不幸は、工事時期が最初の一年を除いて、残りの四年間が戦時中になったことにあった。

本艦は三番艦であり、工期は一番艦「大和」の一五〇三日よりも当然短縮されるはずであった。しかし、「信濃」の工事日数は一六六〇日（『日本海軍建造線表』による）であった。

二番艦「武蔵」の建造日数一五九九日、航空母艦「翔鶴」の同一二二八日、「瑞鶴」の同一二二九日、「大鳳」の同九七〇日に比べて、いかに建造日数が長いかは一目瞭然(りょうぜん)である。

改造にあたっては、艦政本部と用兵側の軍令部の航空関係者、そして航空本部員との間に基本構想の食い違いがあった。二ヵ月の議論の結果、艦の艤装は艦政本部、用兵使用方法は航空関係者の言い分を聞くことで妥協が図られた。

飛行甲板は長さ二五六メートル、幅四〇メートル、前後エレベーター間の約一七〇メートルが防御滑走路となった。格納庫は一段で、後部八三メートルは密閉式、前部一二五メートルが開放式。「大鳳」の爆沈による戦訓から、前部重油タンクに隣接する軽質油タンクの周りに鉄筋コンクリートを充塡(じゅうてん)して防御力を強化した。

主砲塔用水圧ポンプは装備せず、煙突を航空母艦用に変更。右舷に比較的大型の塔型艦橋を設け、飛行甲板の高さおよび広さはおおむね「大鳳」に準じた。搭乗員待機所は飛行甲板の近くに設け、兼搭乗員居住区とした。

また、戦訓から、格納庫が火の海と化した際に備える前後交通路が設置された。これは、最上甲板に沿った舷外通路に前後を通じて設けられていたが、一部分は高角砲・機銃「フラット」が利用されていた。

工事は、六ヵ月かかるところを二ヵ月余りで完了させるという突貫工事で、総延長八〇〇〇メートルの通風トランクも約二ヵ月で取り付けられた。

工事量は、造船関係所要工数だけで、船殻約一〇五万工数、防御約一二万工数、艤装約七五万工数、現図約一・五万工数、そのほかを含めると合計約二三九万

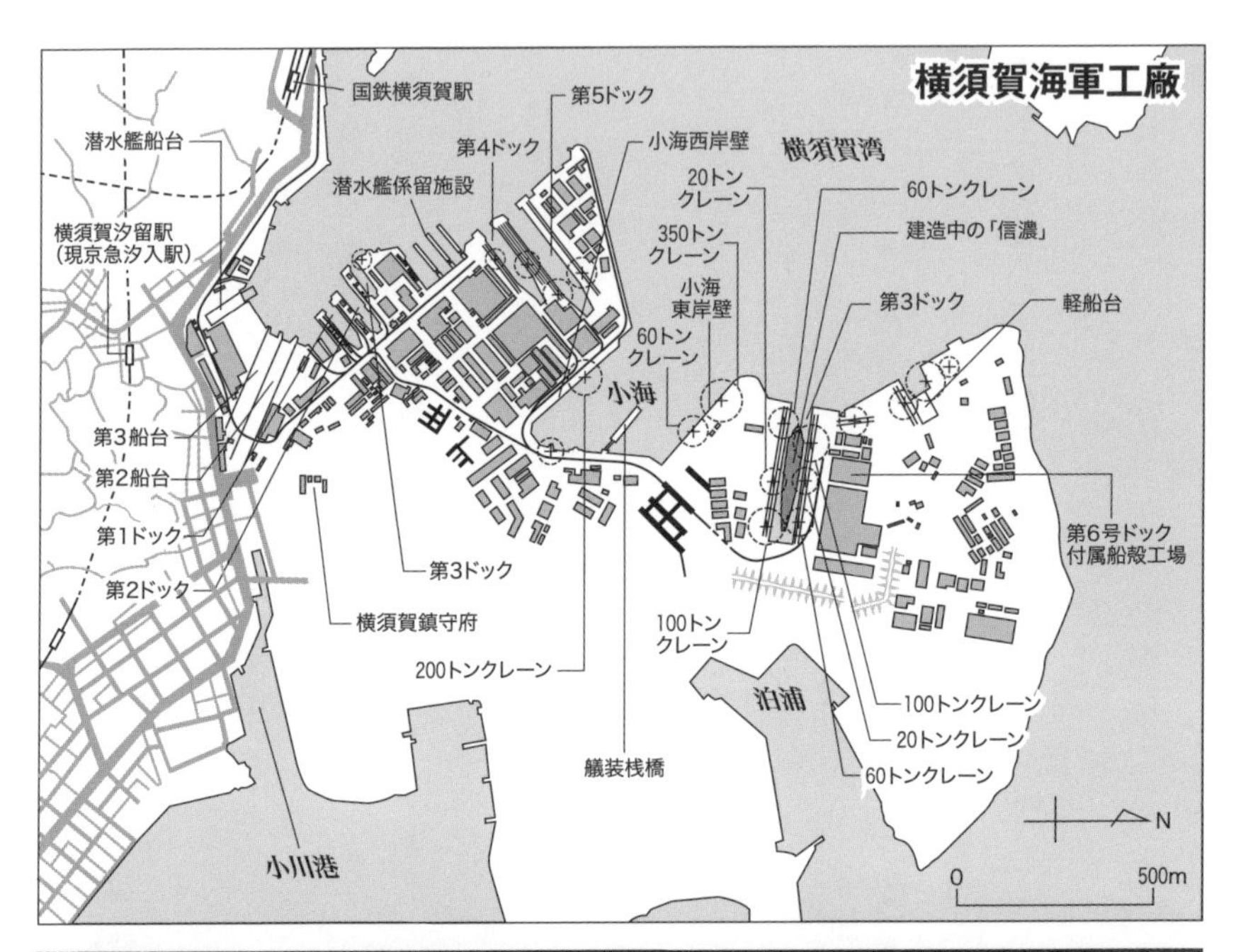

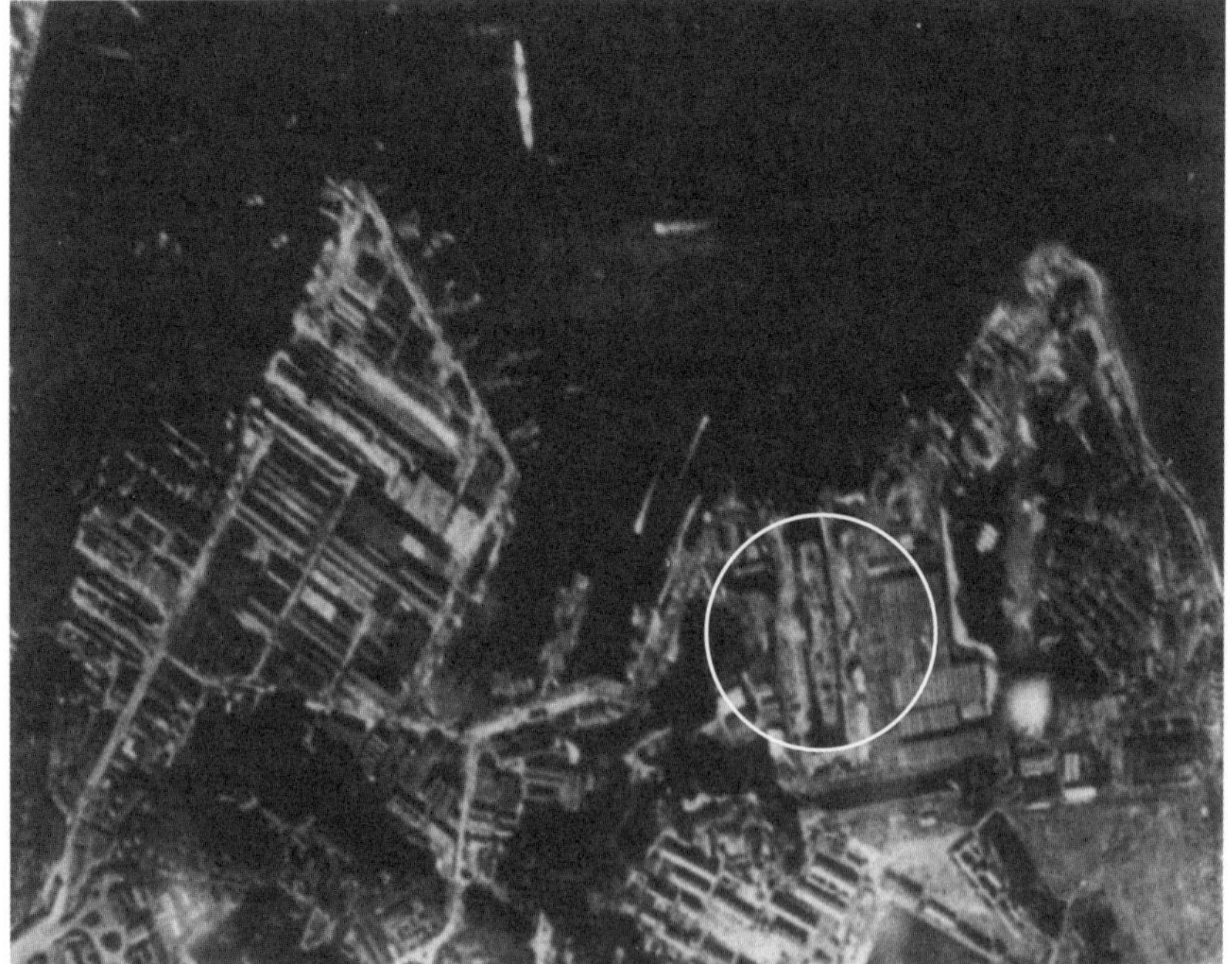

横須賀海軍工廠ドック内の「信濃」(丸印)〈by courtesy of STEVE WIPER & DON MONTGOMERY〉

工数に及び、鉸鋲数約六〇〇万本、溶接の総延長は約二八〇万メートルとなった。

そして、昭和一九年（一九四四）七月下旬、竣工を大幅に繰り上げて一〇月一五日とすることが決定され、九月に飛行甲板が搭載された。

航空母艦「信濃」の進水

昭和一九年（一九四四）一〇月五日、進水に備えて渠中において船体を浮揚させた際、「信濃」は前代未聞の不幸な事故に見舞われた。

午前八時に注水が開始され、注水が進むにつれて船体全体が浮揚した。注水が続けられ船渠扉船の浮揚を待つ。浮揚予定線まで約一メートルに達したその時、突然、扉船が飛び上がるように浮揚して、船渠外の海水が一度に渠内に浸入した。

すでに浮揚していた「信濃」は、すべての係留索（七インチ鋼索四本をはじめ、八インチのホーサー［係留に使う太いロープ］ほか一〇数本）を切断して船渠前壁に衝突し、さらに渠前壁から返す波とともに渠外に船体の半分を後進させ、ふたたび渠内に前進した。

この事故により、球状艦首は圧壊し、水中聴音器室も損傷した。同月八日、「信濃」は単に手続きのみの命名式を終えると再度入渠した。一二日、「信濃」は第六船渠を出渠し、沖三番ブイに係留された。ただし、まだ一部の残工事、手直し工事が残っていた。

「信濃」は、公試状態の排水量六万八〇五九トン、全長二六六メートル、平均喫水一〇・三一二メートル、一二・七センチ連装高角砲八基一六門、二五ミリ機銃一四五梃、噴進砲二八連装ロケット式一二基未搭載、缶室一二缶、ただし使用可能八缶、電波探信儀六基（二号一型二基、二号二型二基、一号三型二基）、方向測定機長波用五基（短波用一基搭載予定）、艦高は海面より飛行甲板までが一四メートル、制動装置は三式滑走制止装置を装備した。

三式揚爆弾装置は水圧を使用する釣瓶式で、一発を約四五秒で飛行甲板に直接揚げる方式となっていた。母艦射出機の離艦促進噴進装置の装備は断念された。

一一月一日、横須賀軍港上空を偵察したB－29は、沖三番ブイに係留された「信濃」を撮影している。

一一日、艦船造修規則による正式ではない第一回公試が東京湾で行なわれた。

一九日、「信濃」は第三艦隊第一航空戦隊に編入された。乗組員は、艦長・阿部俊雄大佐、副長兼機関長・河野通俊大佐、砲術長・横手克己大佐、航海長・中村馨大佐、通信長・荒木勲中佐、内務長・三上治男中佐、主計長・鳴門(なると)清爾(せいじ)少佐、軍医長・安間孝正少佐以下、二四〇〇名であった。


〔歴史群像シリーズ『超超弩級戦艦「大和」建造』二〇〇六年九月（学研プラス）掲載「『大和』型3番艦『信濃』の計画から終焉まで」改題・一部掲載〕

第2部

大和型の戦い

戦艦「武蔵」シブヤン海の死闘

第一次攻撃隊発進

一九四四年（昭和一九）一〇月二四日午前八時五一分、航空群指揮官W・E・エリス中佐は最初の攻撃隊（一二機VB、八機VT、一一機VF）を率いて空母「イントレピッド」を飛び立った。

攻撃目標は、真夜中直後に味方潜水艦から「日本艦隊が中部フィリピン最西端のパラワン島の西岸に沿って北東方向に航行している」との視認報告によりもたらされた。

当時、空母「イントレピッド」をふくむ第三八・二任務群はレイテ上陸の戦略的な支援でサマール島北東一八五キロメートルの洋上、サンベルナルジノ海峡沖を遊弋（ゆうよく）しながら待機中であった。二五分後に軽空母「カボット」を発艦した航空群（五機VT、八機VF）は「イントレピッド」隊に空中合同し、目標に向かった。空母「バンカーヒル」と「ハンコック」は休息前日の食料と弾薬補給で不在だった。第三八・一任務群空母「ワスプ」「ホーネット」、軽空母「カウペンス」は補充のためウルシー泊地に向かっていたが、第三八・三任務群空母「エセックス」「レキシントン」、軽空母「ラングレイ」は当任務群の北方、ルソン島沖で作戦行動中、

比島沖海戦時の米空母「イントレピッド」。艦爆SB2Cヘルダイバーが発艦しようとしている

第三八・四任務群空母「フランクリン」「エンタープライズ」、軽空母「サンジャシント」「ベロウ・ウッド」はほぼ南方で作戦支援行動中であった。

各空母の飛行甲板上では「日本艦隊」を攻撃する兵器としてマーク13空中魚雷改二A、そして〇・〇二五秒信管、〇・〇八秒信管　〇・一秒信管付四五〇キロ徹甲、半徹甲、通常爆弾、二三〇キロ半徹甲、通常爆弾、四五キロ通常爆弾、五インチAR（HVAR）ロケット弾が準備された。空中魚雷　マーク13は、雷速高速四六ノット、駛走距離四一一五メートル、炸薬トーペックス、炸薬力TNT四九八キロと同等の威力があった。

六時〇五分、「イントレピッド」から北部パラワン島からルソン島マニラを網羅する索敵隊が飛び立ち、八時〇〇分、「ミンドロ島南端沖に駆逐艦一三隻、戦艦四隻、巡洋艦八隻。針路〇五〇度、速力一〇ないし一二ノット。輸送船は随伴せず」と報告してきた。

運命の右一斉回頭

輪形陣の中央に占位する「大和」は右一斉回頭を命じた。陣形が変わり「大和」右後方に占位する「武蔵」が先頭になる。

一〇時二五分、二個の輪形陣を組む日本艦隊（戦艦五、重巡洋艦六、軽巡洋艦三、駆逐艦一三）は、速力一八ノットで航行するのがミンドロ島東方のタブラス海峡で視認された。

「大和」は一分後に対空焼霰弾の射撃を開始した。接近する編隊に向け日本艦隊は搭載するあらゆる長距離砲を発砲してきた。操縦士は吹き流しのピンク色の対空弾炸裂、白色の曳光を持つ紫色の炸裂弾、多量の白い燐の吹き流しの焼霰弾、銀色の小球を噴出する炸裂弾（零式通常弾）を目撃した。

攻撃指揮官は攻撃命令を下した。最初に、爆撃隊SB2C－3の八機が「武蔵」めがけ高度四六〇〇メートルから高速接敵、三八〇〇メートルで六五～八〇度の横転急降下、爆撃七発を七六〇メートルで投下、機体引き上げを四六〇メートルで行なった。一機は爆弾投下に失敗したが、命中弾四発（不確実）、至近弾三個を報告した。「武蔵」は「一番主砲塔天蓋に六〇キロ（実際は四五〇キロ通常爆弾）爆弾命中被害なし、至近弾四」と記録した。

引き続いて高度三〇〇〇メートルから戦闘機隊F6F－5が爆撃下の「武蔵」に八機と援護する駆逐艦二隻「沖波」「岸波」（各三機）に七〇度急降下、三一八五発を機銃掃射。第一機銃群指揮官戦死。次いで雷撃隊TBM－1Cの六機が「武蔵」、他の二機が「妙高」を雷撃した。「武蔵」右舷一三〇ビームに一本命中、二本は艦底を通過した。「妙高」は右舷後部に被雷した。

TBM二機は「武蔵」上空で直撃弾を受け墜落、戦死六名。「カボット」の雷撃隊五機は雲を利用して降下しながら輪形陣の右翼から雷撃態勢をとると「大和」と「武蔵」を狙った。操縦士はゆっくり右回頭する先導の「大和」以外、他の艦は回頭もしくは回避運動をしなかった。

先導する「大和」の右艦首方向から、射程一八三〇

米軍機の攻撃を受け右に一斉回頭する栗田艦隊

メートル、高度二四四メートルから雷撃したTBMは、装置の故障から空中魚雷マーク13改二Aを投下できず母艦に持ち帰る羽目になった。後続のTBMは雲を突破した時に「大和」を雷撃する位置になく「妙高」を雷撃した。三機目は「大和」を高度三〇〇メートル、射程一一〇〇メートル、気速二八〇ノットで雷撃したが、対空弾三発を被弾、負傷二名。同時期に雲を迂回した四機目は随動する「武蔵」を雷撃したが、戦果は確認できなかった。魚雷投下を目撃されなかった五機目は被弾、火炎に包まれ二八キロメートル離れた海面に不時着し、操縦士をふくむ乗員三名は行方不明となった。

「武蔵」三軸運転となる

一〇時三〇分、空母「イントレピッド」を飛び立った第二次攻撃隊三一機（一二機VB、九機VT、一〇機VF）は最初の攻撃から一時間一〇分後、五六キロメートル前進した日本艦隊を発見、艦隊は一八ノットで

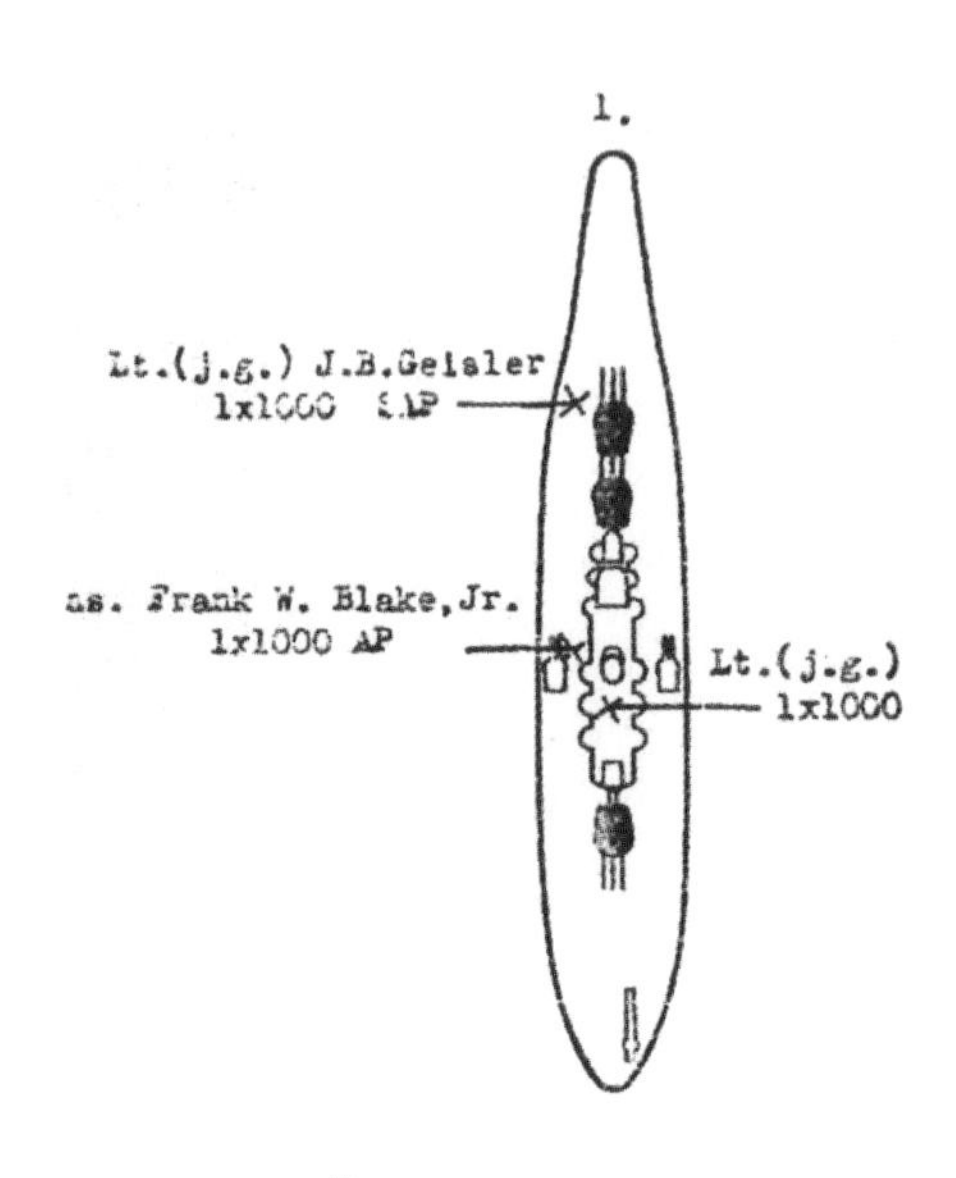

空母「イントレピッド」の第二次攻撃隊艦爆隊が「武蔵」に命中させた爆弾

進撃していた。

激しい対空射撃の中、高度四六〇〇メートルで接近したSB2C 八機は、高度三四〇〇メートルから六〇〜九〇度の逆落とし降下、高度一一〇〇〜三〇〇メートルで爆弾二四発投下、機体引き上げは七六〇〜一二〇メートルで行なわれた。投下された八発の四五〇キロ爆弾以外二四発の四五キロ通常爆弾一六発、直撃は四五〇キロ徹甲、半徹甲爆弾各一発、計二発が確認された。

「武蔵」は左舷前部兵員厠を破壊され左艦首「マクレ」が生じ、四番高角砲左前方に直撃し、最上甲板、上甲板を貫通した爆弾は中甲板で炸裂し、第二機関室に火焔を侵入させ、同時に主蒸気管断片破壊により蒸気噴出、機械室は熱気充満、さらに第一〇缶室火焔侵入のため汽醸継続不能となり、左内軸第二分掌区スクリュー誘転、運転室を第一機械室に移し三軸運転となった。第一二缶室にも通風路破壊で火焔が浸入した。

雷撃隊九機は「武蔵」を挟撃する命令を受けた。「武蔵」右側からTBM二機、引き続き左側から四機が、さらに右から二機が雷撃した。一本は艦首艦底通過、二本目は艦尾通過、三本目、四、五本目が左艦腹に命中して「武蔵」は第二水圧機室に浸水、左に五度傾斜した。

TBM一機は命中弾を受け東方海面に着水、搭乗員三名はルソン島のゲリラに救助された。

被害累積の「武蔵」

一四時〇〇分（第三次攻撃）。

空母「レキシントン」の第一攻撃隊CVG－19三四機は、空母「エセックス」CVG－15三四機と空中合同、報告されたシブヤン海の戦艦四、重巡洋艦八、駆逐艦一三から成る日本艦隊に向かった。途中、ルソン島南東上空の悪天候に遭遇、「レキシントン」のVT－19の五機が、さらにVB－19の五機も母艦に帰投した。

編隊は、ミンドロ島北東岸を南下、一隻の大和型戦艦（注：「武蔵」）を目撃、戦艦は主砲塔から対空弾を発射した。高度は正確だったが、射程が短かった。

南東方向およそ三七キロメートル彼方に二個の輪形陣に分かれた日本艦隊を発見した。艦隊は北西部隊（金剛型戦艦二、最上型重巡洋艦二、愛宕型重巡洋艦二、利根型重巡洋艦一、阿賀野型軽巡洋艦と駆逐艦六）と南東部隊（大和型戦艦一、長門型戦艦一、那智型重巡洋艦、おそらく名取型軽巡洋艦そして駆逐艦七）の輪形陣に分かれていた。

攻撃隊長は、「レキシントン」隊と「エセックス」の雷撃隊に南東部隊の攻撃を命じた。雷撃隊TBF・TBM－1Cの一六機は、マーク13改六空中魚雷深度三メートルと六・七メートル調整の二小隊に分離、内六機は爆撃隊五機と戦闘機隊二機と共に海中に艦首部を沈め、重油を引きながら航走する「武蔵」を攻撃した。

四五〇キロ爆弾を搭載したSB2C五機は高度六一〇メートルから爆弾五発を投下、三発の命中を記録、F6F二機は対空砲火を沈黙させるため機銃掃射した。雷撃隊TBM－1C六機内の一番機は、「武蔵」の艦首めがけ気速二五〇ノット、高度二一〇メートルから射程一二〇〇メートルで投下した。対空砲火が激しく操縦士は戦果を確認できなかったが、搭乗員二名が雷跡はまっすぐ伸びて「武蔵」の艦腹に命中したと報告した。次いで二番機も投下、「武蔵」に大水柱が上がるのを見た。この時点で「武蔵」は右回頭を始めていた。三番、四番機は左艦首に狙いを定め、高度二〇〇メートル、気速二四〇ノット、射程一六〇〇メートルで投下した。四番機搭乗員は避退中に「武蔵」の二回の爆発を報告した。五番、六番機は左側から雷撃した。少なくても魚雷三本の命中、右舷後部、左舷二本の命中は確実と思われた。

激しい対空砲火の下、「武蔵」を最後に見た時、「戦艦は艦首を沈め、重油を流して低速で航走していた」と報告した。

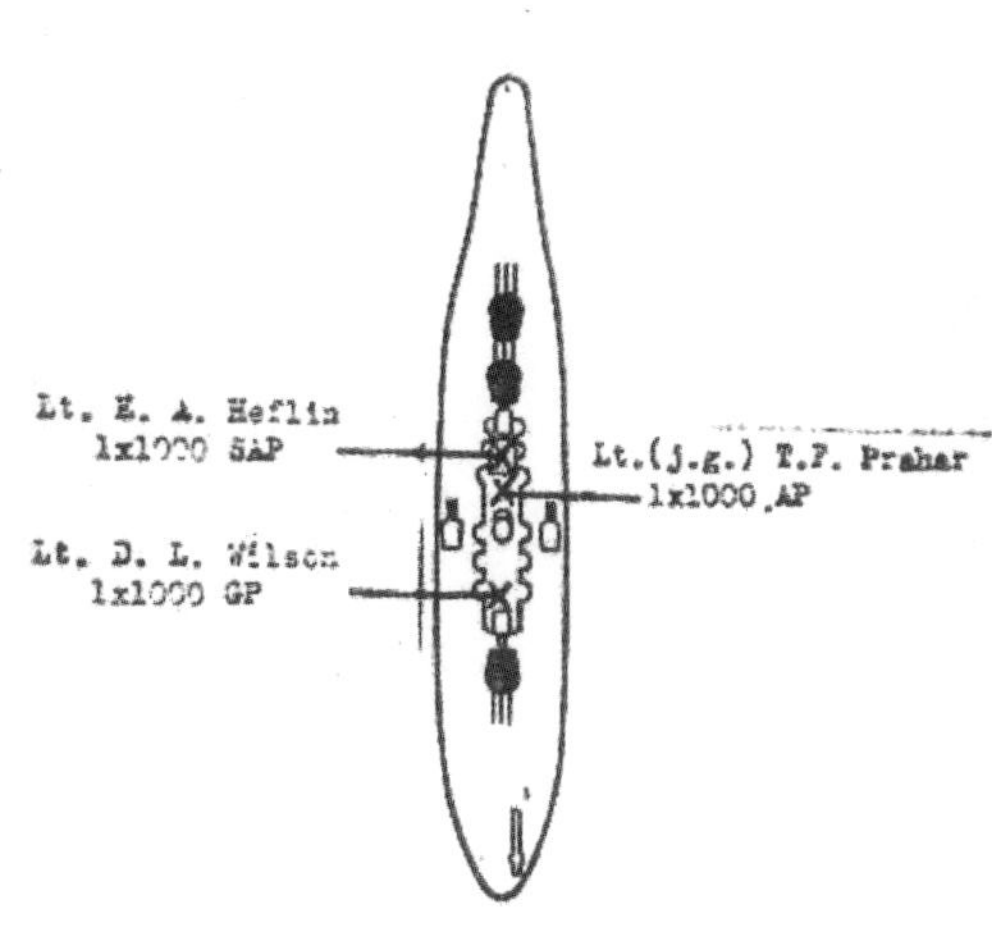

「イントレピッド」の第三次攻撃隊の爆撃で「武蔵」に命中させた爆弾

第四次攻撃「大和」被弾

空母「エセックス」からの第二次攻撃隊の戦闘機隊VF－15八機と雷撃隊VB－15 一二機 計二〇機は一四時四〇分、第一次攻撃隊と同じ目標を攻撃した。

戦闘機隊F6F－3／5 四機は機銃掃射と共に二三〇キロ通常爆弾二〇発を、爆撃隊SB2C－3 一二機は四五〇キロ爆弾一二発を投下した。一機が撃墜され、二名が戦死、五機が被弾損傷した。

「大和」は前甲板・左錨鎖庫左側に命中を受け、各甲板を貫通して爆弾が水線下で炸裂した。トリム変化量三メートル、反対舷注水により推定浸水量三〇〇〇トンに達した。

この時、軍艦武蔵戦闘詳報第四号によれば「近接なし敵機二〇機、撃墜機数五機。右正横三〇粁（キロ）に敵機の編隊を発見、主砲高角砲射撃、左舷は『大和』に襲撃運動中の雷撃機を射撃し五機を撃墜す。本艦には遂に来襲せず」との記録を残した。

シブヤン海で黒煙を噴き上げながら対空戦闘を続ける戦艦「武蔵」

艦隊行動から脱落した「武蔵」

第五次攻撃。一五時一五分、空母「エンタープライズ」指揮官機一機、戦闘機隊一五機、爆撃隊九機、雷撃隊八機計三三機が来襲した。

「武蔵」には、VB九機、VT八機計一七機が襲いかかった。高度二〇〇〇メートルに雲量三、積雲があるが視界は良好だった。接敵は高度四〇〇〇メートル、西から東へ、高速で開始された。

ジェイムズ・S・クーパー大尉に率いられたSB2C-3の爆撃隊は、護衛艦の上空への避退行動を避けるため、北側方向に実行された。対空砲火は正確で激しかった。

高度五五〇〜七六〇メートルから〇・〇二五秒遅延信管付四五〇キロ半徹甲爆弾一八発が一斉に投下された。一一発が「武蔵」を直撃し、至近弾二を数えた。一番主砲塔天蓋に爆弾命中、天蓋甲鈑を長さ約一〇センチメートル、深さ二センチメートル削り取った。砲

米空母「エンタープライズ」のアクション・レポートに添付されたシブヤン海の「武蔵」の写真

塔内天井に直接取り付けてある電灯が全部落下して暗黒になったが何ら被害はなかった。軍艦武蔵記録は、二五〇キロ爆弾としているが、直撃したのは四五〇キロ半徹甲爆弾と思われる。

左舷四五番ビーム付近に三発命中、上甲板で炸裂、単装二五ミリ機銃、四番機銃、特設二番連装機銃、通信指揮室、第一受信室及び電話室を破壊したのも同爆弾の威力と思われる。前部応急員のほとんどが戦死した。

米軍の戦訓は秒時の異なる徹甲爆弾との併用が、より中枢部を破壊するため必要と結論された。右舷の士官室で炸裂した半徹甲爆弾は、士官室司令部庶務室を大破させ、最上甲板舷側より内方約二メートルにできた最大亀裂の所は人員の出入りが可能な被害であった。

サミュエル・L・プリオネット少佐に率いられたTBM八機からは空中魚雷マーク13改六、深度調整五・五メートル（二本）と三・七メートル（六本）が、高度二四四メートルから投下された。艦中央部前方右舷に四本、左舷に四本と、すべての魚雷の命中が記録された。右舷及び左舷七〇番ビームに各一本命中により、すでに艦の前部は中甲板まで浸水していた。本被害により艦首をさらに沈下させた。

連続する被雷に第三冷却室及び水圧管通路の補強が全部脱落、第二防禦指揮所入り口側壁より侵入した。攻撃中の多彩色の炸裂弾、二重の炸裂が目撃され、射撃は極めて正確で降下中と避退中にも継続された。しかし、被弾したのはTBM－1C一機のみであった。

「武蔵」の装備した対空兵器は八九式一二・七センチ連装高角砲六基一二門、九四式高射器二基。九六式二五ミリ機銃一一〇梃、九五式射撃装置一四群。九三式一三ミリ連装機銃二基四梃であった。

二五ミリ機銃の場合、一弾倉一五発、一弾倉発射秒時四秒、弾倉交換所要秒時二～二・五秒。一三ミリ機銃の場合、一弾倉三〇発、一弾倉発射秒時四秒、弾倉交換所要秒時二秒であった。

攻撃後三〇分たって目撃された「武蔵」は、かろうじて艦首部が海面上にある状態、攻撃中に発生した火災により煙突から真っすぐ立ち上る黒煙は衰えることはなかった。被害の結果、恐らく沈没するだろうと判断された。

最終決着「武蔵」の最期

第六次攻撃。一五時二五分、空母「フランクリン」戦闘機隊一二機、爆撃隊一二機、雷撃隊一〇機、五分後に空母「イントレピッド」の第三次攻撃隊、戦闘機隊一五機、爆撃隊一二機、雷撃隊三機、空母「カボット」戦闘機隊八機、雷撃隊三機（注：「利根」と「長門」を攻撃）合計七五機が、サンベルナルジノ海峡に向け断固として進撃する日本艦隊に迫ってきた。

「武蔵」の視界に大編隊が入ってきた。まず、「フランクリン」隊の爆撃隊三機が二三〇キロ半徹甲爆弾六発を投下、「武蔵」前艦橋前方左舷に二発の命中を記録した。引き続き雷撃隊九機が突入高度一五〇〇メートルから深度四・八メートルに調整されたマーク13空中魚雷改二A九本を高度二四四メートル、射程一二〇〇～一八〇〇メートルで挟撃投下、一～三本の命中を報告した。この時、TBM二機が撃墜され戦死六名、被弾三機の損害を受けた。

「武蔵」は魚雷命中による大水柱、直撃爆弾、至近爆弾により水柱林立爆煙砲煙が全艦を包み敵情が判断としない状況にあった。五分後、「イントレピッド」隊の爆撃隊七機が高度七六〇メートルから四五〇キロ爆弾六発と四五キロ通常爆弾一四発を投下した。一発の通常爆弾、さらに一発の徹甲爆弾が命中。

そして四五〇キロ半徹甲爆弾一発は、艦長猪口敏平少将が指揮を執る防空指揮所右側を直撃、貫通、炸裂した。防空指揮所付近戦死一三名、艦長をふくむ負傷一一名、第一艦橋甲板航海長仮屋實大佐をふくむ戦死三九名、負傷八名、作戦室甲板戦死五名、負傷二名合計戦死五七名、負傷二一名におよび、一時的に「武蔵」は指揮系統を失ったのである。艦の傾斜は次第に増加して三〇度になった。そこで、第三、第七、第一一缶室に注水を実施したが、その効果はなく、遂に容量の大きい第三機械室に注水が命じられた。しかし、傾斜はさらに増加し、遂に副長は総員退去を命じ、軍艦旗を降下させた。

「武蔵」は艦首から沈み始め、突然爆発が起こり、火炎が噴出、海面の重油が燃え出した。再び、爆発音と共に蒸気らしいものが高く吹き上がり、艦尾を垂直に立てながらシブヤン海に没した。

米軍は直接目撃しなかったが、日本人捕虜からの証言で「武蔵」沈没を知った。

この戦いで「武蔵」が射った対空弾の数は主砲五四発、副砲二〇三発、高角砲一三一七発、機銃一二万五〇〇〇発であった。

打ち上げられたあらゆる口径の対空弾は正確で、米軍機は攻撃前三〇秒ごとに「アルミ箔」を投下、レーダー制御の射撃を混乱させるようつとめた。米側にレーダー射撃と思わせるほど、日本海軍の射撃練度は高かったのである。

（丸別冊『「武蔵」と世界の戦艦』二〇一六年一月（潮書房光人社）掲載
『シブヤン海の死闘』—米軍リポート改題（学研プラス）掲載）

サマール沖に轟いたGF最後の雄叫び

サマール沖に火を吐いた巨砲

「砲戦必勝ノタメニハ方向精度良好ナル電探（レーダー）ノ装備ヲ急務トス」

　これは、世界最大の艦載砲四六センチ砲九門を搭載する戦艦「大和」を中心とする日本艦隊が、中部フィリピンのサマール島東方海面で、米護衛空母群を追撃したときの切実な戦訓だった。

「即チ、我ガ術力（注：砲撃の）ノ方式ヨリ（電探出現前）看レバ極度ニ向上シ艦隊ニ於テ強キ自信ヲ有セシニ拘ラズ、一度会敵スルヤ敵ノ徹底セル煙幕ノ利用ト避弾運動トニ遭ヒ、遂ニ存分ノ戦果ヲ挙ゲ得ザリシハ、一ニ我ガ電測能力貧弱ノ虚ニ乗ゼラレタルモノト謂フベシ」

　一九四四年（昭和一九）一〇月二五日、米護衛空母六隻、駆逐艦三隻、護衛駆逐艦四隻対、日本水上艦隊の戦艦四隻、重巡洋艦六隻、軽巡洋艦二隻、駆逐艦一一隻との空前絶後の砲撃戦が、黎明薄暮のサマール島沖海面で行なわれた。

　日本海軍の戦艦「大和」「長門」の主砲が、このときはじめて敵水上艦艇に向けて発射された。

「大和」の四六センチ徹甲弾一〇〇発、「長門」の四

レイテ湾をめざす「大和」以下の第1遊撃部隊。中央が「大和」、右端が「長門」、先頭が「羽黒」、2番目が「金剛」、ほかに駆逐艦が見える

○センチ徹甲弾四五発、「金剛」と「榛名」の三六センチ徹甲弾三〇六発（金剛二一一、榛名九五）、「羽黒」と「利根」の二〇センチ砲弾一〇〇一発（羽黒五八一、利根四二〇）の合計一四五六発の主砲弾が発射された。

　このほかに「大和」の一五・五センチ副砲弾一二七発、「長門」の一四センチ副砲弾九二発、「金剛」と「榛名」の一五センチ副砲弾四三二発、「矢矧」の一五センチ砲弾三三四発、「浦風」の一二・七センチ砲弾三四七発の合計一三三二発も発射された。

　米護衛空母「ガンビア・ベイ」は、確実な命中弾一五発、他に一一発の命中で沈没した。「ファンショー・ベイ」は、直撃弾四発と至近弾二発の水中爆発で損傷をうけ、「カリニン・ベイ」は直撃弾一五発をうけたが、沈没はまぬかれた。

　駆逐艦「ホーエル」「ジョンストン」、護衛駆逐艦「サミュエル・B・ロバーツ」の三隻は沈没、駆逐艦「ヒーアマン」、護衛駆逐艦「デニス」が大破したほか、護衛駆逐艦「リチャード・M・ローウェル」が小破している。

　サマール島東方海面の天候は曇、風向は北東ないし東北東で、風速九メートル前後、ときおりスコールが襲来し、海上は軽く波立ち、上空は暗かった。日の出は〇六二七（日本標準時）だった。

「捷一号作戦」でレイテ島タクロバン方面に突入して、米船団および上陸軍を覆滅する目的の日本艦隊（第一遊撃部隊）は、レイテ島北側にあるサマール島東岸に沿って南下し、レイテ湾口のスルアン島灯台の三五八度、八〇浬（カイリ）ふきんに進出していた。

レイテ湾口から、めざすタクロバンまでの航程は六〇浬だった。

前日、シブヤン海で米空母機二五八機による五時間半におよぶ猛襲を突破した日本艦隊は、真夜中の暗闇のなか、昼間でも難所のサンベルナルジノ海峡を、各艦一〇〇〇メートル間隔の単縦陣で通過すると、一時間半かけて一二索敵配備の夜戦にそなえた陣形をととのえていた。

しかし、予想された海峡出口で待ちかまえる米水上部隊、潜水艦の姿はなかった。

レイテ突入をめざす日本艦隊は、二五日黎明、前日にひきつづく対空戦闘を予期して、隊形を輪形陣に変更しようとしていた。針路一五〇度、速力二二ノットだった。

右翼単縦陣の先頭艦は、第五戦隊「羽黒」で、つづくのは「鳥海（ちょうかい）」。「羽黒」の五キロ右に第二水雷戦隊「能代（のしろ）」、第三一駆逐隊「岸波（きしなみ）」「沖波（おきなみ）」、第二駆逐隊「早霜（はやしも）」「秋霜（あきしも）」、第三二駆逐隊「浜波」「藤波（ふじなみ）」と「島風（しまかぜ）」である。

左一〇キロ離れた左翼単縦陣の第七戦隊は「熊野（くまの）」「鈴谷（すずや）」「筑摩（ちくま）」「利根」の重巡洋艦陣からなり、「熊野」の左五キロに第一〇戦隊「矢矧（やはぎ）」、第四駆逐隊「野分（のわき）」、第一七駆逐隊「浦風（うらかぜ）」「磯風（いそかぜ）」「雪風（ゆきかぜ）」が進撃していた。

そして、第五戦隊と第七戦隊の一〇キロ間の中央後方五キロ右に、第一戦隊の「大和」「長門」、左に第二戦隊の「金剛」「榛名」が占位していた。

水平線に浮かびあがった艦影

〇六二三、戦艦「大和」の電探は一三〇度方向、五〇キロに敵飛行機を探知した。一五分後、「鳥海」と「能代」も左九〇度方向に飛行機を探知した。

〇六四〇、艦隊針路が一七〇度にかえられ、各隊は所定の占位位置につく運動を開始した。第七戦隊の先頭艦「熊野」は一〇度方向に、第五戦隊「羽黒」は左七五度、高角一三度一三〇に米機二機を発見した。

第十戦隊は、この敵機にたいして砲撃を開始した。

〇六四四、「羽黒」の左舷艦橋見張員は、左六〇度の水平線にマスト一本を発見した。さらに「マストは合計七本、輸送船団のようです」「左六〇度より八〇度のあいだ、水平線のスコールのあいだに、マスト合計一〇本見えます」と報告した。

一分後、五キロ後方を進撃する「大和」も、一一五度、三五キロに数本のマストを確認した。それとともに上空の敵機に砲撃をくわえた。左翼の「利根」「鈴谷」「熊野」からも敵らしきマストを発見したと、電話で「大和」に報告した。

〇六四五、レイテ島上陸作戦の支援作戦中の第七七・四任務群タフィ三は、北西方向に対空砲火の閃光を目撃する。同時に、水上艦艇捜索用レーダーが方位二九〇度、距離一八マイル（約三三キロ）に未確認艦隊を探知した。

二分後、第七七・四任務群指揮官は、護衛空母「カダシャン・ベイ」の対潜哨戒機から、戦艦、巡洋艦をふくむ未確認グループに砲撃をうけたと報告された。

護衛空母「セント・ロー」を〇五三〇に発艦していた対潜哨戒機も、母艦から方位三三〇度、距離二〇～三〇マイル（三七～五六キロ）に戦艦四、重巡洋艦四、軽巡洋艦二、駆逐艦一〇～一二からなる日本艦隊発見を報告した。

「キトカン・ベイ」の対潜哨戒機のパイロットも敵と識別し、その発見を報告した。「セント・ロー」の信号艦橋からも、視界は悪かったが、日本戦艦特有のパゴダ・マストを艦尾方向に視認できた。

第七七・四任務群タフィ三は、カイザー造船所で建造されたカサブランカ級護衛空母六隻、すなわち旗艦「ファンショー・ベイ」、「キトカン・ベイ」、「ガンビア・ベイ」、「セント・ロー」、「カリニン・ベイ」、「ホワイト・プレーンズ」と、三隻の駆逐艦「ホエール」、「ジョンストン」、「ヒーアマン」、四隻の護衛駆逐艦「サミュエル・B・ロバーツ」、「デニス」、「レイモンド」

の計一三隻編成だった。

任務群は、サマール島東方五〇マイル（九二キロ）付近の洋上で航空支援の作戦中だった。

六隻の護衛空母は直径二〇〇〇ヤード（一八二九メートル）の輪形陣を組み、七隻の護衛隊はさらに六〇〇〇ヤード（五四八六メートル）の輪形陣を構成して護衛の任にあたっていた。針路二二〇度、速力一四ノットで航行中だった。

〇六三五、第七七・四任務群の通信は、相互戦闘機管制官の通信系を通じて、三七・六メガサイクルの日本軍の送信を傍受していた。しかし、これは以前から日本軍によって行なわれている通信妨害の試みと判断した。

実際は、これがサンベルナルジノ海峡を突破して、レイテ湾に向かうだろう日本艦隊の存在を知らせる最初の兆候だった。

「キトカン・ベイ」では、相互戦闘機管制官の通信系（三七・六メガサイクル）を通じて、興奮した日本人の声を聞いた。周波数テストの結果、日本軍がまさに米軍のものとおなじ、三七・六メガサイクルの電波を使用していることが判明した。

〇六五〇、「大和」は水平線に空母らしい飛行甲板を認め、不意に会敵した敵部隊を「飛行機ノ一部発進中ノ敵空母六乃至七隻、巡洋艦及駆逐艦多数ヲ伴フ大機動部隊」と判断した。

第一遊撃部隊の戦闘詳報は、このときの戦術を記録している。

「彼我共ニ予期セザル情況ニ於テ突如会敵セリ。敵ハ凡ユル手段ヲ講ジツツ我ヨリ離脱シ（成シ得レバ風上側ニ）反覆一方的攻撃ヲ企図スベシ。我ハ天祐的戦機ヲ捕捉スベク現陣形ノ儘全速ヲ以テ敵ニ近迫、先ズ敵空母ノ飛行機発着機能ヲ封殺、次デ敵機動部隊ヲ殲滅スルニ決ス」

日本側は、防禦力の弱い空母だから、「大和」以下の強力な砲力で鎧袖一触と判断した。

一網打尽に薙ぎ伏せてくれん

「大和」の戦闘艦橋に立つ第二艦隊参謀長小柳冨次少

将は、彼の戦後の著書『栗田艦隊—レイテ沖海戦秘録』のなかで、このときの判断を明らかにしている。

「敵は正規空母の一集団と直感した。一瞬も猶予はならない。この千載一遇の戦機を見逃してはならない。隊形などにこだわっておってはいけない。この陣形のまま敵に殺到し、一刻も早く止めを刺さねばならぬ。リンガ泊地で鍛えた腕を試すのはこの時ぞ、一網打尽に薙ぎ伏せてくれん」

　第二艦隊司令長官栗田健男中将（第一遊撃部隊指揮官）は、双眼鏡で敵空母を注視したまま「一三〇度、列向変換、敵に向けます」との参謀の進言にうなずいた。「大和」は「展開方向一二〇度、第五、第七戦隊、近迫敵空母ヲ攻撃セヨ」と下令した。

　艦橋トップにある射撃方位盤射手は、水平線の空母に照準双眼鏡の十字基準線をあわせ、砲術長の「撃ち方はじめ」の号令を待った。一段下にある一五メートル測距儀室で、三名の測距手のはかるデータが、船体下部の発令所にある測距平均盤に入力され、砲側に送られていた。

　戦闘艦橋では、栗田中将が「戦闘」は第一戦隊司令官にお任せすると、片手をあげて合図した。第一戦隊司令官宇垣纒中将はすかさず「第一戦隊、射撃開始」を号令した。

　防空指揮所で全般的指揮をとる艦長森下信衞大佐は「撃ち方はじめ」を下令、これをうけた砲術長が叫んだ。

「目標敵空母二番艦、距離三一五」（注：単位一〇〇メートル）

「撃ちます。撃ちます」と全速力で進撃する艦の動揺のなかで、標的を五分間もとらえつづけていた射手は、引き金をしぼり落とした。

　〇六五九、最大射程距離四万二〇〇〇メートルの「大和」前部六門の主砲が火をふいた。強力な爆風とともに、砲弾が秒速七八〇メートルで右に回転しながら飛び出した。

　連続五斉射。一門の装填速度は四〇秒を要した。無煙火薬とは名ばかりで、濃いウィスキー色の砲煙が前甲板をおおった。

　第七七・四任務群は、艦隊触接ののち、針路を二二〇度から九〇度に変針すると、速力一七ノットで避退行動をとった。すべての艦で飛行機発進の準備が開始

米空母群（実は護衛空母）に向かって突進する「大和」。前部主砲が大きな仰角をかけている

されていた。

輪形陣の右斜め後方の「セント・ロー」は、日本艦隊からの最初の一斉射撃の弾着が陣形のほぼ中央に、つづいて先頭をきって避退する「ホワイト・プレーンズ」が砲火にさらされ、「ファンショー・ベイ」に少なくとも三斉射が、近弾となるのを観測した。

「ホワイト・プレーンズ」は、方位二八九度、距離三万一三〇〇ヤード（約二万八六〇〇メートル）に日本艦隊を認めた。

〇六五九、巨大な水柱が本艦の後方四〇〇〇ヤード（約三七〇〇メートル）の位置に立ちのぼったのを観測した直後、右舷艦首三〇〇ヤード（二七四メートル）に大口径弾の一斉射が落下した。一分後、三発の一四インチ砲弾か、それ以上の大口径弾の一斉射に挟叉（きょうさ）された。

〇七〇二、別の一斉射にも挟叉され、数本の水柱が立ちのぼった。そんな状況のなか、戦闘機の発進がカタパルトを使用して開始された。搭載機定数は三四機。

二分後、ふたたび挟叉された。この一斉射は、本艦をノギスで測るように、左艦尾から右艦首へ対角線上

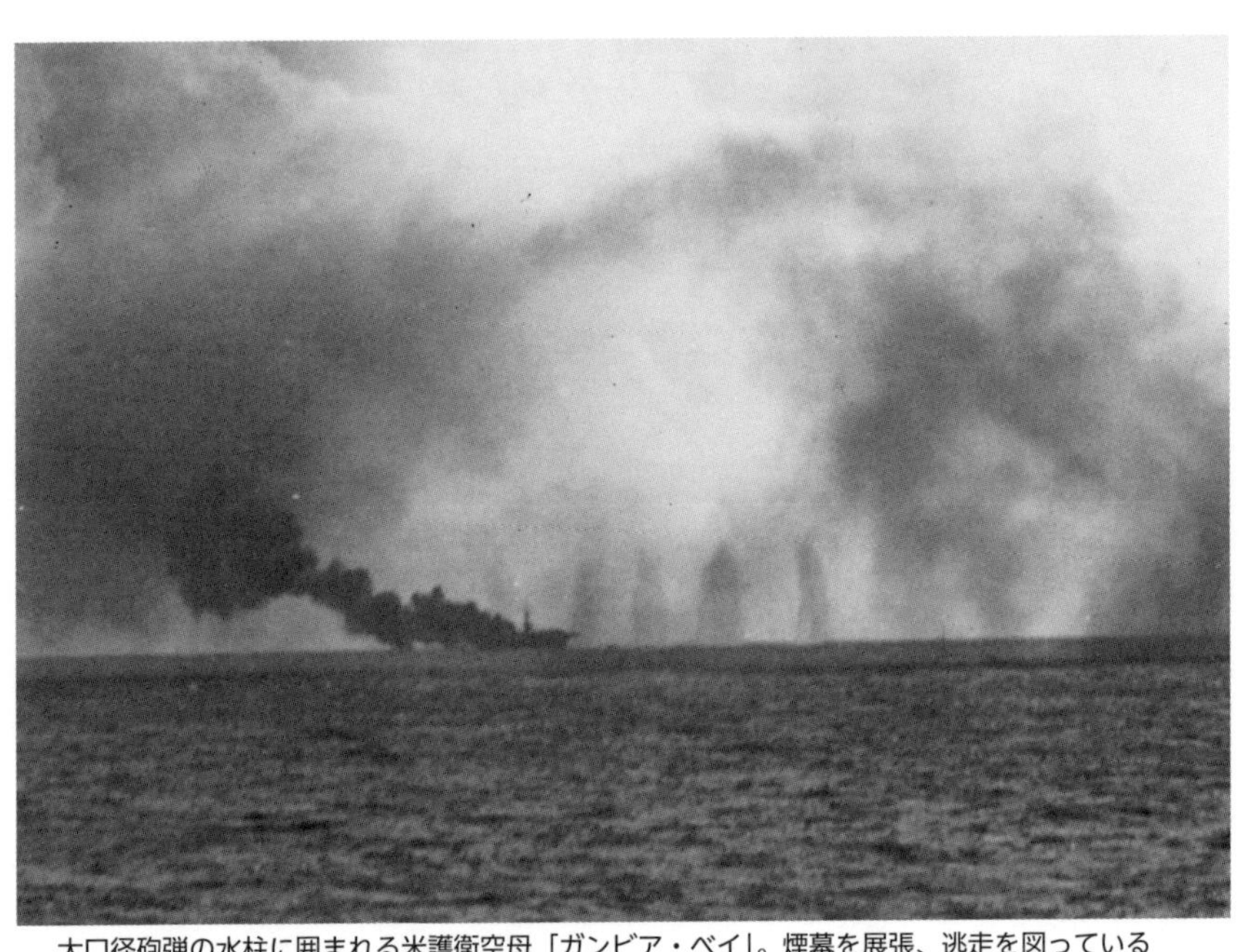

大口径砲弾の水柱に囲まれる米護衛空母「ガンビア・ベイ」。煙幕を展張、逃走を図っている

に前部に四発、後部に二発が落下した。後から落下した二発のうちの一発は、左艦尾の海面下で爆発した。

前部の大水柱の海水は、艦橋を横切って激しく船体にたたきつけられた。船体は急激に震え、激しくねじれた。

カサブランカ級護衛空母は、基準排水量七八〇〇トン、全長一五六・一メートル、水線幅一九・九メートル、最大幅三二・九メートル、吃水六メートルだった。

乗組員は足もとをすくわれ、ほうり投げられた。横積み場の装備品は、甲板に投げだされて散乱した。乗組員定数は一一〇〇名だった。

本艦は操舵不能となり、転輪羅針儀、レーダーもだめになった。右舷側の機械室が損傷をうけ、艦内のあらゆる照明は消えた。

全電力は、震動によって発電機の回路遮断器が開いたままになり、回復するまで数分間うしなわれた。

〇七〇五、本艦は両舷に二コずつある煙突の、左右の一つずつを使って煙幕の展張を開始した。「大和」の砲術長は、目標に命中火災と判定した。実際は、煙幕展張を見誤ったと思われる。

○七〇〇、「大和」に随動する「長門」は、四一センチ砲前部四門の四斉射を、距離三二八から実施した。一分遅れで、第一戦隊の行動にしたがって「大和」の右斜め後方に占位する第三戦隊の「榛名」が、距離三〇八で前部三六センチ砲四門の五斉射をくわえた。

さらに遅れて、単独で敵の北方に針路をとる「金剛」は、前部四門の五連続交互打ち方で標的に三六センチ徹甲弾を発射した。

両艦は、前部砲群が対空戦闘に転換しつつあったので、対空弾と徹甲弾の入れかえに相当の時間を要し、初弾発砲の時機がおくれた。

「大和」「長門」両艦の第一、第二斉射は対空弾で、第三斉射目より徹甲弾を射撃した（第三斉射は徹甲弾二発のみ）。

○七〇五、「セント・ロー」は最初の砲火を浴びた。直撃弾ではないが、左舷への一発の至近弾は、飛行甲板とその通路に水しぶきがかかった。この至近弾による吃水線下の損傷は、報告されなかった。

このとき、日本軍の砲火は本艦に向けられた。榴散弾のいくつかの爆発が観測され、破片は船体を直撃した。このとき、五インチ砲座から救援の要請があった。

二分後、「セント・ロー」の右艦首の少し前方に、一列にならぶ四本の水柱が連続し、最初の弾着は本艦から二〇〇ヤード（一八三メートル）にあった。

○七〇八、第二斉射が左艦首前方の同距離に弾着した。

「ファンショー・ベイ」（先頭艦「ホワイト・プレーンズ」の右斜後方に占位）は、一斉射が近弾として落下しはじめると、標的にさらされるのを避けるため、最後に落下した弾着から離れるよう操艦をはじめた。

輪型陣のしんがりに占位する「カリニン・ベイ」は、高速で進撃してくる日本艦隊から、より小さな標的になるよう回避運動をとった。

○七一三、輪形陣は展張される煙幕と、激しいスコールのなかにはいった。すべての護衛空母は、煙幕を展張した。威力を誇る「大和」の主砲も、スコールと煙幕のなかにかすれる米空母の艦影を見うしなった。

緒戦、絶対有利と思われた戦艦の主砲による砲撃は、一発の命中弾も得ることができなかった。

○七〇四、「長門」が米空母に命中弾らしい黒煙が

タフィ3の戦闘状況

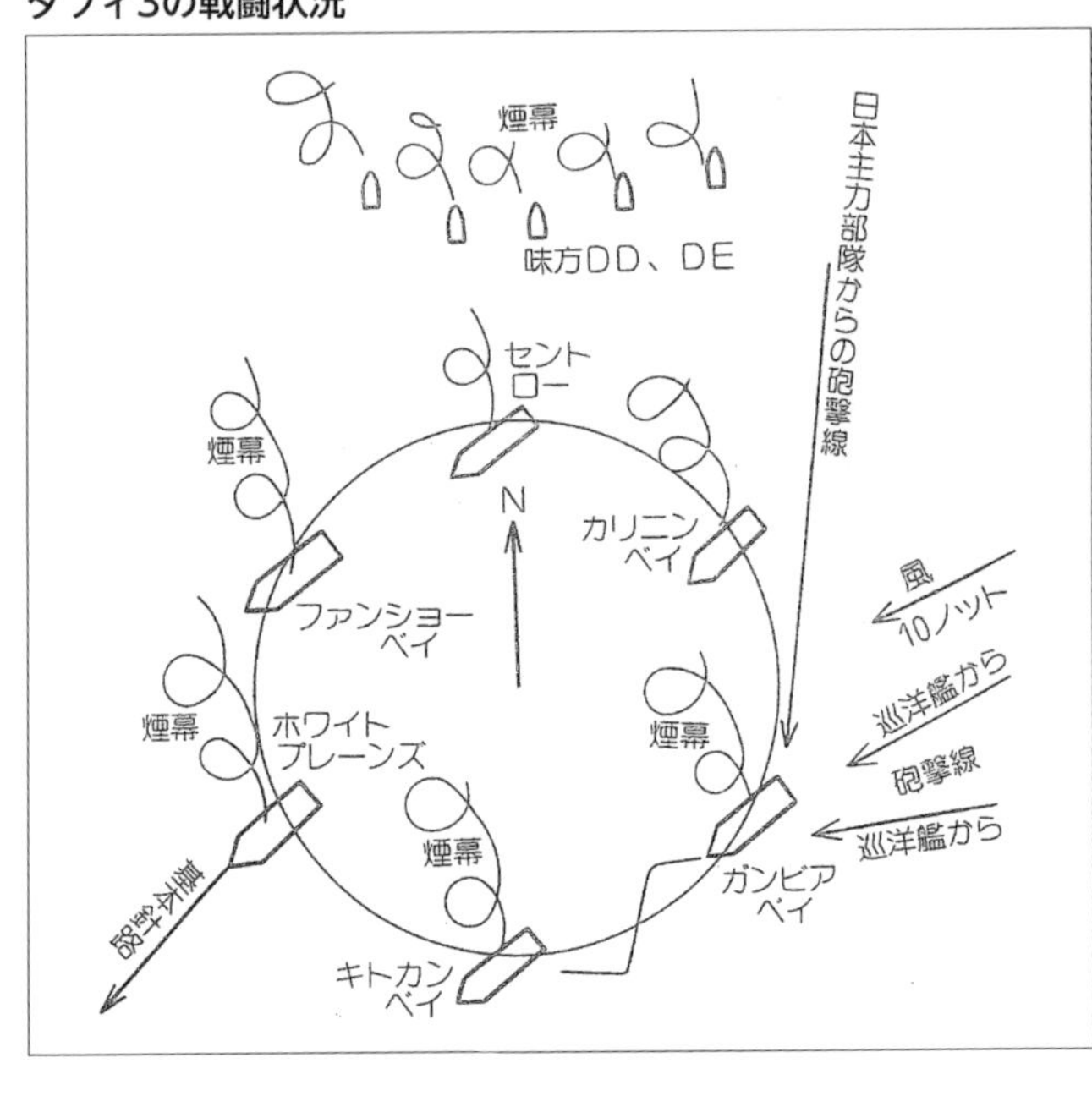

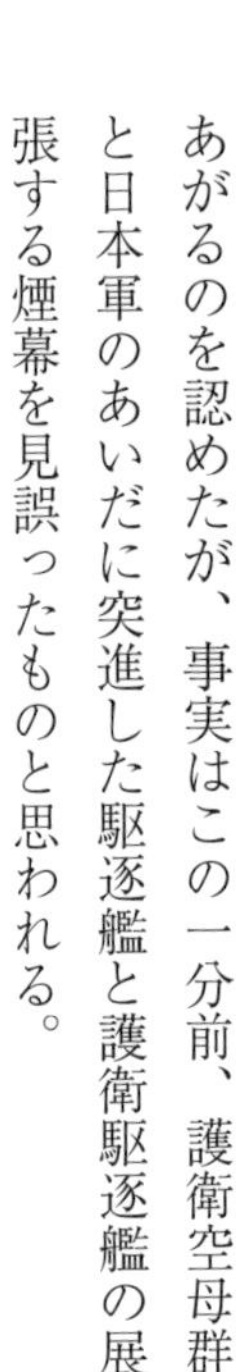
あがるのを認めたが、事実はこの一分前、護衛空母群と日本軍のあいだに突進した駆逐艦と護衛駆逐艦の展張する煙幕を見誤ったものと思われる。

まぼろしだった「大和」の戦果

海戦後に作成された『比島沖海戦並ビニ其ノ前後ニ於ケル砲戦戦訓速報・水上砲戦ノ部』（昭和一九年一一月作成）は、この状況を次のよう伝えている。

「今次戦闘ハ千歳一遇トモ称スベキ水上部隊ヲ以テ敵機動部隊ヲ捕捉シ而モ最初ヨリ空母群ニ対シ先制有効ナル砲戦ヲ開始シ得ル幸運ニ恵マレ且圧倒的優勢ヲ得乍ラ之ヲ殲滅スル迄ニ戦果ヲ徹底シ得ザル原因ヲ探究スル時、目下帝国海軍ノ水上砲戦術向上第一義的喫緊施策ハ正ニ電測射撃能力向上ニ帰スベキヲ痛感ス。之ガ要スルニ今次戦闘最大ノ戦訓トシテ緊急解決ヲ要スル……」

「捷一号作戦」時、戦艦「大和」以下の艦艇にラッパ状の水上捜索用電探二号二型改四が装備されていた。

現状は「敵ヲ捕捉スルモ『ブラウン』管ニ反射波七個以上映出シ判別困難ナリシタメ眼鏡ニテ照準シ射撃セシ例アリ」といった状況で、「今次戦闘ニ於テ視界

サマール沖の戦いで日本艦隊の徹甲弾が炸裂せず貫通した穴を示す米護衛空母の士官

不良ナルト共ニ空母ノ艦型ヨリシテ測的困難ニシテ射撃効果ノ発揮困難ナリシ」だった。

出撃前の各艦の二号二型電探の方向平均誤差は、最小一・五度、最大五度で、平均二・五ないし五度だった。そして、米護衛空母群の避弾運動が巧妙だったことも明らかにした。

「今次戦闘ハ敵ガ逃走避弾ニ専念シ自己ノ攻撃力発揮ヲ考慮セザル（注：カサブランカ級護衛空母の兵装は一二・七センチ単装砲一基、四〇ミリ連装機銃八基）徹底的避弾運動ヲ行ヒ、六〇度以上九〇度若クハ反轉ニ近キ大轉舵ヲ行ヒタル例アリ。回避ニ次イデ我ニ艉ヲ向ケ逃走シ、目標幅小ナル敵ニ対スル射撃トナルモノ尠カラズ」

電探はこの避弾運動を「四五度程度ノ変針ヲ行フ際ハ感度一乃至二ノ変化アリ、概ネ之ヲ看破シ得」と確実にとらえていた。しかし、「三〇度程度ノ蛇行運動ヲ行フ際ハ反射波ニ特異現像ヲ認メズ」だった。

そして「敵ノ積極的煙幕利用ノタメ合致式測距儀ノ精度著シク低下セリ。倒像遠近式ノモノ最小限一基ヲ装備スルヲ要ス」ことも明らかにしている。

もっとも基本的な誤算は、護衛空母群を正規空母群と思いこんだことだった。砲戦技術の向上のみならず、艦型識別の重要性も判明した。

「カリニン・ベイ」は、二五日の戦闘の解説を次のように記録した。

一斉射撃は、射程距離が正確だが方向性が悪い。装甲防禦のない艦船にたいし徹甲弾を使用したのは、日本海軍の「エラー」である。

サマール沖の追撃対退却の戦いは、二時間半におよんだ。日本海軍は、遠距離射撃（二四〇以上）において充分な力を発揮できなかったが、中距離以内の射撃は「測的比較的ニ容易トナル、電測測距ヲ利用シ、煙幕内ニ於テモ敵ノ発砲ノ青白キ閃光ニ依リ保続照準ヲナシ、相当ノ効果ヲ収メタ」としている。

そして、米護衛空母の空色と白色、黒色の舷側迷彩は「照準発射並ニ射撃指揮上、何等影響ナク、却テ煙幕中ニ於テ白色ヲ帯ヒタル一部ノ色彩ハ視認ヲ良好ニシ照準ヲ容易ナラシメタリ」を理由に照準効果をあげ、一隻の護衛空母と三隻の警戒隊を轟沈したのである。

「最強ノ戦艦大和ノ徹甲弾初弾（第三斉射目）ハ敵空母ニ命中之ヲ撃沈セリ」はまぼろしであったことを、米軍の記録は明らかにしている。

〔『丸』一九九七年一二月号（潮書房）掲載〕

サマール沖の戦い一夜明け、米軍機の空襲を受ける「大和」。米機は詳細な偵察写真を撮っていた

乗員の「編成」と「配置」

大和の実戦初射撃

「砲術長、水平線にマスト！」

海面上約四〇メートルにある方位盤（主砲射撃指揮所）の射手が叫ぶ。

世界最大の艦載砲である四六センチ主砲の前部六門は、三万一五〇〇メートルかなたの敵空母六隻のうち左端の空母に照準を合わせた。

「主砲射撃準備よし！」

の報告。

「撃ち方はじめ！」

艦長の号令が飛ぶ。

巨砲六門の連続五斉射。発砲の激しい震動とすさまじい爆風が艦全体を襲う。茶褐色の砲煙が広大な前甲板を吹き抜け、装薬の燃えかすがパラパラと降りそそぐ。

「両舷前進全力！」

速力通信器の鐘が機関科指揮所に鳴り響く。

「大和」の艦首に押し上げられた巨大な波浪が滝のような飛沫となって飛散する。七万トンの巨艦は全速（二七ノット＝時速五〇キロ）で敵艦に肉薄する。

一二基ある缶（かま）（ボイラー）を加熱する「噴燃器（バーナー）」はすべて着火され、主タービンと各補機類は轟音を立てて回転する。出力は全開の一五万馬力。艦尾後方の海面は四基の直径五メートルのスクリューが巻き起こすウエーキが小山のように盛り上がる。

一番、二番主砲塔間の分厚い甲鈑で囲まれた主砲第一発令所から弾着五秒前を知らせる〝短符連送〟のブザー音が響き、続いて〝長符〟が鳴った。

「ダンチャーク！」

弾着を知らせる発令所長の声。

一九四四年（昭和一九）一〇月二五日、「大和」の主砲弾がはじめて敵艦めがけて発射されたサマール沖海戦の一コマである。

常務・艦内編成

「大和」の能力を全力発揮させるためには、艦橋トップの射手の指先の感覚から船底に近い給弾室員に至るまで全乗組員に割り当てられた戦闘配置の連携プレーが重要であった。

その役割分担を決めたのが、常務編成と艦内編成であった。

　軍艦には砲術科、航海科、通信科、水雷科、内務科、機関科、飛行科、整備科、医務科、主計科などの常務編成があり、各員の所属役割によって「分隊」が編成され、各分隊は「班」に分かれていた。分隊内の命令系統は分隊長（大尉）→分隊士（少尉）→班長（上等兵曹）→班員となっていた。

　最終的に「大和」は二二個分隊、「武蔵」は二一個分隊であった。

　両艦で一個分隊の差があるのは、「大和」の連装高角砲が六基一二門から倍の一二基二四門に増設されたとき、高角砲分隊も二個分隊になったためである。しかし、「武蔵」は高角砲の数が足りず、代わりに二五ミリ三連装機銃六基を増設の高角砲座に装備したため高角砲分隊は従来通りであった。

「大和」の各分隊

　艦と乗員の命運を預かる最高責任者は艦長（大佐）であり、その補佐役として副長（大佐）がいた。両者は戦闘幹部で、いざ戦闘となると、艦長は昼戦の際は前檣楼の「第一艦橋（昼戦艦橋）」、夜戦の際は「第二艦橋（羅針艦橋）」において戦闘全般を指揮し、対空戦闘の際は一五メートル測距儀直下の「防空指揮所（露天甲板）」で戦闘や操艦の指揮をとった。

　副長は前檣楼第二艦橋下部の厚さ五〇〇ミリのＶＨ鋼（表面特殊硬化鉄）に囲まれた「司令塔」内で被害の復旧等の防御指揮をとった。

　砲術科の科長は砲術長で、前檣楼トップの方位盤の塔内で主砲九門の射撃指揮を行なった。

　主砲分隊は第一分隊（一番主砲塔）、第二分隊（二番主砲塔）、第三分隊（三番主砲塔）に分かれていた。主砲砲台長は砲術長の命を受け各主砲分隊の砲塔長以下を指揮した。

　主砲の射撃管制系統は第九分隊（主砲発令）の担当で、第一班が前檣楼トップの方位盤、第二班が後部方位盤、第三班が主砲第一発令所の射撃盤等の配置にあった。

　砲術長の配下には副砲長と高射長がいた。副砲長は、第一艦橋の副砲指揮所から副砲分隊である第四分隊（前部副砲）と第一〇分隊（後部副砲）の副砲幹部を指揮した。

　高射長は、高角砲分隊である第五・第六分隊と機銃分隊である第七・第八分隊を総括指揮した。各高角砲座は二基単位で一個「群」をなし一基の高射装置（高角砲管制所）の指揮下にあり、機銃座は二基または三基単位で一個「群」をなし一基の機銃射撃指揮装置によって管制された

（ただし特設機銃には指揮装置はなかった）。

第九分隊の幹部伝令員は、防空指揮所で一人当たり五～六台の電話機を受持ち、高射長の命令を高角砲群と機銃群の各指揮官に伝える役を受け持った。

航海科の科長である航海長は、第一艦橋において第一一分隊の測的・照射（探照灯）、第一三分隊の航海・信号を掌握し、航海士、電測士（レーダー員）、水測士（水中聴音機担当）等を指揮した。そして測的長、見張長、信号長が航海長を補佐した。

艦を操る操舵要員は、司令塔――通常は操舵室として使用された――内の前方に分隊士兼操舵長と操舵員長の二名が、羅針儀のジャイロの回転動力を供給する「機械室」と「前部転輪（ジャイロ）室」に二名、「後部転輪室」に一名、艦の速力計測機のある「測程室（ログ室）」に一名、水深を測定する「測深儀室」に一名、自艦の航跡を自動的に記録する「航跡儀室」に二名、主舵・副舵の「舵取機械室」に六名の計二四名が配置されていた。

前檣楼の一五メートル測距儀の測的所（測距塔）には、第一一分隊の測的長以下、測的関係担当者が配置についており敵艦・敵機の方位・距離を測定していた。

見張長は、防空指揮所をはじめ各見張所で対空見張・対潜見張を指揮した。

信号員は、手旗信号・旗旒信号で艦隊内の連絡を担当した。

第一四分隊の通信科は、科長である通信長が分隊士を兼務していた。部署としては、前部上甲板の副砲塔および前檣楼下部には「通信指揮室」「暗号室」「第一受信室」「第一・第二無線電話室」が、後部上甲板の副砲塔左舷には「第一送受信室」があり、上甲板の二層下の下甲板後部の副砲塔左舷に「後部下部電信室」、さらに一層下の最下甲板前部の一番主砲塔右舷に「前部下部電信室」などがあった。

これらの部署で通信長・暗号長以下一三名の電信員と一六名の暗号員、二名の送信機員、一六名の伝令・電話・要務員らが艦の目となり耳となり情報伝達を担っていた。

内務科の内務長のもとに属する第一二分隊の運用科と第一五分隊の工作科は、被弾・被雷時の防火・防水・被害個所の補強等の応急処置を担当した。

電気関係の第一八分隊は、副砲・高角砲・機銃の旋回・俯仰用の電源を八基の発電機を運転して送電した。

補機関係の第一九分隊は、艦の傾斜を復原する注排水管制装置を管理していた。

大和型は中甲板（防御甲板）より

46糎砲塔. 照準操作配員配置図

第四一図

〔1〕. 方位盤発射の場合

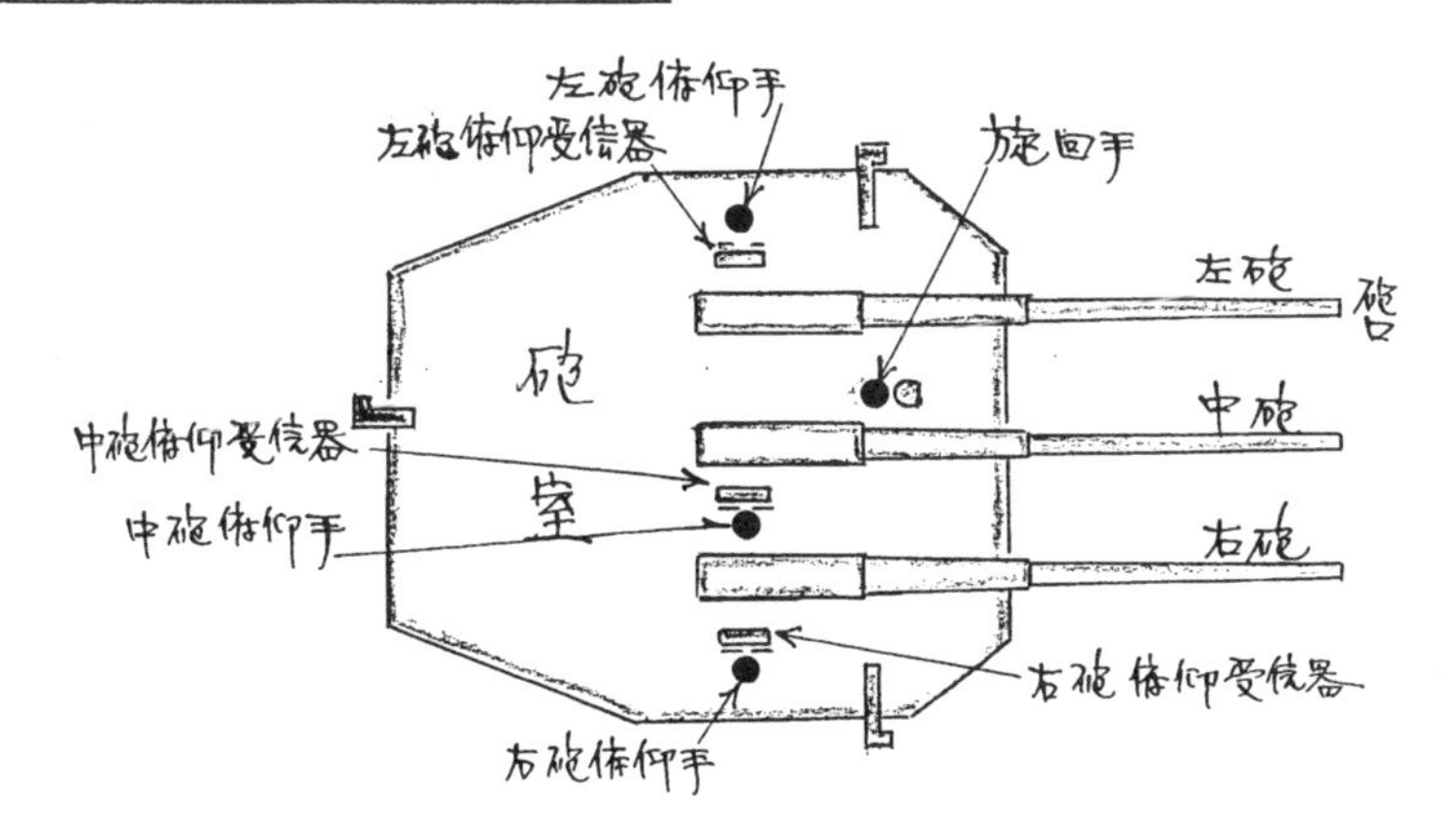

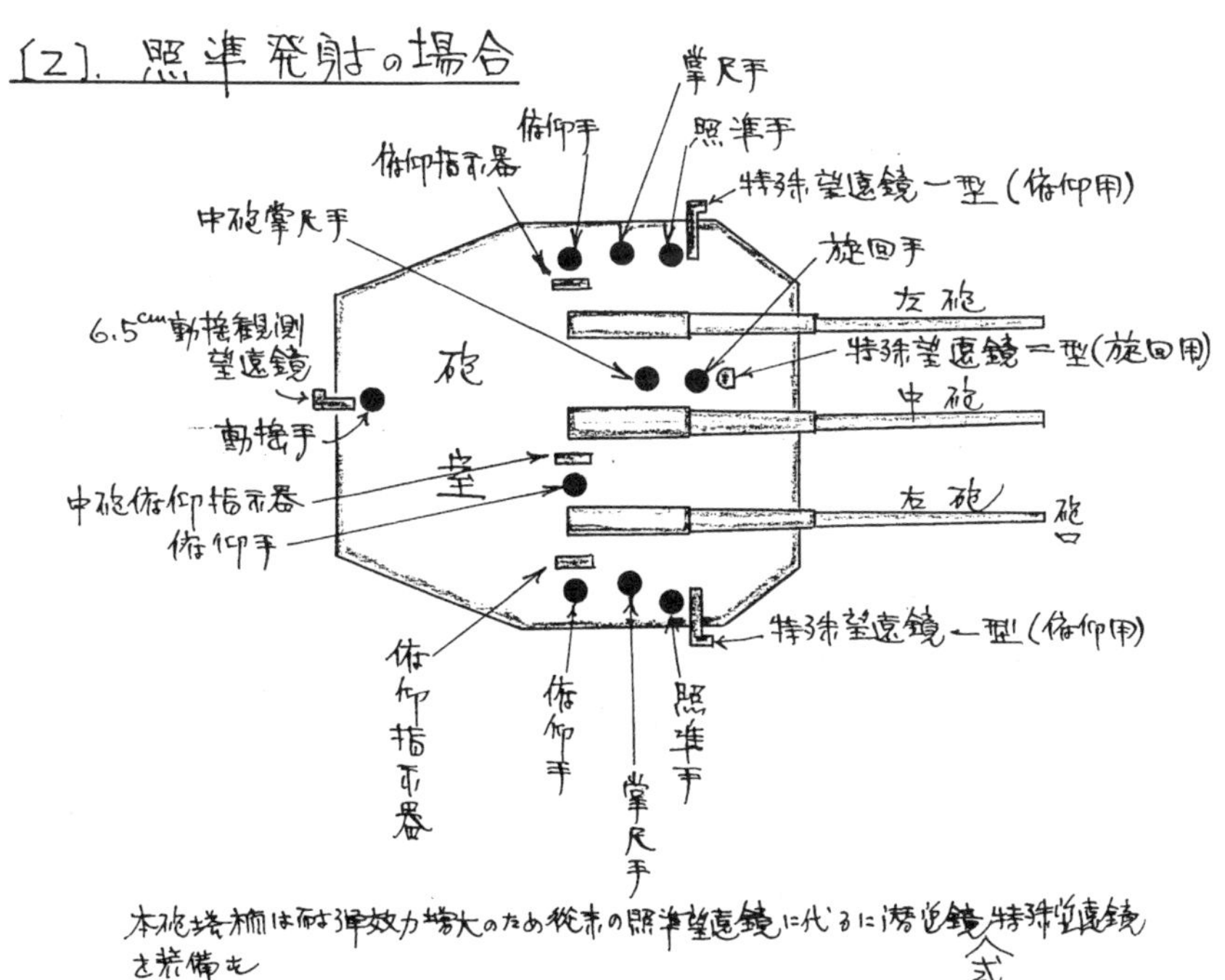

——大谷豊吉『旧軍艦大和砲熕兵装』より

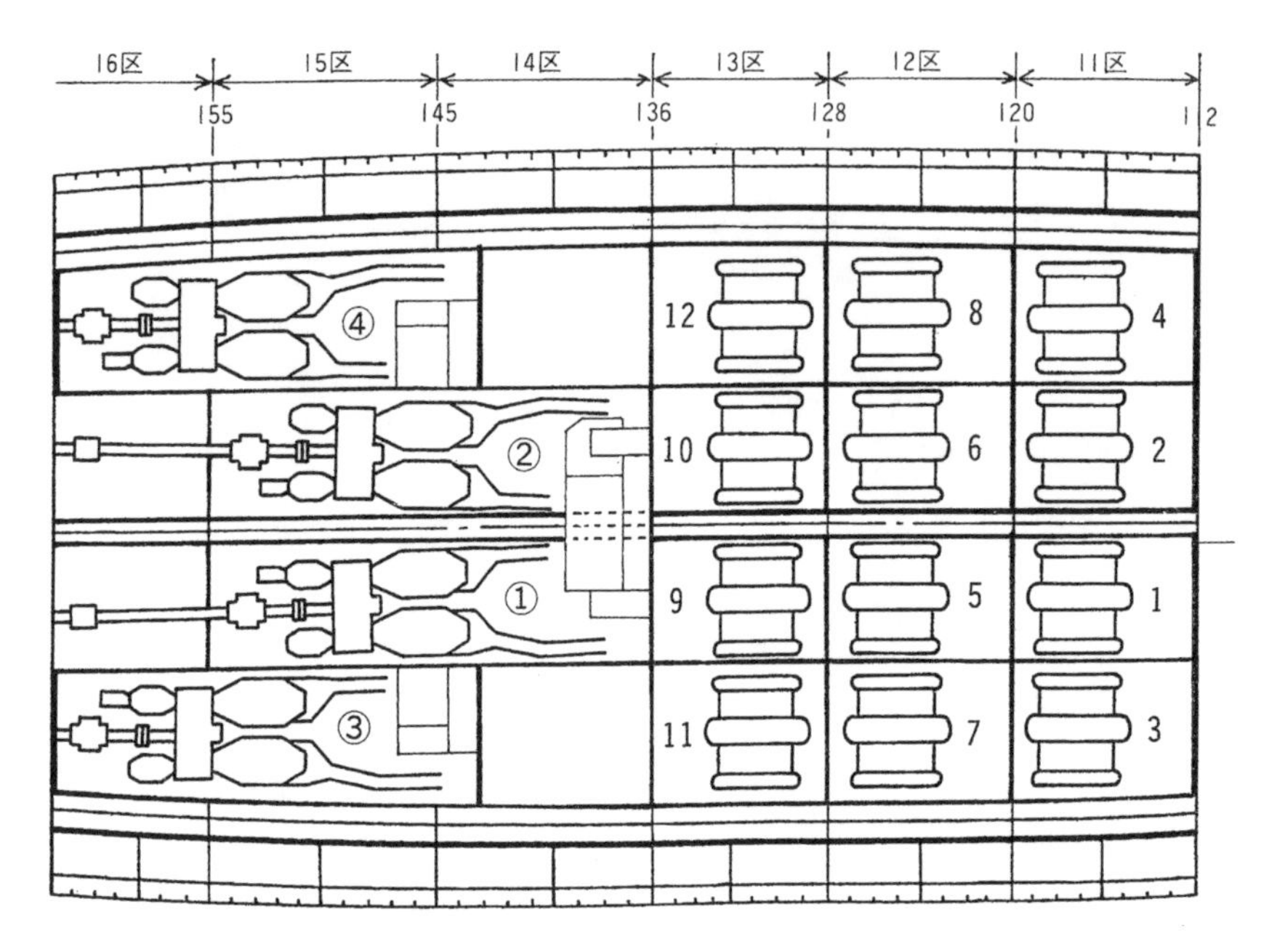

缶（かま＝ボイラー）と機械（タービン）の配置図。1＝第一缶室（かましつ）、2＝第二缶室と続く。①＝第一主機械室（右舷内側機械室ともいう。以下同様）、②＝第二主機械室（左舷内側機械室）、③第三主機械室（右舷外側機械室）、④第四主機械室（左舷外側機械室）

下層に一〇六四、中甲板より上層に八二の防水区画（WTC）がある。

第一撃の被雷に対して艦の傾斜を復原するための区画を「急速注排水区画」と呼びバルジと艦内の防水区画の一部がこれに当てられ、五分以内に傾斜修正が可能だった。

また、第二撃の被雷に対する復原用注排水区画を「通常注排水区画」と呼び艦内にくまなく配されていた。傾斜修正は発令後三〇分以内で完了できる能力を持っていた。

浸水すると各区画とつながっている細いパイプから空気が噴出して浸水が検知され、反対舷の注排水区画の弁（直径五〇〇ミリ）を開き注水して傾斜を修正した。

ちなみに、艦のトリム（前後傾斜）の修正には、注排水のほかに燃料タンクの重油を移動させる方式も採用されていた。

七万トンの巨体を二七ノットまで

引っ張る心臓部は機関科である。機関長の指揮のもとに第一六分隊の主機械と第一七分隊の缶が四つの分掌区に分かれて四軸のスクリューを回転させた。

第一分掌区は、右舷内側の第一主機械室のタービンと第一・第五・第九缶室で右舷内軸の第一スクリューを回した。

同様に、第二分掌区は左舷内軸の第二スクリューを、第三分掌区は右舷外軸の第三スクリューを、そして第四分掌区は、第四主機械室と第四・第八・第一二缶室とで左舷外軸の第四スクリューを回した。

一つの缶室は、班長・焚火員・給油員・通風員・給水員・伝令員の一二名編成だった。また、機関科では燃料の重油の消費量と真水の管理も行なっていた。

第二〇分隊は飛行科と整備科だった。搭載機は弾着観測用の零式観測機（零観）と零式水上偵察機（零三座）の二機種で定数は六機であったが、定数が搭載されたことはなかったようだ。「大和」の場合、一九四四年（昭和一九）六月のマリアナ沖海戦時には零観二機、零三座一機を搭載したが、一九四五年（昭和二〇）二月一〇日付で削除、それ以降は最後の沖縄出撃まで司令部付の零三座一機のみであったという。

第二一分隊は医務科。中甲板左舷艦首部に並ぶ「診察室・治療室・エックス線暗室・士官、兵員病室」および同甲板艦首部中央に「中毒者収容室・負傷者収容室」があり軍医長が指揮をとった。

最後の第二二分隊は、乗員の衣食と経理を掌握する主計科である。科長の主計長のもとで庶務主任・掌経理長（給与、酒保担当）・掌衣糧長（被服、需品、糧食、士官・兵員烹炊所担当）らの分隊士が取り仕切っていた。

二五〇〇人以上の乗員の食事は烹炊員長の直接指揮下にある。

第一班本直（各班一一～一三名）が主食・副食の調理、第二班非番直が食料倉庫の整理、第三班点検非番直が配食や野菜・魚肉等の裁断、第四班最大非番直が食卓と居住区清掃を一日交替で四日に一度本直が回ってくるローテーションで行なった。

主計長は艦橋において艦長の命を受け主計科全体を指揮し、庶務担当の分隊士は第一艦橋で、掌経理長は第二艦橋で戦闘記録をとることになっていた。また衣糧関係員は、戦闘中は弾庫員・機銃員として応援に出た。

〔歴史群像シリーズ⑪『大和型戦艦』一九九六年六月（学研プラス）掲載〕

沖縄突入作戦「大和」水上特攻

沖縄救援の特攻作戦

一九四五年（昭和二〇）四月一日、米攻略部隊は、沖縄本島に上陸し、その日の午後には飛行場を確保した。

日本海軍は、沖縄を日本本土防衛の決戦場と考え、沖縄の飛行場から出撃する航空部隊で来攻する米攻略部隊を攻撃、撃破する好機をつかむことを希望していた。

しかし、沖縄守備軍（第三二軍、牛島満中将）は、予想に反して敵上陸当日、飛行場を放棄した。その結果米軍が、その飛行場を利用して沖縄本島で安定した航空戦力を使用することになれば、米空母の捕捉撃滅は困難になり、日本海軍の沖縄作戦の遂行も不可能になる恐れがあった。

そこで海軍は現地軍に、攻勢に転じ、飛行場を奪還するよう強く要望した。沖縄守備軍は、攻勢に出るため周辺を遊弋する敵空母の航空機の封殺と敵艦砲射撃部隊の撃滅を要求した。

四月四日、聯合艦隊司令長官豊田副武大将は、航空部隊の全力をもって沖縄守備軍と協同して総攻撃を行なう菊水作戦（航空特攻）を決意した。その時、航空

旗艦「大和」前甲板に立つ第二艦隊司令長官伊藤整一中将

機だけの特攻に期待して水上部隊は、なにもしなくていいのかという意見が出た。

当時の水上部隊の可動戦力は、瀬戸内海で燃料制限を受け待機、訓練を続ける戦艦「大和」、軽巡「矢矧」と数隻の駆逐艦のみだった。

侃々諤々（かんかんがくがく）の意見を聞いて豊田司令長官は、「大和」は沖縄に突入さす。第二艦隊への連絡は電報で伝えるだけでなく、参謀長自身が直接行って説明するよう命じた。

四月六日午後一時、徳山沖で出撃準備をととのえた「大和」の近くに一機の水上機が着水した。参謀長草鹿龍之介中将と随行の作戦参謀三上作夫中佐が、聯合艦隊司令部の考え方を伝え、突入作戦がスムーズに遂行されるよう説明に訪れたのだった。

第二艦隊司令長官伊藤整一中将は唐突に命令された「敵水上艦艇ならびに輸送船団撃滅」に難色を示し、ひと通りの作戦計画の説明では納得しなかった。

この作戦にどれだけ成功の算があるのか。成算なく、数千名の部下をむざむざ犬死させることになるのか。聯合艦隊の本当の考えを知りたいと参謀長につめ寄った。

参謀長は、死んでくれ、とはどうしても切り出せない。そこで息詰まるような情景になった。たまりかねた随行の三上参謀が、陸軍の総反撃に呼応し、米軍の上陸地点に「大和」を乗し上げ、陸兵になるところまで本作戦は考えられていると説明した。

伊藤長官は即座に「それならば何をかいわんや。よく了解した」と答えた。

最後は「大和」を捨て敵陣に斬りこめということであれば、忠良なる帝国海軍将兵として、全滅覚悟で出撃するしかない。死に場所を与えられたというのが長官の心境であったと思われる。

米空母機来襲

　四月六日午後三時二〇分、水上特攻艦隊は、「矢矧」を先頭に「冬月」、「涼月」、「磯風」、「浜風」、「雪風」、「朝霜」、「初霜」、「霞」、「大和」の順に出撃した。

　四月七日午前六時五七分、「大和」を中心に輪形陣を組んで対空戦闘に備えたが、右前方に占位する「朝霜」が、機関故障のため艦隊速力について行けず、落伍していった。

「大和」艦長有賀幸作大佐

米空母部隊指揮官マーク・A・ミッチャー中将

　一一時七分、「大和」のレーダーは、真南方向に大編隊を探知、二八分後、七〇キロに敵編隊二群以上が接近するのを確認、艦長有賀幸作大佐は敵襲を覚悟、対空戦闘に備え防空指揮所で配置に付いた。

　通信諜報と哨戒中の潜水艦からの報告で、「大和」出撃を知った米空母部隊指揮官マーク・A・ミッチャー中将は、航空機の対戦艦への優位を実証することに執念を燃やしていた。

　早朝からの索敵で「大和」の位置を確認すると、追跡隊と攻撃隊を矢つぎばやに繰り出した。

　二一九機の第一次攻撃隊の先導機が、厚く低くたれ込めた密雲の中で日本艦隊を発見できたのは、八木アンテナを活用した空中捜索用レーダーによるものだった。それは、貴重な時間と燃料を節約した。

　攻撃編隊が、射程距離八キロ内に入るまで、日本艦隊からの対空砲火はなかった。

　悪天候の中の攻撃順序は、最初五八・一任務群の「ホーネット」、「ベニントン」、「ベローウッド」、「サンジ

◇沖縄突入作戦参加兵力

〔日本軍兵力〕

第一遊撃部隊

指揮官＝第二艦隊司令長官・伊藤整一中将

〈主隊〉

戦艦＝大和（艦長：有賀幸作大佐）

〈警戒隊〉

第二水雷戦隊（司令官：古村啓蔵少将）

軽巡＝矢矧（艦長：原為一大佐）

第一七駆逐隊（司令：新谷喜一大佐）

　磯風（艦長：前田実穂中佐）

浜風（艦長：前川万衛中佐）

雪風（艦長：寺内正道中佐）

第二一駆逐隊（司令：小滝久雄中佐）

朝霜（艦長：杉原与四郎中佐）

霞（艦長：松本正平中佐）

初霜（艦長：酒匂雅三中佐）

第四一駆逐隊（司令：吉田正義大佐）

冬月（艦長：山名寛雄中佐）

涼月（艦長：平山敏夫中佐）

〔連合軍兵力〕

第五八任務部隊

指揮官＝マーク・A・ミッチャー中将

〈第五八・一任務群（第五空母戦隊）〉

指揮官＝J・J・クラーク少将

空母＝ホーネット（艦長：A・ドイル大佐）

　ベニントン（艦長：J・スイキース大佐）

　ベローウッド（艦長：J・B・ペリー大佐）

　サンジャシント（艦長：M・H・カーノォドル大佐）

〈第五八・三任務群（第一空母戦隊）〉

指揮官＝F・S・シャーマン少将

空母＝エセックス（艦長：C・W・ウェバー大佐）

　バンカーヒル（艦長：G・A・セイス大佐）

　ハンコック（艦長：R・F・ヒッキイ大佐）

　カボット（艦長：W・W・スミス大佐）

　バターン（艦長：J・B・ヒース大佐）

〈五八・四任務群（第六空母戦隊）〉

指揮官＝A・W・ラドフォード少将

空母＝ヨークタウン〈Ⅱ〉（艦長：T・S・コムブス大佐）

　イントレピッド（艦長：G・E・ショート大佐）

　ラングレー〈Ⅱ〉（艦長：J・F・ウェグフォース大佐）

ャシント」の空母航空群の順で行なわれる予定であり、五八・三任務群の空母航空群は、攻撃目標上空を避け、北方およそ三九キロ付近で空中攻撃調整官からの攻撃合図を待って旋回することになった。

北方で旋回を始めた「バンカーヒル」の爆撃隊長は、命令を待たず、燃料の消費ぐあいを見て攻撃を決心した。彼がこの決定をしたとき、雲の間から下を航行する駆逐艦（「朝霜」）を見た。そこで彼は、これを攻撃目標に選んだ。

爆撃隊は、高度一〇七〇メートルの雲の下を飛行しながら、「朝霜」の航跡の右側から滑空爆撃を行なった。「朝霜」は、一二センチ連装砲、二五ミリ機銃二八梃と一三ミリ機銃四梃で応戦した。

三機の第一撃の爆弾は、「朝霜」が左に旋回したので至近弾になった。さらに旋回を続ける「朝霜」に二機で第二撃を加えた。一機は爆弾の投下に失敗し、もう一発は至近弾となった。

第三撃の一機目の爆弾はまたも至近弾となり、二機目は投下に失敗し、三機目は大きく旋回して第四撃を行なう二機に加わって爆撃した。今度は爆弾三発が第一煙突の後ろ、第二魚雷発射管の後方と艦尾付近を直撃するのが観測された。「朝霜」は数分間、前部煙突から白い煙をはき続け海上に停止した。突然、第三砲塔の後方ではじめ赤いオレンジ色の爆発が起こり、艦尾が持ち上がり身震いしているように見えた。その直後黒い煙がうねりながら立ち昇って、「朝霜」は艦尾を沈めていった。

この時、「ホーネット」の一機の爆撃機が、「朝霜」を攻撃して艦尾付近に一〇〇〇ポンド爆弾を命中させたという記録がある。

「冬月」は、艦隊はるか後方、距離約三万メートルで交戦中らしき砲煙を認めた。

「朝霜」は一二時一〇分、「われ敵と交戦中」を最後に消息をたった。

「ベニントン」爆撃隊は、編隊を先導しつつ日本艦隊を見ながら、高度九一〇から一八三〇メートルまで上昇した。対空砲火の最初の黒い弾着が編隊の少し下で炸裂した。

この日の天候は、風波が静かで海面は平穏であったが、空一面雲に覆われ、雲高は低かった。対空戦闘に

空母「ベニントン」所属の急降下爆撃機が撮影した被弾直後の「大和」

なれば航空機は雲間に見え隠れするため測距、弾着観測が全く不能であり、目標を捕捉した時にはすでに爆弾投下後といった状況だった。

「大和」を中心に先頭に「矢矧」、右側に「霞」、「冬月」、「初霜」、そして左側に「磯風」、「浜風」、「涼月」、「雪風」の輪形陣は、対空三式弾を装填した四六センチ砲九門、一五センチ砲六門、一二センチ砲二〇門、一二センチ高角砲二四門、八センチ高角砲四門、一〇センチ高角砲一六門、二五ミリ機銃四五六梃、一三ミリ機銃二〇梃を一斉に射ち上げた。

攻撃機は、黒、赤、青、白、黄色の対空砲火の炸裂に執拗に追いかけられた。

一二時三七分、「ベニントン」の爆撃機は、「ホーネット」隊が最初に攻撃を始めやすいよう進路を開け、大きく旋回している途中、突然、「大和」の攻撃を空中攻撃調整官より命令された。しかし、それが可能かどうかは、厚い雲を抜け出した時の標的との関係によって決定された。

三機が「大和」を攻撃、四機目が爆撃に入る前に「ホーネット」の爆撃機七機も「大和」攻撃に参入した。「バンカーヒル」の戦闘機隊は、ロケット弾一一二発を発射した。ロケット弾と一八発の大型爆弾が、「大和」に降りそそいだ。煙突の後ろ、後部砲塔の後ろ付近から黒煙が昇った。

「大和」を攻撃できない位置に降下した二機は「冬月」、別の二機が「涼月」、そして残りの一機は、「霞」を攻撃した。

「ホーネット」の戦闘機隊は、護衛隊の対空砲火を鎮圧するため駆逐艦に対する攻撃を命令され、最初に降下に入った。

「初霜」と「霞」が機銃掃射され、「浜風」は五機に攻撃され機銃掃射の後、艦首右九メートルの至近弾と艦中央部への直撃弾を受け、火災を発生させ爆発した。さらに米機は「浜風」を飛び越えて「矢矧」をも銃撃した。「大和」を攻撃できなかった「ホーネット」の爆撃機三機は、「矢矧」に爆弾六発を投下した。

空中魚雷の代わりに四発の爆弾を搭載した「ベローウッド」の雷撃機一機も、「浜風」を攻撃した。爆弾投下後、機体を上昇させながら観測した時、「浜風」は艦中央部の広い範囲で炎上、煙をふき上げていた。

雲の中で編隊を分離した「ベニントン」の雷撃機一機は、「涼月」を攻撃するには遠い位置だったが、「浜風」を雷撃する絶好の場所に現われた。パイロットが「ビンゴ!」の声に振り向くと、駆逐艦の中央部で激しい爆発があった。「浜風」は、速力の低下で後方に残された。

「大和」の攻撃を命令された「ベニントン」の雷撃隊は、搭載した空中魚雷の調定深度を三・七メートルに設定していたので、「大和」の船体の厚い装甲鈑に魚雷をむだにしないため、「矢矧」を標的に選んだ。三機は、低くたれこめた雲をまわって左手に急旋回しながら、雷撃法の教本通りに高度二四四メートルで魚雷を投下した。

激しい避弾運動をとりながら別の二機も、「矢矧」を雷撃した。「矢矧」の右舷正横で大きな爆発が起こり、さらにもう一本の魚雷が、左舷の艦尾で爆発、空中高く水蒸気と船体の破片がふき上がった。

「バターン」の戦闘機隊四機は、「大和」の右前方の「矢矧」を狙った。機体を上昇させながらパイロットが振り向くと、艦中央から煙がうねりのぼり、「矢矧」は

「大和」水上特攻隊攻撃に発進した米第58任務部隊空母機の内訳（1945年4月7日）

	戦闘機飛行隊	戦闘爆撃機飛行隊	爆撃機飛行隊	雷撃機飛行隊	合計
●第58.1任務群（第5空母戦隊）——第1次攻撃隊（第1波）					
ホーネット（第17空母航空群）	F6F-5 14機 F6F-5P 2機	—	SB2C-3 7機 SB2C-4 7機	TBM-3 14機	44機
ベニントン（第82空母航空群）	F6F-5 6機	F4U-1D 1機	SB2C-4，4E 11機	TBM-3 10機	28機
ベローウッド（第30空母航空群）	F6F-5 8機	—	—	TBM-3 6機	14機
サンジャシント（第45空母航空群）	F6F-5 6機 F6F-5P 1機	—	—	TBM-3 8機	15機
●第58.3任務群（第1空母戦隊）——第1次攻撃隊（第2波）					
エセックス（第83空母航空群）	F6F-5 5機	F4U-1D 5機 F6F-5 3機	SB2C-4E 12機	TBM-3 15機	40機
バンカーヒル（第84空母航空群）	F6F-(P) 2機	F4U-1D 15機	SB2C-4 10機	TBM-3 14機	41機
ハンコック（第6空母航空群）	F6F-5 12機	F4U-1D 8機	SB2C-4 4機	TBM-3 14機	38機
カボット（第29空母航空群）	F6F-5 10機	—	—	TBM-3 9機	19機
バターン（第47空母航空群）	F6F-5 12機	—	—	TBM-3 9機	21機
第1次攻撃隊合計	78機	32機	51機	99機	260機
●第58.4任務群（第6空母戦隊）——第2次攻撃隊					
ヨークタウン（第9空母航空群）	F6F-5 12機	F6F-5 8機	SB2C-4 13機	TBM-3 13機	46機
イントレピッド（第10空母航空群）	F4U-1D 4機	F4U-1D 12機	SB2C-4E 14機	TBM-3 12機	42機
ラングレー（第23空母航空群）	F6F-5 12機	—	—	TBM-3 7機	19機
第2次攻撃隊合計	28機	20機	27機	32機	107機
総計	106機	52機	78機	131機	367機

炎をあげ、傾きながら海上に停止し、その戦域から離脱するのが観測された。

「ベニントン」所属の海兵隊の一機も、「矢矧」の前部砲塔（日本側記録では後部砲塔）に命中弾をあびせた。

「ホーネット」の雷撃隊は、空中魚雷調定深度三メートルで出撃した。目標上空で「大和」を攻撃するよう命令されたので攻撃を遅らせ、旋回中に魚雷深度の変更を行なった。六メートルに変更した八機が、「大和」を左から雷撃し、左舷前部に魚雷を命中させた。

深度変更できなかった三機は、「涼月」を狙った。「涼月」の機銃群は、艦橋正横に迫る命中直前の魚雷を集中射撃してその機関部を射ち抜き、沈めた。他に三本の艦底通過があった。

「ベローウッド」の戦闘機隊は、陣形の右側の「冬月」と「雪風」、そして左側の「涼月」に爆撃とロケット弾を射ち込んだ。「冬月」と「雪風」には、ロケット弾二発と一発が命中したが、いずれも不発だった。

「カボット」の戦闘機隊は、主隊からとり残され、およそ九キロ離れて旋回しながら激しく対空砲火を射ち上げる「浜風」を攻撃した。爆弾一発が右舷後方を直撃し、炎と煙を大きくひろげて爆発し、さらに別の三発は艦尾を挟叉し、艦尾付近六メートルが垂れ下がった。

「サンジャシント」の航空群一五機は、攻撃命令を待って南方面で旋回していた。一五分後、陣形から離れている軽巡を攻撃目標に割り当てられた。それは大型駆逐艦「浜風」だった。

一一発の爆弾すべては至近弾となったが、引き続き投下された魚雷八本のうち二本が、右舷の艦橋付近と中央部に命中した。「浜風」は、艦首を海面に突き立て、船体が切断されて沈み始めた時、激しい爆発が再び船体を押し上げたが、それから完全に見えなくなった。


一二時五〇分、攻撃命令を待って上空を旋回する五十八・三任務群の航空群に攻撃開始が下令された。爆撃隊とすべての雷撃隊は、「大和」の攻撃を指示された。攻撃直前、「大和」は、右旋回に入った。「エセックス」、「バターン」、「バンカーヒル」そして「カボット」の順で、「大和」に襲いかかった。

航空群内の分散と他の航空群間の協同攻撃のタイミングは、申し分なかった。

それは、個々の飛行隊の指揮官による攻撃時機の調整の結果だった。というのも悪天候のため、爆撃隊と雷撃隊の指揮官間の肉眼による連絡を保つのは、不可能だった。それでも雷撃隊は、最後の爆弾が爆発している時、空中魚雷を投下し、右に三六〇度旋回する「大和」に対し、左右両舷からの「かなとこ」雷撃法と右片舷への波状雷撃への組み合わせで攻撃が行なわれ、一つの小隊が魚雷を投下している正にその時、投下を終えた別の小隊が「大和」艦上で回避運動に入るというタイミングだった。

パイロットは、爆弾九発と魚雷一九本の命中を主張した。

被弾し速力の落ちた防空駆逐艦「涼月」

「大和」をはずれた魚雷が、「冬月」と「初霜」の艦底を各一本通過した。「磯風」は艦底通過魚雷八本を数えた。

「バターン」の戦闘機隊四機は、雲の背後から「涼月」に奇襲攻撃をかけた。対空砲火は、別の攻撃機に向けられていて散発的だった。高度四六〇メートルから投下された爆弾は、「涼月」の中央部右後方で爆発、炎と煙がふき上がった。

別の三機は、「大和」の右側の「霞」を攻撃した。艦中央部のすぐ後方で爆発があり、艦は、右に傾きつつ、煙と大きな水蒸気の雲を発生させていた。

戦艦「大和」の最期

午後一時三〇分、第二次攻撃隊一〇五機が戦闘水域に到着した時、「大和」は左に大きく傾き、前部を少し沈めながら速力一〇ノットで針路南南東でなお沖縄をめざしていた。

攻撃は、「イントレピッド」、「ヨークタウン」、「ラングレー」の順で、最初の攻撃が開始されると他の航空群は、「大和」の北東方向で旋回しながら待機した。「イントレピッド」の爆撃隊は、北東で旋回していた雷撃隊と協同して「大和」に接近した。

爆撃隊は、「大和」の艦首と艦尾上空方向から各七機が二七発の爆弾を投下した。巨大な船体と低速力そして低高度の投下のコンビネーションが、すばらしい結果をもたらした。

戦闘機隊は「霞」と「初霜」を攻撃した。「霞」は艦尾二メートルに至近弾を受け、一八〇度左旋回した後、海上に停止した。「初霜」は艦橋を銃撃された。

雷撃隊は、「大和」を護衛する「冬月」の右舷に深度三メートルの空中魚雷一〇本を発射した。「冬月」はこの戦闘中、一本の被雷もなかったが、魚雷五本の艦底通過を数えた。

戦闘爆撃隊の四機は、「大和」を攻撃したが、残りの四機は「ヨークタウン」の戦闘機隊、戦闘爆撃隊、爆撃隊と雷撃隊の七機に合流、それに「ラングレー」の戦闘機隊を加えて「矢矧」に協同攻撃を実施した。洋上に漂う「矢矧」に爆弾四一発と魚雷五本が集中した。最後のとどめは「ラングレー」の雷撃隊の七本（右四本、左三本）の空中魚雷だった。「矢矧」は、六〇秒以内に海中に消えた。

「矢矧」を守っていた「磯風」にも、「ヨークタウン」の戦闘機三機、戦闘爆撃機四機、「矢矧」に魚雷の投下を失敗した二機と「ラングレー」の戦闘機五機が襲いかかった。至近弾の爆発で艦尾が海中から持ち上がり、最後には海上に停止した。「ヨークタウン」の戦闘機三機は、海上に漂う生存者に四〇〇発の銃撃を加えた。

「ヨークタウン」の雷撃機六機が、レーダーで追跡し、「大和」にとどめを刺した。魚雷は、左に大きく傾く「大和」の右舷側の高くなった厚い装甲をすり抜け、艦底部で爆発した。

この空中魚雷の連続命中にもかかわらず、「大和」の行き脚はすぐには止まらなかった。午後二時一五分、「大和」は傾きを増しながら、左に旋回を始め、およそ九〇度を曲がり終えた時、突然左舷に倒れ込んで転覆、巨艦をおおう激しい爆発と共に空中六〇〇〜九〇〇メートルの雲をつき抜ける火柱を発した。火炎と煙

U.S.S. INTREPID (CV11)
Care Fleet Post Office
San Francisco, California

DECLASSIFIED

271

SHIP DAMAGE REPORT FOR 7 APRIL 1945

LOCATION 31-00N, 129-00E - TIME 1315

No.	SHIP	Air Group TEN PILOT REPORTS	PHOTO INFORMATION
1.	BB-(YAMATO)	VT- 1 torpedo hit aft of stack VBF- 1 bomb hit port side #2 turret VB- 1 bomb port quarter VB- 1 bomb hit aft stack VB- 5 bomb hits amidships VB-13 15 hits or near misses VBF-2 Seen to sink	K-20-oblique 1 large fire immediately aft of main-mast. 1 near miss to port K-17 6" - oblique Entire ship exploded in ball of fire, and smoke rises above clouds
2.	CL-(AGANO)	VBF- 2 bomb hits VBF- 1 near miss Seen to sink	
3.	CL-(OYODO)	VBF- 1 near miss VBF- 3 bomb hits	
4.	DD-(TERUTSUKI)	VT- 2 torpedo hits OBSERVED- 2 bomb hits VF- 1 near miss Sunk	K-17 6" Photo of unidentified destroyer seen lying on side
5.	DD-TERUTSUKI)	VT- 1 torpedo hit OBSERVED- 1 near miss Damaged	
6.	DD	VBF- Strafed Burning	
7.	DD	VF- Strafed Burning	
8.	DD-(SHIRANUHI)	Undamaged	K-20 - Oblique 1 near miss, 2 possible near misses on a destroyer.
9.	*DD		
10.	*DD		

* Added in this revision.

MEMORANDUM:

The attached plot has been prepared as result of various pilot reports only and represents at best an approximation or compromise.
Each squadron who attacked put ships in different position and on different courses with exception of YAMATO - which was moving very slowly if at all when first sighted. An attempt has been made to reconstruct disposition at time INTREPID's attack began. It must be remembered that the force had been hit by two other attacks prior thereto (HORNET, BENNINGTON). All ships were manuvering so that their relative positions were continually changing. There was no fixed disposition except momentarily.
No one pilot or squadron saw all the ships and even within squadrons, there are disagreements as to types and position.

「大和」攻撃に参加した「イントレピッド」所属飛行隊の戦闘詳報

が静まると、巨大な海面に浮く重油の膜のみが、「大和」の終焉を示していた。

二時五〇分、残存した「初霜」、「雪風」、「冬月」は、生存者の救助を始めた。「涼月」は大破し、後進で航行していた。

午後四時三〇分、聯合艦隊電令作第六一六号は、沖縄突入作戦の中止を命じた。「大和」の爆沈は、聯合艦隊の最期を意味した。

〔丸別冊・戦争と人物⑭『太平洋戦争海戦事典』一九九五年四月（潮書房）掲載「坊ノ岬沖海戦」改題〕

戦艦「大和」を沈めた米新鋭艦上機部隊の戦闘記録

「大和」VS 米軍最新兵器の戦い

第二次世界大戦における戦艦対航空機優劣論の決着は、大艦巨砲主義の象徴「大和」対米軍最新兵器との対決となった。

米海軍航空関係者は六ヵ月前のフィリピン・レイテ湾の戦闘で大和型戦艦「武蔵」を空中攻撃で撃沈したけれども、実際に同艦を沈めたのは潜水艦の魚雷ではないかとの可能性もあった。同型艦「大和」の出撃は、もし、証明が必要ならば、航空機の優位性を示す絶好の機会となると考えた。

高速空母部隊指揮官マーク・ミッチャー中将は、沖縄攻略作戦総指揮官レイモンド・スプルーアンス大将の命令を待つことなく麾下空母一二隻に沖縄本島北東海面集結を命じた。各空母艦上では対艦用兵器の遅動信管付徹甲爆弾・改良マーク13型空中魚雷、五インチHVARロケット弾を準備していた。

一九四五年（昭和二〇）四月五日、米軍は日本海軍の暗号電報の解読から天一号作戦期間内の菊水一号作戦（航空特攻）が六日実施されること、戦艦「大和」を旗艦とする第一遊撃部隊が沖縄のBlue（米軍を意味する）輸送船団に八日黎明に奇襲をかける海上特攻隊

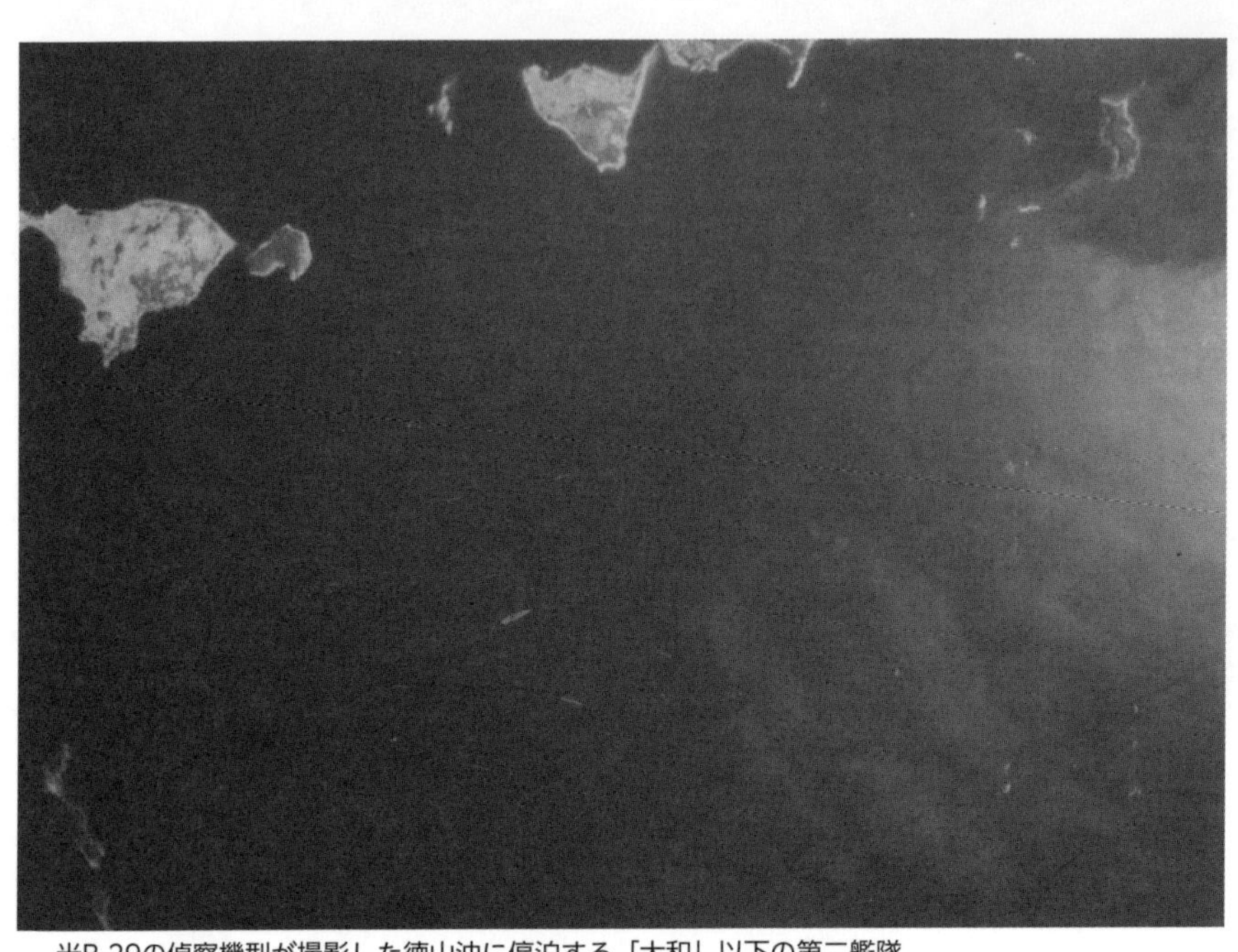

米B-29の偵察機型が撮影した徳山沖に停泊する「大和」以下の第二艦隊

であることを探知した。沖縄の陸軍・第三二軍が七日に総攻撃を予定していることも知った。もし、輸送船団への攻撃が成功すれば、日本の残存航空兵力は、米空母に集中し、撃滅すると危惧した。

「大和」出撃は、米軍のウルトラ情報（暗号解読をふくむ通信諜報）、B－29の偵察写真撮影、豊後水道出口付近の米哨戒任務潜水艦二隻のレーダー探知と視認情報により確認された。

スプルーアンスは第五四任務部隊指揮官M・L・デイヨー少将の戦艦群に「大和」迎撃の命令「Game for Task Force54」を下した。日本海軍の誇る艦隊との砲撃戦を待ち望んでいたデイヨーは、すでに牽制攻撃をふくむ戦闘計画を持っていた。

一方、ミッチャーはデイヨー宛の電文コピーを見たが何も言わず破棄した。一〇時三〇分、慶良間から出撃した戦艦「テネシー」艦上では、戦闘図上演技を行なった。第五四・五任務部隊・砲撃支援部隊（戦艦六隻＝第三戦隊「アイダホ」「ニューメキシコ」「テネシー」、第四戦隊「ウエスト・ヴァージニア」「メリーランド」「コロラド」、軽巡洋艦三隻、駆逐艦一一隻。左側部隊第五四

・七部隊・重巡洋艦四隻と駆逐艦一〇隻が編成された。四つの陣形（通常の巡航配備、対空配備、接敵配備、戦闘配備）の中で接敵配備が下命され、一八時四五分まで三時間の演習と戦闘訓練が実施された。

その際に戦艦「メリーランド」は、一機の特攻機に襲われ第三主砲に命中・作動不能になった。しかし、「大和」との戦闘に参加したいため事実を隠し「エクセレント！」と報告した。陸上砲撃支援に甘んじていた米戦艦群にとって待ち望んでいたチャンス到来であった。

米戦艦搭載の一六インチ砲二四門（内三門不能）と一四インチ砲三二門計五三門対世界最大の艦載砲「大和」一八・一インチ砲九門との砲撃戦が沖縄方面海域において実現するかに思われた。米軍の一六インチ砲の射撃は、レーダーで管制されていたが、「大和」の主砲射撃は世界最大の一五メートル測距儀による照準に頼っていた。

「大和」の集中防御要領は、一六インチ弾丸を跳ね返す舷側傾斜甲鈑最大厚四一センチ、中甲板厚二〇センチで固めていた。その主砲の威力は弾丸重量一・五トンと米軍の一・〇二トン弾にはるかに勝っていた。米軍はこの砲力のハンディキャップに数の優位を頼りにしていた。今後二度と起こることのない世紀の日米戦艦同士の決戦となる夜戦が十数時間後に迫っていたのである。

一方、翌朝一番の索敵を準備し、攻撃距離を詰めるため北上を続ける空母部隊旗艦「バンカーヒル」座乗のミッチャーは、スプルーアンスから日本機の特攻に対する哨戒任務に集中するよう命じられていたが、もし、スプルーアンスが攻撃を禁止したとしても、彼には航空機なら素早く達成できる「大和」撃沈を戦艦部隊の手柄に譲る気はなかった。彼はすでに航空機による「大和」撃沈を心に決めていた。スプルーアンスも、実際には空母群を北東海面に集結させるミッチャーの命令を無効にすることはなかった。

雲の切れ目に「大和」発見

七日日出（〇六時〇七分）の二九分前、〇五時三八分、沖縄本島北端の東方一五七キロの洋上にある空母「エ

雲の切れ目に米軍機が発見した「大和」以下の水上特攻隊の輪形陣

セックス」からF4U－1D八機（内四機は通信中継）、F6F－5一二機、「ハンコック」からF6F－5八機、七分後「バンカーヒル」から海兵隊第二二一戦闘機隊のF4U－1D二三機が「大和」を求めて鹿児島湾・大隅半島をふくむ扇型捜索範囲に到達する距離六〇二キロメートルの索敵任務のため発進した。

「エセックス」からのF4U－1D四機は、母艦から三七〇キロメートル、高度六〇〇〇から「大和」発見報告の通信中継任務をふくんでいた。その四機は強い偏西風による航法ミスにより海上着水して失われる。翌日パイロット三名は潜水艦に救助されたが一名は行方不明となった。

〇七時五七分、「エセックス」の索敵隊は二等輸送艦と駆潜艇二隻の大島輸送隊を発見したが、これは空母艦上で待つミッチャーとパイロットが待ち望んでいる標的ではなかった。しかし、その一八分後、W・E・エスティス隊は高度一〇七〇メートルから正面約九キロメートル前方に日本海軍の誇る「大和」、軽巡洋艦、駆逐艦七もしくは八隻を目撃した。高度四三〇〇～三〇〇〇メートルの間には、空を覆う雲の裂け目があった。報告は慎重に日本艦隊の位置を確認した後、〇八時二三分打電された。

「北緯三〇度四四分、東経一二九度一〇分、針路三〇〇度、速度一二ノット」。「日本艦隊」発見報告は通信中継機を経由して「バンカーヒル」に、そして別の通信回路で各空母群、「大和」追撃をデイヨーに命じたスプルーアンスにも伝えられた。ミッチャーは直ちに追跡隊一六機の発進を命じた。〇九時〇七分、日本艦隊を追尾して見張る任務をもった追跡隊F6F－5八機、F4U－1D八機が「エセックス」を飛び立った。しかし、追跡隊が日本艦隊に触接するのに約一時間以上かかると思われた。

ミッチャーは、追跡隊が視界から消えるとすぐに、一〇時攻撃隊出撃の準備を命じた。そして、参謀長バーク少将を振り返ると「別命なければ本官は正午に『大和』を攻撃する旨を具申する」とスプルーアンスに通報せよと命じた。

英海軍観戦武官は「しかし、貴官は日本艦隊の位置を確認する前に攻撃隊を発進させるのか?」と尋ねた。バークは「我々は賭けにでた。もし、我々が『大和』ならそこにいるだろう地点に向け飛び立った」と説明した。しかし、実際にはウルトラ情報から豊後水道を出撃する「大和」の予定航路をつかんでいたのであった。

パイロット全員が、この任務参加を申し出た。なかには、航行中の艦艇を攻撃するのが初めての者がいたが、雷撃訓練で平均二〇本を投下した者、日本艦隊との五回目の対決となる者、二〇日前に広島湾で「大和」との戦いを経験したばかりの者もおり士気と熟練度は高かった。

〇九時三〇分、スプルーアンスから第五八任務部隊と第五四任務部隊各指揮官宛に「You take them」の電文が届いた。三六七機が空母一二隻から飛び立ったが、航法ミスの「ハンコック」第六航空群三八機とエンジン・トラブルなどで途中帰投した五機（攻撃調整官機をふくむ雷撃機三機〈VT－82の燃料タンク不具合機、VT－17、VT－47のプロペラ不調機〉、他にVF－9の故障戦闘機とその直掩機）の計四三機は「大和」攻撃に参加できなかった。

攻撃隊を待ち受ける対空砲火

　五八・一任務群九九機、五八・三任務群九四機計一九三機の編隊はたがいに真横に並び北上した。母艦から一一一キロ付近で理由もわからずVF－84のF4U－1D一機は、雲から錐もみ状態の降下で海面に撃突して失われた。空母「ベローウッド」一四機と「サンジャシント」一五機（一機は写真撮影機）の航空群は「ベニントン」二七機の航空群に合同、「ホーネットⅡ」四三機はその編隊の三・七キロ後方を飛行していた。高度九〇〇～一八〇〇メートルで飛行した。そして「バターン」二〇機と「カボット」一九機の各航空群は「エセックス」四〇機と「バンカーヒル」四〇機（二機の写真撮影機をふくむ）の航空群に合同し、高度一八三〇メートルで「大和」を求め飛行した。

　四五分後に発進した五八・四群「イントレピッド」「ヨークタウンⅡ」「ラングレー」の一〇五機が「大和」を旗艦とする海上特攻隊にとどめをさすことになる。

　目標上空の天候は、雲底約七六〇メートルの雨雲が空一面を覆っていた。雲の裂け目が密雲のなか高度一七〇〇メートルから始まって、視界七～一四キロ、空域によっては、より低い四キロと悪かった。

　この悪条件の中、海上特攻隊を発見したのは最新の機上レーダーだった。アンテナと送受信装置を収めたパルスレーダーのAN／APSポッドを吊下した嚮導機SB2C－4Eは、低く垂れ込める雲の連なりで非常に視界が悪い状況の中で、距離四六キロに日本艦隊を探知、高度約九一〇メートル、約一五キロ先に肉眼により発見した。レーダーの起用が貴重な時間と燃料を節約した。特攻艦隊は、攻撃機からあたかも身を隠すのを期待しているように垂れ込める雲の下をがっちりと輪形陣を組んで進撃していた。

　第一次攻撃隊の攻撃調整官は、「大和」が輪形陣の中央に占位するのを確認すると五八・一群に攻撃命令を下し、五八・三群（九七機）は目標上空を迂回して北方に旋回待機する指示をした。第一次第一撃の攻撃順は「ホーネットⅡ」「ベニントン」そして「ベローウッド」「サンジャシント」であった。戦闘機隊は直衛駆逐艦を狙い、対空砲火を沈黙させる任務を、爆撃機隊と雷撃機隊は「大和」を攻撃するよう決められていた。

一方、日本側も、レーダーで一一時三五分に敵編隊機二群以上七〇キロ付近に近接してくるのを探知した。そして、「敵艦上機の来襲必至と予期す。ただし天候および既得敵情に鑑みその機数は大でない」と判断していた。

対空戦闘の配置に就いた日本艦隊の対空砲火器は、「大和」一二・七センチ連装高角砲一二基二四門、二五ミリ三連装機銃四八基（内九五式射撃指揮装置管制三二基）、特設三連装機銃一六基、そして単装機銃六梃合計一五〇梃、「矢矧」以下駆逐艦八隻の一五センチ砲六門、八センチ砲六門、一二・七センチ砲二四門、新式一〇センチ高角砲一六門、二五ミリ機銃三二二梃、一三ミリ機銃二〇梃だった。「大和」自慢の四六センチ主砲九門は対空弾・三式焼霰弾を装塡して敵機を待ち受けた。

「Sugar Baker Two Charles, take the big boy」即ち「SB2Cは戦艦『大和』を攻撃せよ」の命令が攻撃調整官から発せられた。同様に雷撃隊にも同じ目標「大和」が指示され攻撃が開始された。

最初に「ベニントン」のVT－82電撃隊九機が突撃を開始した。しかし、隊長は浅い魚雷調整深度（二・四メートル）を変更できないため、厚い装甲に魚雷を無駄にしないように「大和」でなく右舷後方の「矢矧」に狙いをつけた。艦隊は南東方向に旋回していたので五機は東方から南西方向、「大和」の艦首方向を横切って「矢矧」に向かった。その際に「大和」からの激しい対空砲火を浴びて風防付近に被弾、二名が負傷、機体は着艦後破棄された。米側記録が認めた「大和」の機銃の戦果である。

ヘルダイバー攻撃開始

「大和」に対する直接攻撃に参加した艦上機は、最新型の四機種であった。一〇〇〇ポンド爆弾二発を搭載するカーチスSB2C－3ヘルダイバー七機、同SB2C－4（ダイブ・ブレーキ兼用の穴あき式フラップを

煙を上げながら沖縄を目指す「大和」に雲間から襲いかかる米急降下爆撃機ヘルダイバー

採用の改良型）&－4E（－4のレーダー装備型）三〇機、一〇〇〇ポンドマーク13空中魚雷一本を搭載したジェネラルモーターズTBM－3アベンジャー雷撃機六一機（内一機は五〇〇ポンド通常爆弾四個搭載）、グラマンF6F－5ヘルキャット戦闘機一機、そしてチャンスボートF4U－1Dコルセア戦闘爆撃機一九機合計一一八機であった。

「大和」を最初に攻撃したのは「ベニントン」の爆撃隊であった。一一機中の四機は激しい対空砲火の中、避弾行動をとりながら「大和」に機銃弾二〇五発と半徹甲爆弾八発を高度三〇〇～七〇〇メートルから投下、命中五発を報告した。横転急降下爆撃するには雲高が低すぎた。「大和」の艦尾から艦首に沿って北から南方向に緩降下爆撃を敢行した。一機が撃墜（戦死二名）され他に三機が被弾した。

一二時四〇分、空母「ホーネットII」雷撃隊一四機中の八機は「大和」左舷から雷撃を開始し、高度一八三～二一三メートル、気速二五〇～二八〇ノットで魚雷六本と機銃弾一五二五発、内四本の命中を報告した。攻撃中の対空砲火は激しく六機が被弾、その内一機が

「大和」艦首近くの海面に激突した。別に一機は「大和」に魚雷を投下できず、その後陣形外に破棄した。被弾した五機の内帰投後一機は修理不能となりその機体は破棄された。同空母所属爆撃隊七機は高度一二〇〇〜九〇〇メートルから緩降下（glide）爆撃、高度三〇〇メートルから徹甲・半徹甲爆弾各五発投下、命中報告四発を記録した。

さらに空母「バンカーヒル」所属戦闘爆撃隊コルセア一四機は、急降下から高度四六〇メートルから高速ロケット弾一一二発と五〇〇ポンド通常爆弾一四発と機銃弾を「大和」に撃ち込んだ。「大和」の煙突付近から爆煙が上がった。

一二時五九分、空母「エセックス」所属戦闘爆撃機コルセア一機は通常爆弾一発を投下、命中報告一発、引き続き爆撃隊のヘルダイバー一二機は高度七六〇メートルからの急降下と緩降下により高度四六〇メートルから爆弾二四発を一斉投下、機体の引き起こしは二四〇メートルだった。命中報告は徹甲爆弾六発と半徹甲爆弾二発だった。

雷撃隊一三機は、「大和」艦上で爆弾が炸裂すると雷撃を開始、四小隊に分かれ、右旋回を続ける「大和」を挟撃した。改良空中魚雷一三本投下、右舷に二本の水柱が上がり、命中報告四本であった。別の一機は「大和」を狙ったが駆逐艦に命中したと報告した。

1945年4月7日、空母「エセックス」第83爆撃中隊の「大和」攻撃データ（パイロット名、急降下角度、爆弾投下高度、爆弾の種類）

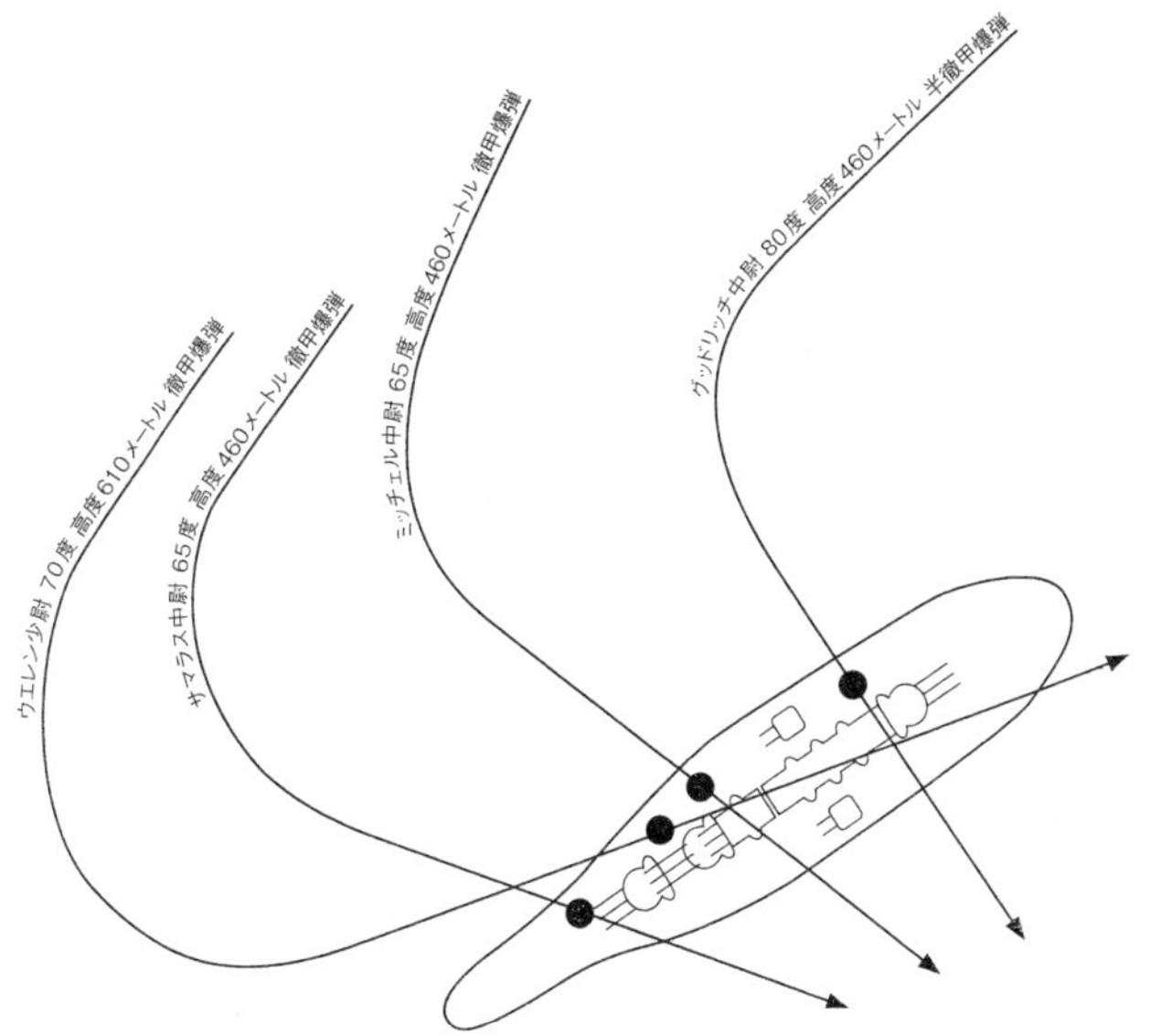

対空砲火は激しく正確で中口径（八～一三センチ）の炸裂弾によりアベンジャー一一機、二五ミリ機銃弾でヘルダイバー五機、ヘルキャット二機が損傷を受けた。引き続き空母「バターン」所属のヘルキャット一機は、高度二一〇メートルから五〇〇ポンド通常爆弾二発を投下、命中を確信したが確認はされなかった。一雷撃隊八機は魚雷八本投下、命中四本を報告した。一機が右翼など三ヵ所に二五ミリ機銃弾を受け母艦に帰投したが機体は破棄された。

一三時〇〇分、空母「バンカーヒル」の雷撃隊一四機は、「大和」の北方約四万メートルを旋回・待機していたが攻撃調整官からの攻撃命令により雷撃態勢に入った。一機が対空弾の命中により火に包まれ海面に激突した。一三機は五小隊に分散、「大和」の両舷に向け高度一五〇メートルから一分間に空中魚雷一四本を次々と投下、命中報告九本を記録した。追随してきた空母「カボット」の雷撃隊九機も右に二回三六〇度旋回で回避運動をとる「大和」に空中魚雷九本を平均高度二三〇メートルから投下、命中二本を報告した。この時の命中魚雷数の報告には重複があると思われる。

止めを刺したアベンジャー六機

第二次攻撃隊五八・四群の空母「イントレピッド」「ヨークタウンII」続いて「ラングレー」の編隊一〇五機は、「大和」の九～一九キロ北方を通過、左旋回をした。攻撃隊長は「大和」と編隊との中間点に位置すると攻撃を下令した。一三時三五分に攻撃は開始された。「大和」は散発的に発砲していた。艦中央に火災、航跡にオイルを引きながら、針路はほぼ一五〇度、速力二〇ノットで船体は左に傾いていた。

最初の攻撃は、空母「イントレピッド」の第一〇航空群・戦闘爆撃機コルセア四機により実施され、通常爆弾三発と機銃掃射一六〇〇発、命中報告一発と至近弾二発、引き続きアベンジャーTBM－３一二機中一機がマーク13魚雷改六（深度調整三メートル）一本投下した。「大和」中央左舷煙突の後方に命中が目撃された。

さらに第一〇爆撃機中隊一四機は雲高一二二〇～一

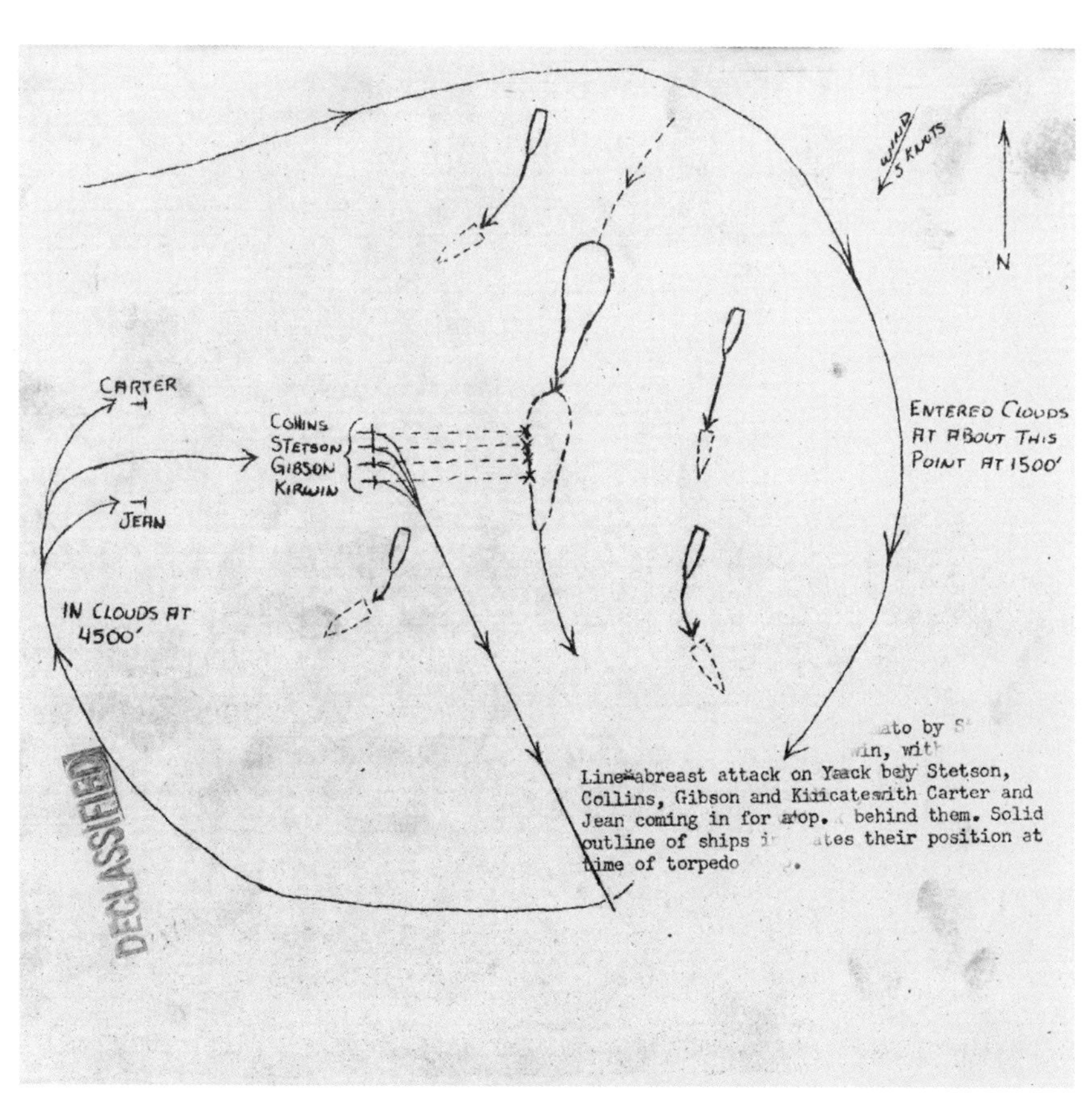

「大和」に止めを刺した空母「ヨークタウン」所属雷撃隊の戦闘詳報に付された図。4機のアベンジャーが横一線で右舷を雷撃、3本の命中を確認

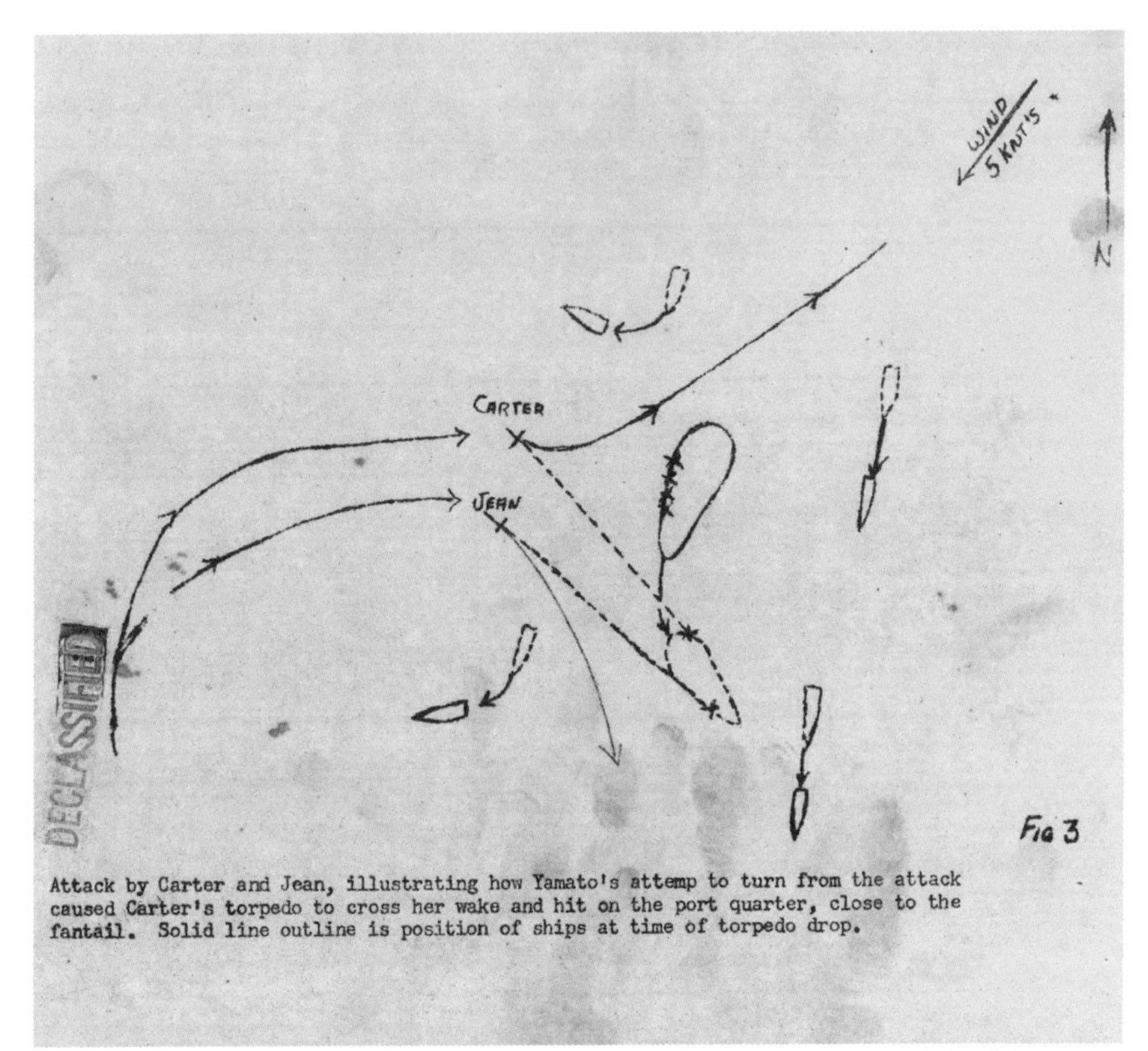

Attack by Carter and Jean, illustrating how Yamato's attemp to turn from the attack caused Carter's torpedo to cross her wake and hit on the port quarter, close to the fantail. Solid line outline is position of ships at time of torpedo drop.

少し遅れて2機のアベンジャーが艦尾から雷撃し艦尾に命中、5分後、「大和」は転覆、爆発した五二〇メートルから滑空爆撃、通常爆弾一三発、五〇〇ポンド通常爆弾一四発を投下した。「大和」艦上にわずか五回の爆発。わずか数本の至近弾による水柱が目撃された。投下された二七発中二〇発が「大和」を直撃したと想定された。最初の爆弾は左後部、別の爆弾は煙突の真後ろ、そして他の五発の爆弾は艦中央を直撃したことは搭乗員に目撃された。「大和」の速力が低下、五〜一〇ノットになった。

止めを刺したのは一四時一〇分、空母「ヨークタウンⅡ」のアベンジャー六機だった。悪天候で通常の高速雷撃は不可能だった。そこでレーダー追尾で雷撃する方法をとった。「大和」の右舷艦首沖の絶好の雷撃位置に就くと四機の横陣から気速二二〇から二八〇ノットに増速すると「大和」の艦首と巨大な艦腹間に照準を合わせ、雷撃態勢をとり魚雷を投下した。

四本の魚雷は真っ直ぐ、正常に駛走、避退する操縦席から三本の命中が目撃された。直後雲間を突破した後続二機が「大和」が左回頭する航跡を横切るように雷撃した。

「大和」の艦尾付近に水柱が立ち上った。それでも「大和」の行き足は止まらなかった。搭乗員が、直衛艦からの激しい対空砲火の射程外から「大和」を見ると、船体の傾きが増すのが、そして五分以内に「大和」が転覆、大爆発を起こすのを目撃した。

大爆発の火炎柱は、六〇〇〜九一〇メートルの雨雲を突き抜けて空に向かった。「大和」の撃沈海面に重油が広がった。

こうして日本海軍の誇り「大和」対米精鋭機と対決は、航空機に軍配が上がった。デイヨー少将は「戦闘における偉業は、誰が実現したかは重要ではない。航空群の行動は感嘆に値する」とその業績を認めた。

〔『丸』二〇一四年四月号（潮書房）掲載「青い目の見た〝YAMATOトロフィー〟奪取」改題〕

米海軍技術調査団レポート1

「大和型」沈没の真相〈「大和」篇〉

一九四六年（昭和二一）一月に『日本海軍艦艇の損失報告＝論説二＝「大和」「武蔵」「信濃」』と題する米海軍技術調査団の報告書が米海軍作戦部長に提出された。

この報告書の作成は、日本が対連合国軍戦に無条件降伏（昭和二〇年八月一五日）した直後の九月四日付で出された米海軍情報局長による「諜報標的日本」に関連してはじめられた。

当時の日本は、八月二八日に連合軍の先遣隊が厚木飛行場に到着し、九月二日には東京湾の米戦艦「ミズーリ」艦上で降伏文書の調印が行なわれ、戦争犯罪人の逮捕、民間化にかんする大改革が指令され、混沌としていた。

九月六日付の朝日新聞は、議会に提出された終戦経緯報告書にもとづいて「武蔵、大和今やなし」との記事を掲載した。その後の二八日には、総排水量六万二〇〇〇トンといわれる世界最大の戦闘艦「大和」が沖縄へ救援の途上、米軍機一〇〇〇余に屈したと、はじめて日本国民にあかしたのである。（注：実際は「大和」を直接攻撃したのは一〇七機だった）

しかし、「大和」型戦艦の全貌が国民にくわしく知らされたのは、五年後に科学雑誌「自然」に連載された松本喜太郎氏の「戦艦大和」によってであった。

その四年前、米海軍は日本海軍関係者の訊問から、自分たちが撃沈した「大和」型こそ世界最強の戦艦であったことを初めて知ったのである。

われわれは世界最強の巨艦群を海底に葬った

この報告は、日本人によって建造された三隻のもっとも優秀な軍艦の個々の損失について記述している。これら三隻、戦艦「大和」「武蔵」、そして空母「信濃」は、世界で最大、最強であり、おおくの敬意をはらわれた軍艦だった。

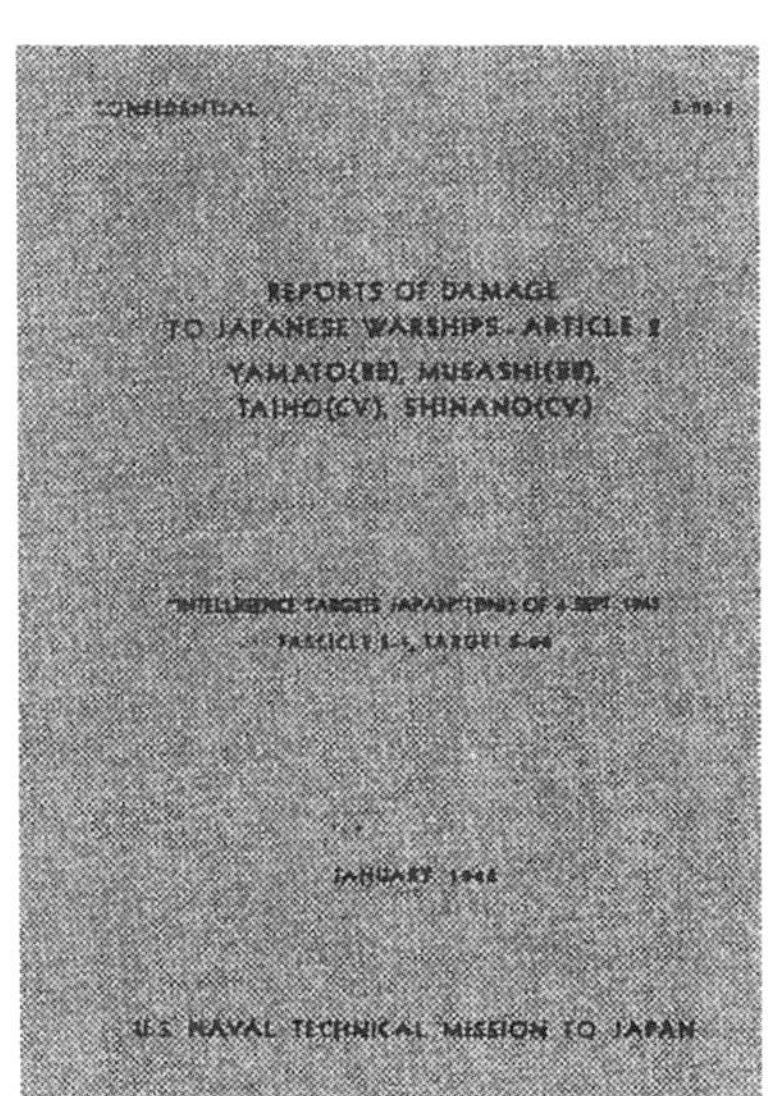
CONFIDENTIAL

REPORTS OF DAMAGE
TO JAPANESE WARSHIPS - ARTICLE 2
YAMATO(BB), MUSASHI(BB),
TAIHO(CV), SHINANO(CV)

JANUARY 1946

U.S. NAVAL TECHNICAL MISSION TO JAPAN

米海軍技術調査団がまとめた『日本海軍艦艇の損失報告』の表紙

「大和」「武蔵」は大和型を構成し、「信濃」は最初、大和型の第三番艦であった。しかしながら「信濃」は、建造期間中に空母に改造された。

大和型は、一九三四年（昭和九）～三七年（昭和一二）に設計されている。

これらの軍艦は、設計と建造の責任をもつ日本人により計画され、世界征服のために建造された。世界一の最強艦を建造せよというかんたんな命令をあたえられた日本海軍の建造者たちは、いろいろな面で拘束されていた。

このような巨艦の構想は、日本海軍の最大艦として「長門」が完成したころにはじまる。そのような環境のもとで、日本海軍の建艦技術と軍艦設計に大きな影響をあたえたのは、第一次大戦の最後の年にさかのぼる。

大和型の設計の大胆さは、深い感動さえあたえられた。その軍艦は、満載排水量およそ七万三〇〇〇トン、四六センチ（一八・一インチ）砲を搭載していた。

「大和」は一九四五年（昭和二〇）四月七日、米海軍機によって沈められた。
「大和」は、爆弾四発と空中魚雷九本の直撃をうけた。さらに魚雷三本の命中が報告されたが、生存者からは、この命中にかんする実証的な評価を入手できなかった。これらの魚雷の大部分は左舷に命中した。

最後の攻撃後、およそ二〇～三〇分で「大和」は転覆した。艦がひっくりかえると同時に、「大和」の弾薬庫は爆発した。

「武蔵」は一九四四年(昭和一九)一〇月二四日、米海軍機によって沈められた。爆弾一六発が「武蔵」を直撃したが、この命中は艦の沈没にかんするかぎり、重要な結果ではなかった。

日本人は空中魚雷二一本(そのうち二本が不発)が「武蔵」を直撃したと報告しているが、われわれが生存者と別の海軍軍人から得た証言によると、確実な魚雷の命中一〇本と、見込み四本(命中の可能性でなく)が確認され、命中箇所も突きとめることができた。艦の全長の前部1/3の両舷に、ほぼ均等に分布した魚雷一〇本の命中は、「武蔵」を沈めるのに十分だったと考えられた。

その沈没は、最後の猛烈な攻撃後、およそ四時間でおこっている。「武蔵」は、前部最上甲板が海面に沈んだときに転覆して、艦首から沈んでいった。

一九四四年(昭和一九)一一月二九日、「信濃」は潜水艦魚雷の一斉射で四本の命中をうけた。すべての攻撃は、右舷側にくわえられた。「信濃」は処女航海中で、実際には完成していなかった。電路や配管系、そして通風管のための隔壁や、甲板の穴の水密検査は完了していなかった。進行する浸水が、「信濃」を攻撃後およそ七時間で転覆させている。

ダメージコントロールの手順は、「武蔵」の場合は道理にかなって申し分なく、「大和」の場合はよくも悪くもない。そして「信濃」の場合は、じつに拙劣であった。

日本人が傾斜復原のため、反対舷の外側の水防区画に注水する方法は、誤ったものであったことが証明された。筋道をたて、よく実施されたにもかかわらず、反対舷注水の方法は「大和」と「信濃」で不十分だった。

最後の攻撃後、「武蔵」が沈むのに要した四時間のあいだ、沈まないようにする必死の努力は、艦の両舷に均等に分布された空中魚雷の命中が、片舷にのみ集中して命中した場合とちがって、致命的でないという強い印象をあたえる実例となった。

かくて調査ははじまった

この調査がはじめられたとき、信頼すべき情報のほとんどが完全に欠乏状態だった。それぞれの艦が沈められた日付はわかっていたが、その他の情報はなかった。

たとえば米海軍の諜報報告では、「大和」の基準排水量を四万五〇〇〇トンと推定していた。しかし、日本軍捕虜の証言によると、さらに大きい艦である、というあいまいな指摘もしめしていた。

概して日本人は、わずかな不完全な記録しか所持していないことがわかった。日本軍の戦闘詳報、あるいは参照B（戦略爆撃調査団報告）のなかの要約は、信じられない不正確な箇所と不完全さがあった。

艦政本部第四部（造船）は、損害報告と分析を作成しなかった。部隊指揮官は、米海軍や英海軍とおなじような損害報告の提出を要求しなかった。

第四部によって計画されたすべての艦艇にかんし、損傷と損失の記録を保管すべきだった。存在した記録類は、海軍省の大部分が炎上した一九四五年の火災と、八月十五〜十七日の期間にだされた命令によって焼却された。

ただし「大和」「武蔵」「信濃」の場合、かなりの分析が第四部によって行なわれ、改善のための処置が、実戦部隊の申し立てによって必要性なものとしてしめされていた。

特別な場合における調査は、海軍省から命令されていた。このようにして「信濃」は、艦政本部のあらゆる部門（第四部をふくむ）と軍令部（用兵側）からの代表による特別委員会で、十分に調査されたように思われる。それにより、技術的な経験からの知恵と、背後の事情を提供した。

これらの調査の記録類は、破棄されたと報告されていた。しかし、この委員会の構成員にたいする尋問が、調査結果にかんする注目すべき情報をみのらせた。とはいえ、一般に日本人はほとんどの規範に照らして、記録保持が不得意だった。

この調査の初期の段階で、多少の将来の技術的背景とおなじように、艦艇設計の特質を確認する目的で、多方面の日本人技術士官と一緒に会議をもよおした。日本人は協力的で、記録をひきだしてくれた。

次の段階で、四つの主要な海軍工廠の調査が計画された。おおくの詳細な設計図が発見されたが、トラの巻的な設計図はほとんどみつけることができなかった。日本人同士のあいだでさえ隠しだてをしようとする性格から、命令ですべての資料を焼却するような状況をひきおこした。それでも、ほんのすこしだけトラの巻的な設計図と資料が見つけだされ、その後の情報を査証するのに役立った。

その次の段階では、以前に第四部（造船部門）に勤務していた者を使用して、日本人士官に手がかりとなる設計図の描きなおしと、基本的な特質の計算のしなおしを指令することだった。

完成した設計図と計算の結果は、どのように原図とデータを活用したか査証された。そしてまた、多方面にわたる海軍技術者の陳述にたいしても調査した。

そこで作成された設計図と、計算結果の全般的な正確さには問題がなかった。それらは『日本海軍艦船―論説３』の特質の項で述べられている。この報告のなかにある図版は、これらの描きなおされた設計図にもとづいている。

最後に、海軍省の残留者による証言のため、各艦の手がかりになる生存者を探すよう指令した。これらに関係した個人は、多少の困難さがあったものの、のちに利用されている。参照（Ａ）に彼らの氏名、階級、そして配置場所がしめされている。

言語のちがいによる困難さは、日本語将校とアメリカでの教育的背景をもった日本人を雇用することで解決した。生存者の証言にかんし、米軍の基準で名簿にのった日本人と下級士官は、どうしようもなく知識を欠いていた。

この事実は、証言した日本人の高い地位を説明している。参照のなかの合衆国戦略爆撃調査団報告は、全体的資料の貴重な背景と、証言した人物の評価の一般

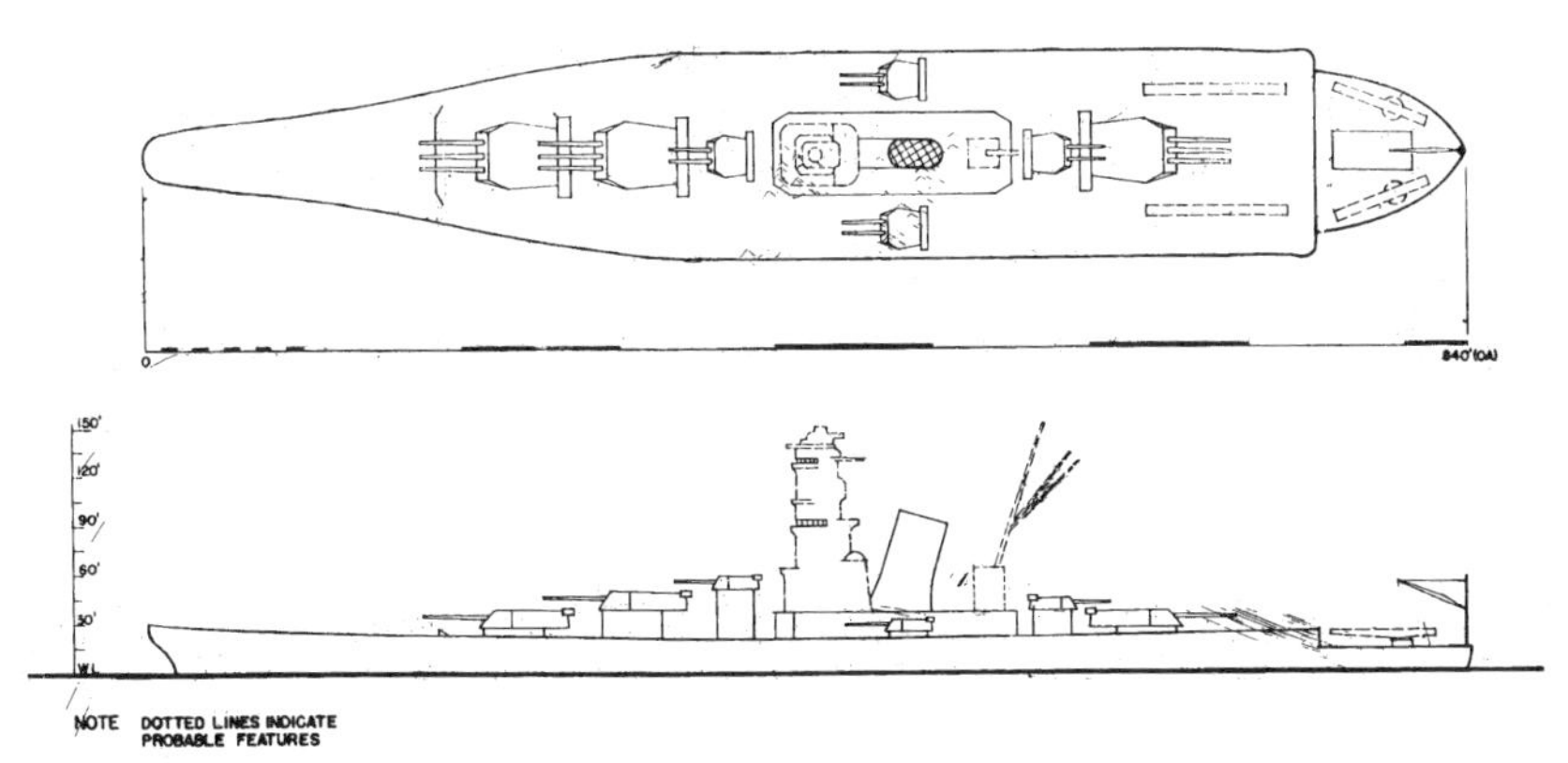

REVISION OF
NEW JAPANESE BATTLESHIP
YAMATO CLASS BB
AS OBSERVED IN SORTIES VMD-254 OF 4 FEBRUARY 1944
TAKEN AT TRUK ISLANDS
PREPARED BY
JOINT INTELLIGENCE CENTER, PACIFIC OCEAN AREAS
CONFIDENTIAL

ALLIED AIR FORCES S.W.P.A.
NEG. No. C.I.U. 1660

1944年2月、トラック泊地の偵察写真を解析して米軍が描いた大和型戦艦の想像図

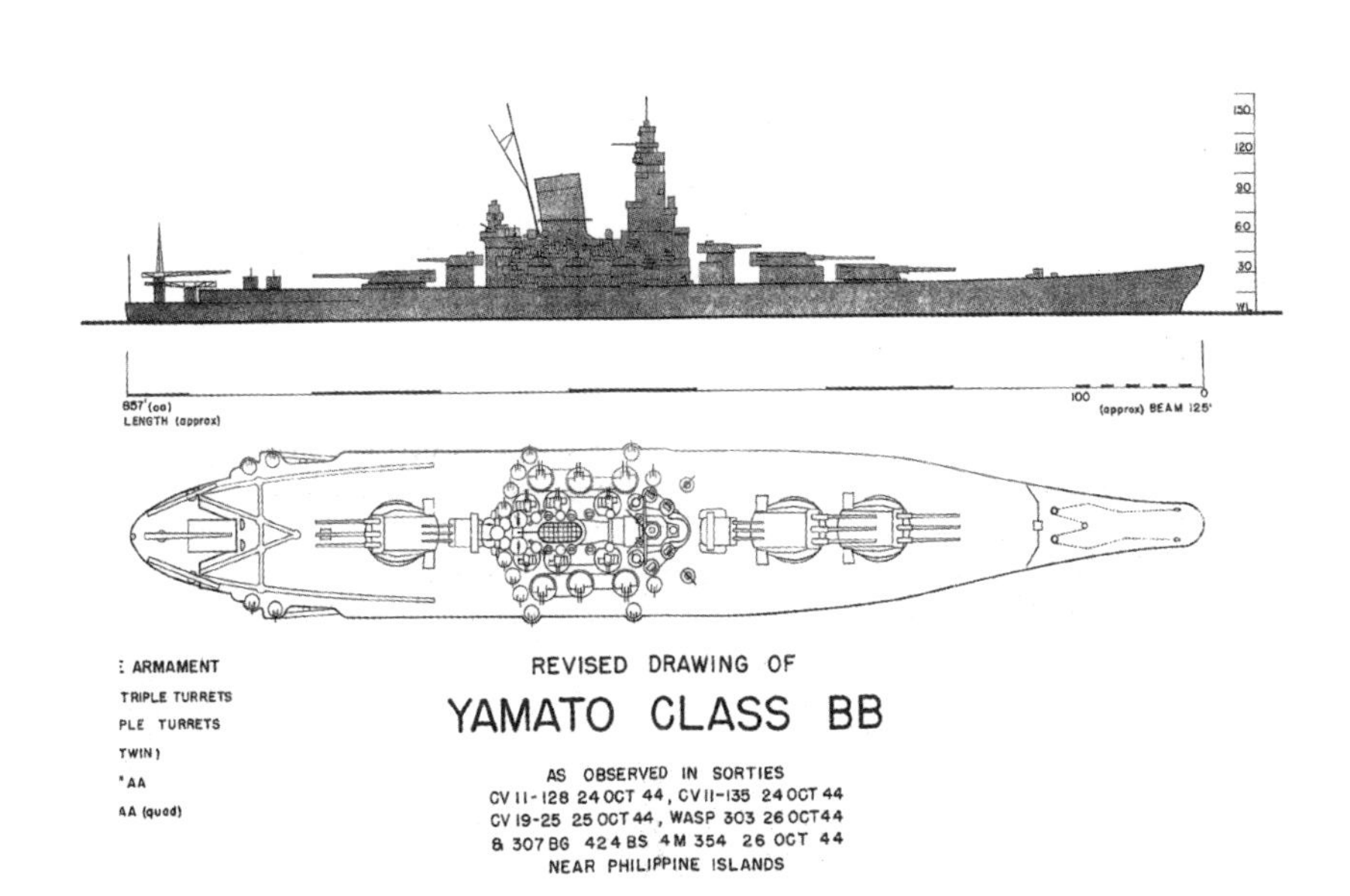

比島沖での偵察情報から米軍新たに描いた大和型戦艦の想像図。上の想像図に比してかなり正確になっているが、側面図はまだ情報が不十分なようだ

的な信頼性の査証手段を提供した。

かずおおくの技術的な論議が、日本海軍の主要な技術士官とのあいだで行なわれた。「大和」「武蔵」「信濃」にたいする彼らの誇りを理解することがなかったならば、彼らが意見を明確に述べるのに気おくれさせただろう。技術士官は、一般的に協力的であると思われた。

複雑な水中防御システム

大和型（「信濃」をふくむ）戦艦の水中防御システムは、横須賀海軍工廠でひきつづき行なわれた一連の模型潜函試験で設計された。

これらの試験は、「大和」だけでなく、戦艦「長門」の改装にも関連して一九三四年（昭和九）にはじめられた。三分の一の縮尺の模型が使用され、九キログラム（一九・八ポンド）の装薬で攻撃を仮定した。

まずはじめに使用された爆発物はトリニトロトルエン（高性能爆薬）だったが、計画の後半では六〇パーセントの高性能爆薬と四〇パーセントのヘキサトリニトロジフェンオラミンをふくむ装薬に変更された。これらの実験は、高性能爆薬に相当することをしめしていた。日本軍は、実物大の爆薬二〇〇キログラムに相当するのが九キログラムと考えていた。

一九三九年（昭和一四）初頭に行なわれた最後の実験は、「大和」の実物大模型をつかって、七五ミリ（三インチ）の内部甲鈑の隔壁を準備し、四〇〇キログラム（八八〇ポンド）の爆薬で攻撃した。

もっとも奥の隔壁は水密でなかったが、裂け目は生じなかった。主要な弱点は、砲弾にたいする奥の隔壁の底部にある接手（つぎて）部だった。この接手部分は、「大和」建造のさいに変更された。

前述した模型実験にくわえて、かんたんな艦底実験が水中防御の設計にかんし、経験上の方法を生みだした。

実験によって変更されたものは、内部の甲鈑隔壁の厚さ、バルジ（すべての大型艦がそなえていた）の表面から隔壁の距離、そして爆薬の規模だった。「大和」のシステムは、四〇〇キログラムの爆薬に耐えるよう設計されていた。

「大和型」の装甲帯接手

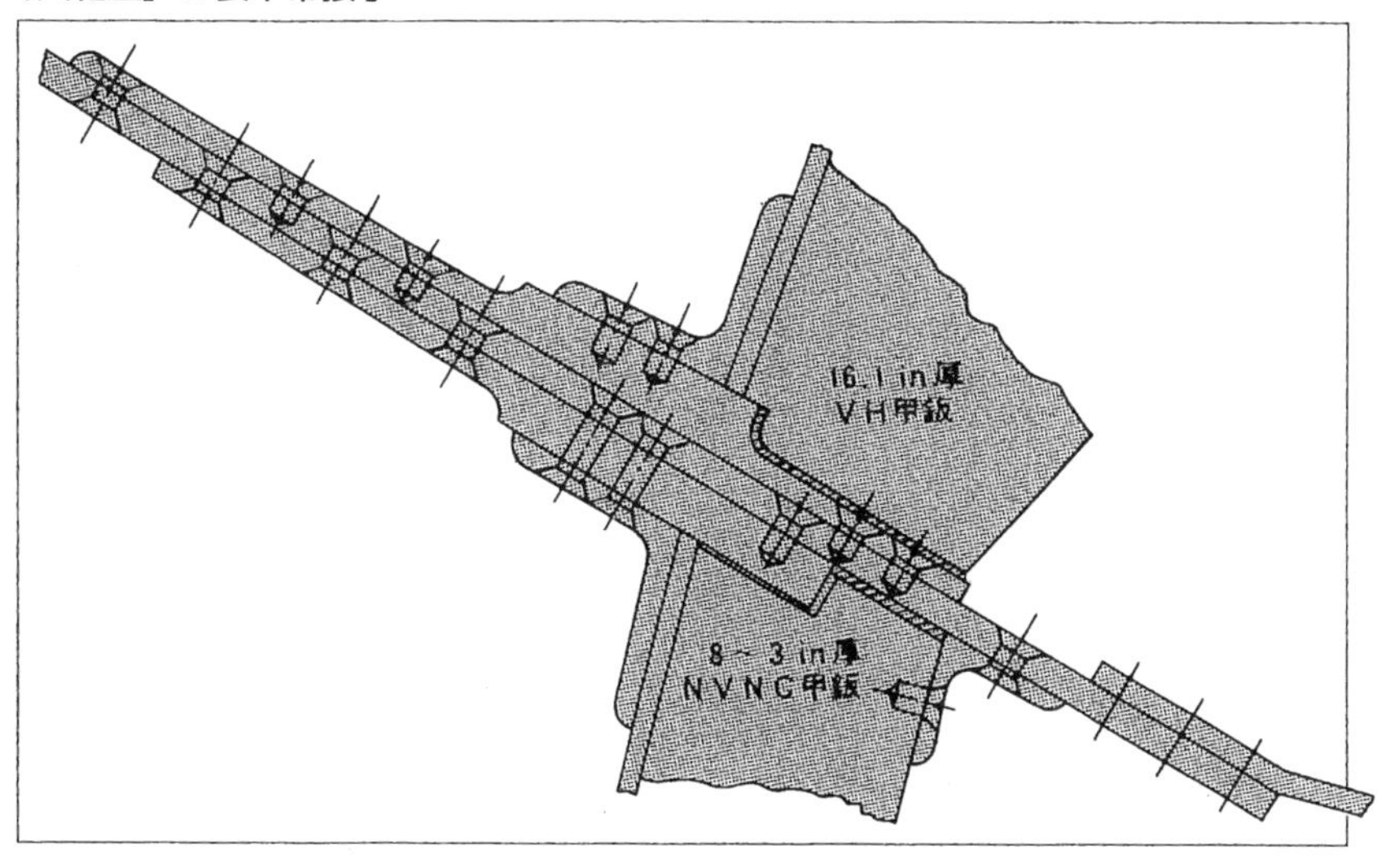

前述したように、設計は実物大模型の実験によって確認されていた。このときに言及されたように、三インチ（七・六二センチ）の隔壁が使用されるべきだった。しかし、建造以前に水中弾の考慮すべき問題がおこり、隔壁の厚さを根本的に厚くする原因となっていた。

実際に取り付けられたものは、船体に接続する底部を三インチとし、上方にむかってしだいに太くなり、最上部（一六・一インチ〈四一センチ〉の傾斜甲鈑の下縁に接続）では八インチだった。日本人は爆薬四〇〇キログラムで攻撃された後甲鈑隔壁に漏水を予期していた。しかし、二枚の船体内部の縦壁は漏水しないと信じていた。

不幸にも、これらの実験の記録類は、ついに発見できなかった。しかしながら、あたえられたデータは四名の異なる技術士官に査証されて、全員が実験の成算とみちびかれた結論に原則的に同意した。

むずかしい下層隔壁を使用する決定は、下部の甲鈑隔壁に主要な装甲帯を接手する困難な設計問題をもたらした。審議と熟考ののち、図版にしめした接手が採用された。

接手の設計は、むりのない期間内に要求した特別の鋼材を完成させる製鋼業者の能力に、なによりもましてもとづいていた。何人かの士官は、建造における遅れは甘受されており、より有効な接手が採用されるだろうと感じていた。しかし、彼らはそれをくつがえした。

接手は、全体的に三つがさねのリベットの強度を奪いとり、横耐久力に依存するという不十分な設計だった。くわえるに、接手自体は横方向をささえるのに十分でなかった。

甲鈑隔壁の内側の二つの縦壁は、垂直と水平の肋材隔壁でたがいにしっかりと接していた。

二つの隔壁（甲鈑の船体内側にある隔壁の反対側の水平肋材をおぎなう）がゆがんだ場合、その弾性を得る努力がほどこされたにもかかわらず、隔壁は支持部の太いほうの端と甲板の連結部が、反りのほとんどを支えることができなかった。このシステムは「海軍技術報告＝索引番号Ｓ－01－３」の「日本海軍艦艇の特質＝論説３＝水上艦艇の船体設計」のなかで詳細に述べられている。

要約すれば、魚雷防御システムの不適切な構造設計は、このような重量のある材料の使用から予測される耐久力の達成を妨げていることは明らかである。接ぎ目はとくに不十分だった。

建造されたときのシステム全体の深さは、バルジからおよそ三メートル（九・八フィート）の甲鈑壁とともに約五メートル（一六・八フィート）だった。

さらに重大な誤ちは、上部の運転する位置あたりに配置された厚いビームによって、外側缶室の二つの固定した縦壁とともに接合したことだった。ビームは、厚いＨ型鋼材だったと報告されている。

缶室のなかで増した圧力にたいし、船体内側の縦壁を強化すべきだった。この支部は、米海軍技術調査団のために描かれた設計図にはしめされていなかった。しかし、すでに誤りを認めていた日本人は、われわれの指摘に不承不承ながら認めた。

この厚い接手の存在は、船体内側の缶室に浸水した「信濃」の場合に重大な結果をまねいた。水密隔壁が内側にゆがんだとき、ビームが内側隔壁に穴をあけたのである。

日本人は、全艦艇に優秀な安定特性値をあたえようとしていた。つぎのことが「大和」型で確立され、理論上、入手された設計基準であったと報告された。

無防御構造のすべてに浸水した場合、中央の装甲（防御）区画は沈下せず、十分な浮力と二二度の復原範囲をあたえるに十分な安定性をもつ。

片舷の外側の防水区画すべてに浸水した場合、艦は一八度（低い両端の中甲板が海水にはいる程度の角度）以上に傾斜しない。

無防御の後部の一つ、あるいはもう一つが完全に浸水した場合、艦は艦首部、または艦尾のどちらかが沈まない。

三つの外側の缶室と機械室、および片舷のこれらの区画付近の防水区画に浸水しても艦は転覆しない。

これらの状況について、最初の設計の段階で実際に計算されたことを証明する、いくつかの資料がある。しかしながら、これらの計算をしたさいに日本人設計者は、艦の全長に関係しない最上甲板までの全容積を水密区画にふくんでいた。

これは、見通しの甘い結果をみちびきだしかねないものであった。

一連の縮尺艦底実験から、最終的に日本人は、魚雷防御システムの外側層は水防区画をそなえるべきとの結論に到達した。彼らは、攻撃により船体と内部構造にうける物質的損害範囲は、船体が不安定に背後で接するよりも少ないと信じ、この点をもっとも重要と認めていた。

確認することができるほど、この原則が発見された一連の実験は、ひじょうにひかえ目に行なわれた。日本人は巡洋艦規模と、より大型の全艦艇に忠実にそれを適用した。

吃水線下の損傷の場合、最初の傾斜を制限するため、日本人技術者は艦艇に大きなGZ値（復原挺）と同様に、大きなGM値をあたえることを試みていた（訳注：GMが大きいほど艦は傾斜しにくくなる）。

彼らはまた、最初の傾斜を修正するため、反対舷の急速注水手段に大きく依存していた。外側の水防区画と水圧機区画には、直径一〇インチ（二五・四センチ）の遠隔操作の海水弁をそなえていた。外側の防水区画にも空気抜きをそなえていて、損傷の状況によっては外側の防水区画に必要とする注水を行なった。

全体的にみて「大和」と姉妹艦の吃水線下の攻撃への防御は、通常このような巨大な艦艇に期待される基準以下だったと考えられる。それでもなお、このシステムは同時期に設計された他国海軍の、より小型の主力艦艇の基準にくらべて大きかった。

無視できない魚雷の威力

この調査の過程で、このシステムが「大和」型各艦が損失される以前の作戦中に一度、試験されていたことが発見された。「大和」はトラックの北方およそ一八〇浬で、一九四三年（昭和一八）一二月二五日に潜水艦が放った魚雷一本を右舷後部にうけた。損傷を報告する部隊指揮官から海軍省への電報を引用する。

「一九四三年一二月二五日トラック北方一八〇浬、北緯一〇度五分、東経一五〇度三二分の位置で一隻の敵潜水艦から魚雷一本の命中をうけた。バルジの接手部（装甲鈑）の上縁から下に広がって約五メートル（一六フィート）の深さに、そして第一五一番と第一七三番フレームのあいだに二五メートル（八二フィート）の長さの穴を生じた。海水は、吃水線の装甲をへこませる原因となった縦壁の小さな穴から、第三主砲塔上部弾庫に浸水した」

第四部（造船）は、損傷の注意ぶかい検分と分析を行なった。図版は、損傷を検分した日本軍士官によって作成された図面をもとに作図された。このとき、製図した日本人は米海軍技術調査団代表者の監督下にあった。図版は、損傷のかなり正確な描写であると考えられる。

この命中魚雷は、確実に米海軍潜水艦から放たれたものであった。当時TNT弾頭からトーペックス火薬（高性能爆薬）への移行が完了していた。すなわち魚雷には、およそ六三五ポンドのトーペックス火薬（爆発力でTNTの九〇〇から一二〇〇ポンド相当）が装てんされていた。

これは、潜水艦の哨戒報告によって確認された。

魚雷が命中した付近における「大和」の魚雷防御システムは、艦船体の後部、全高の二分の一あたりにもうけられていた。魚雷は海面下約四フィート（一・二メートル）の浅い所で、上部と下部のあいだの接手上からすこしの距離の傾斜甲鈑付近を直撃した。

米海軍機もしくは潜水艦（トーペックス爆薬六〇〇ポンド）の魚雷が命中した場合、次のような損害をうける可能性がある。

a：上部傾斜甲鈑に下部の甲鈑を接手する連結部が、あるていど破壊される。破壊の大きさは、接手部分に近いほど増大していく。道理にかなった限界内で、より深い深度への命中は、接手部にこの浅い命中よりもさらに重大な破壊をひきおこすと予測できる。

b：舷側甲鈑壁の船体内側の第一隔壁は、下方の舷側甲鈑の上縁が内側に動く距離のどちらかの範囲で破壊されるだろう。

◆戦艦「大和」主要目（米海軍調査）

全長	263m（860ft）
水線長	256m（838ft）
最大幅	38.8m（127ft）
水線幅	36.9m（121ft）
満載排水量	72,809t
公試排水量	69,100t
吃水（満載）	10.86m（35.5ft）
吃水（公試）	10.4m（34ft）
GM値（公試）	2.93m（9.6ft）
最大GZ値（公試）	舵角35度で2.35m（7.7ft）
安定性の範囲	78度
速力（公試）	27kt（設計時）

この損傷後の最初の傾斜は、公試状態の安定特質と、艦内にはいったと報告された海水の容量にもとづいて、予測された傾斜にほとんど近い二度か三度のあいだであったと、何人かの士官から報告されている。

この損傷にたいする日本側の調査結果として、第四部（造船）は、二つの船体内側にある隔壁のあいだの上部水防区画の角を交差する四五度（訳注：二〇度）の傾斜甲鈑の取り付けを認めていた。

効果的な目標として、二つの隔壁間の水防区画の水密度を維持すべきだった。しかしこの方法は、不適切に思われる。設計部の長は、それはまったく価値のないものだったと率直に意見を述べた。

これらの情報を要約すると、次の通りとなる。

六〇〇ポンドのトーペックス火薬をもつ米軍の潜水艦魚雷は、「大和」の魚雷防御システムを破壊するだろう。船体内側に浸水する海水の総量は、命中部分の深さによってかわる。

もし命中による衝撃の位置が、甲鈑の接目部分か、

潜水艦魚雷による
「大和」の右舷後部の損傷状況図

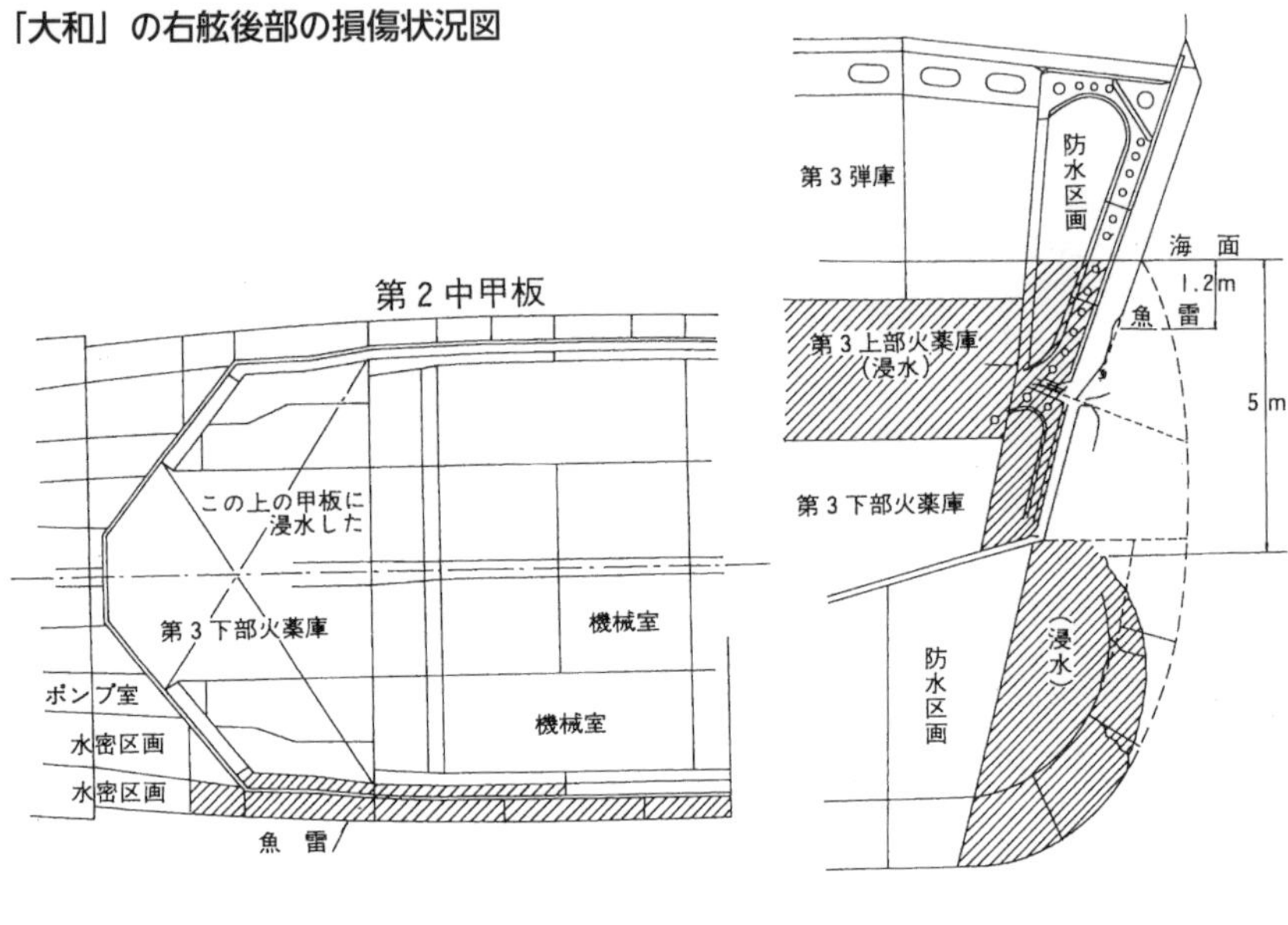

その下であるならば、船体内側への浸水はおそらく制御できないだろう。また、その衝撃の位置が主要な舷側装甲帯付近ならば、船体内側の浸水は制御できるかもしれない。しかし、このような箇所への命中は、きっとその範囲内からみて注目すべき結果をみちびくであろう。

もし艦が傾斜しておらず、無傷であるならば、一本の魚雷の命中による傾斜角度は二〜三度である。

全般にこれらの結論は、艦の右舷側に四本の潜水艦魚雷の命中をうけた「信濃」の場合で実証された。この命中のうち、三本は魚雷防御システムのあたりで、船体内側区画に確実で急速な浸水を発生させた。

前述した結論は（「信濃」の経験によって実証された）、「大和」「武蔵」両艦に命中した魚雷の数を評価するのに重要である。

運命の島・沖縄をめざした最後の艦隊

戦艦「大和」は、呉海軍工廠で建造された。一九三七年（昭和一二）に建造がはじめられ、一九四一年（昭和一六）十二月十六日に完成して就役した。

「大和」は格別に成功した艦でないとしても、まずまずの活動的な経歴があった。一九四三年一二月二五日、「大和」は第一節で述べたようにトラックの北方一八〇浬（およそ三三〇キロメートル）で潜水艦の魚雷の命中をうけた。

一九四四年（昭和一九）一〇月二四～二六日のレイテ湾の戦いの空襲で、「大和」は第一砲塔ふきんとその前方に直撃弾三発をこうむった。これらの爆弾はほとんど損害をあたえず、「大和」はかんたんに修理された。

一九四五年（昭和二〇）四月初旬、「大和」は沖縄の合衆国上陸作戦を阻止するための任務部隊の主力艦となった。その編成部隊は、瀬戸内海の徳山湾に集合した。総戦力は「大和」と軽巡「矢矧」そして駆逐艦八隻であった。

四月六日までに「大和」は、燃料搭載量の九〇パーセントをつみこみ、四六センチ主砲の対空信管砲弾をふくむ弾薬の十分な補給をうけていた。平均吃水はおよそ三五フィート（一〇・七メートル）で、満載状態にちかかった。

「大和」の乗組員は、歴戦の勇士ばかりで、士官と下士官兵の総勢およそ二四〇〇名（訳注：第二艦隊司令部を含む三三三二名）だった。士気は戦況が不利なのにもかかわらず、かなり高かった。

部隊は夕闇にまぎれて豊後水道を通過するために、四月六日一五時に出撃した。一八時、「大和」では乗組員の三分の一が戦闘配置につく第一警戒航行序列をとり、のこりの乗組員は戦闘配置のちかくで睡眠をとっていた。

この状況は、豊後水道沖に米潜水艦（複数）の存在が報告されていたためにとられたと想定されている。その夜は平穏無事にすぎたが、艦隊は二〇ノットの速力で南下をつづけた。

四月七日朝、乗組員は早目の食事を七時までにとった。一〇時ごろ、不確定なレーダー電波が米軍機群をとらえた。このとき「総員配置準備」の命令が、部隊の全艦艇に発令された。その直後、米軍機が視認され、全艦隊は「総員配置」についた。「大和」の艦内は、完全な閉鎖状態におかれた。すべての扉、ハッチ、通風換気装置などが密閉された。（日本海軍全艦艇が使用している）垂直の防水扉の下部にある排気管さえ、しっかり閉じられた。五分から七分間で完全な閉鎖状態となるように命令されたのである。

「大和」は、全艦で戦闘行動を準備した。

米軍機はたえまなく艦隊をつけまわしていたが、攻撃はおよそ二時間のあいだ進展しなかった。この日は朝のうち、大部分の上空がくもっていたが、午後までには晴れ間が見えてきた。

一二時直後（日本軍は、時刻について漠然としていた。この記述のなかの時刻は、いくつかの報告と記事との平均値で構成されている。また、米軍の作戦報告とは正確に照合していない）、日本艦隊はあきらかに攻撃準備中の米軍機の二つの大編隊を視認した。「大和」は二四ノットに増速した。護衛隊は、通常の輪形陣をとっている。

二つに分離した攻撃機隊の最初の作戦行動は、ほとんど同時に行なわれた。

われわれの質問にこたえた「大和」生存者たちのうち、参謀長は上甲板から八階の高さにある上部艦橋にいた。副長と副砲長は司令塔のなかにおり、砲術参謀は六階の高さの戦術指揮をとる通常の配置についていた。副長と副砲長の両名は、電話と伝令員によって応急処置の報告をうけていた。

傾斜計は司令塔に設置されていたので、士官二名によって報告された傾斜角度は、本当に正確でないにしても、ほぼ正確と思われる。

強じんな「大和」の抵抗力

一二時二〇分ころにはじまった最初の攻撃は、数分間つづいた。攻撃がおわったとき、「大和」は第三砲塔付近に直撃爆弾四発をうけていた。そして、左舷に二～三本の空中魚雷の命中があった。最初の傾斜は、左に五～六度だった。

砲術参謀は、戦略爆撃調査団証言報告第一三三号のなかで、わずか三発の爆弾の命中を報告しているにもかかわらず、他の三名の士官の証言は、爆弾四発が「大

炎上しながらも対空戦闘を続ける「大和」。後方には「矢矧」もみえる

和」を直撃したことを最終的にしめしている。

爆弾二発は、最上甲板の右側の第一五〇フレーム（肋骨）あたりを直撃して、その場所にある一二・七センチ（五インチ）高角砲をめちゃめちゃにした。

その二発は、最上甲板に直径一二～一三フィート（五～七メートル）になると報告された穴をあけ、爆発した。多数の対空用火器が破壊された。火災は発生しなかった。損害報告にもとづいて、副砲長は爆弾二発を二五〇キロ通常爆弾（米軍の五〇〇ポンド爆弾に該当する）と推定した。

別の二発の爆弾は、最初の命中の五分以内につづいた。一発の爆弾は、艦中央線上の後部副砲塔前面のすこし左寄りを直撃した。別の一発は、後部射撃指揮所を貫通して、射撃指揮所を大破した。

これらの爆弾は最上甲板と上甲板を貫通して、中甲板上で爆発した。火災が発生して、消えることはなかった。あるときは消えかけ、またあるときはにわかに燃えあがり、「大和」が沈むまで燃えていた。

一五・五センチ副砲塔は、内部を完全に破壊され、生存者は砲塔員わずか一名だけだった。彼は海軍一等兵曹で、副砲長に、この一帯の爆弾の被害についておおくの情報を、のちにあたえていた。

消火活動の努力は混乱におちいり、効果がなかった。この火災は、その後二次にわたる攻撃で「大和」の転覆と同時におこった弾薬庫の爆発の原因となったかもしれない。

生存者四名の士官は、最初の攻撃の空中魚雷による命中数で同意がなかったが、右舷に命中がなかったことでは、全員が一致した。砲術参謀は「米海軍技術報告書第S－01－3」のなかで、三本の魚雷の命中を報告した。しかし、確実な証拠の詳細をしめさなかった。

副長は四本の魚雷の命中を報告しており、同一箇所の前方に三本の命中をみとめたが、水中防御システムの内側にはいかなる浸水も生じなかったと主張した。

参謀長は、わずか二本の魚雷命中の報告をした。それは、左舷外側機関室のそばに一本と、第八缶室付近に二本目で、これらの二つの区画では、ゆっくりとした浸水がはじまったという。

副砲長は、二本の魚雷の命中と、これによってひきおこされたゆっくりとした浸水に同意した。しかし、三本目の魚雷が左舷後方の機関室後部に命中したと考えていた。

彼は第三砲塔の弾薬庫に、最後の攻撃の時期まで、損傷による浸水がなかったことを知っていた。それ故に、三本目の魚雷の命中が「大和」にあったとしたら、もっと後方の箇所にちがいないと思っていた。操舵の不能は、士官の誰もが知らなかった。

副長と副砲長により報告された命中後の最初の傾斜五～六度は、むしろ艦中央部への二本の命中のみとして結論づける証拠である。船体内側区画の浸水によって実証されたこれら二本の命中は、確実なものとして評価された。これらは第一三五番と第一五〇番フレームに命中したとされている。そして、命中による衝撃は、これらのフレームの前後数フレームであったかもしれない。

三本目の命中の見込みは、確実な二本の命中と一致する小さな傾斜の点と、そこからの浸水にかんする士官の全員の知識の欠除から見て、むしろなかったと考えられるが、第一九〇フレームの第三番砲塔後方の左艦尾に命中の見込みがある。

右舷外側の区画への注水は、「大和」の左傾斜を一度までもちなおした。参謀長、副長、そして副砲長は、最初の攻撃のあと、艦の速度に小さな低下がおこったことに同意した。左舷外側の機関室への浸水は、第二次攻撃までにくい止められた。第八缶室は、第二次攻撃前に運転不能と報告された。

大戦艦の墓標となった火柱

攻撃の第二波は、第一波のあと四〇—四五分ではじまった。一三時ちかくと推定される。

戦略爆撃調査団証言報告第一三三号のなかで砲術参謀は、左舷艦尾側に二本の魚雷の命中、そして艦中央部二分の一の位置の右舷側に二本を報告した。彼は、その詳細の実証をしめさなかった。

これは、他の三名の士官の証言とは大きな食いちがいがある。全員は、すべて艦中央部二分の一の位置の左舷に三本の魚雷命中と右舷への一本の命中に同意した。爆弾の命中はなかった。

左舷を直撃した空中魚雷は、第八缶室と第一二缶室、左舷外側機関室と左水圧機室への瞬時の浸水をひきおこした。

参謀長は、この時点でこの区画から退避したのは、二〇名以上ではなかった（すべて下士官兵）と報告した。浸水の範囲は、三本か四本の魚雷が命中したことをしめすことができた。

副砲長は、最後部の命中は第一四三フレームの隔壁のちかくで、そこは左舷外側機関室と水圧機室を分割しており、二つの区画に浸水をひきおこしたと信じていた。魚雷三本の確実な命中と、一本の命中の見込みは、この攻撃中に左舷におこったものとしている。

三名の士官全員が、第一二五番フレームのそばを直撃した右舷への命中は、むしろ急速に第七缶室に浸水したことに同意した。士官の全員は、右舷へのいかなる別の被害も知らなかったが、砲術参謀は、右舷への二本目の魚雷命中を明確ではないが思い出した。

第二次攻撃のおわりにあたって、傾斜はおよそ左舷へ一五～一六度あった。士官全員は、速力が一八ノット以上でなかったこと、後部の火災がつづいていたこ

浸水で艦首を沈め、左舷への傾斜をましながらも前進を続ける「大和」

とをみとめた。

右舷への反対舷注水がさらに行なわれ、「大和」はゆっくりと左舷傾斜を五度に復原した。この時点において、右舷のすべて可能な区画に注水されていた。

一三時四五分ころと思われる三〇分後、第三次の最後の攻撃が展開された。攻撃がおわったとき、同意は一様でなかったが、「大和」はさらに二本の魚雷の命中を左舷に、そして一本以上の命中を右舷にうけていた。

戦略調査団証言報告第一三三号のなかで砲術参謀は、左舷への二~三本の魚雷の命中と、右舷の一本か二本の魚雷の命中を報告した。彼はふたたび、その詳細な実証をしめさなかった。

参謀長は、右舷機関室の区画に漏水を生じさせた、右舷外側の機関室ちかくへの一本の魚雷の命中だけを確信していた。副砲長は、この区画の被害を確認した。彼はまた、左舷に二本の魚雷の命中、一本は第一〇缶室の船体内側に、もう一本の魚雷は左側内側の機関室に漏水を生じさせたと確信していた。

副長は、第一六四番フレームかその近くへの可能をもつ、左船体外側の機関室と第三番砲塔の弾薬庫区画付近に三本の魚雷の命中を信じていた。しかしながら副砲長は、弾薬庫の浸水について、これを確認しなかった。

命中魚雷数と浸水区画にかんする三名の士官の証言にみられる混乱は理解できる。彼らの記憶は、反対舷への注水の努力によって、さらに混乱した。

最終攻撃後の傾斜は、左に一六〜一八度といちじるしく、それは急速に増加していった。

状況の危険性を認めた副長は、のこりの右舷外側缶室（第三と第一一番）および右舷水圧機室への注水を命令した。これはただちに行なわれたが、さらに傾斜することから、艦を一時的に止めるいがいに、ほとんど効果がなかった。

まもなく傾斜は、ふたたび増加しはじめた。傾斜はおよそ二二〜二三度となった。

最終攻撃での魚雷の命中数を評価すると、右舷に魚雷一本の命中のほかに少なくとも二本、そしてたぶん三本の魚雷が左舷に命中した。そのうち二本は、第一三五番と第一五四番フレームに確実に命中したとされているが、命中箇所はあるていどちがっているかもしれない。三本目は、第一六四番フレームの左に命中見込みとされている。

左舷への命中は、たぶん攻撃の早い段階であったが、「大和」への最終的な一撃は、一四時一〇分に攻撃した空母「ヨークタウン」の六機の雷撃機によって行なわれた。

攻撃機は傾斜している「大和」の高い舷側（右舷）をねらった。五本の魚雷が、右舷前部から艦首にかけての部分に命中したと、攻撃側は主張している。

「大和」の速力は、急に落ちた。運転されていたのは右舷船体内側の機関室のみで、一〇ノット以上はだしていなかった。

部隊指揮官（艦長）は、右舷に傾斜をおこす取舵が、左へさらにかたむくのをふせぐ助けとなることを望んで命令した（これは、砲術参謀による戦略爆撃調査団証言報告第一三三号に記録した記述と食いちがっている。彼は面舵がとられたと証言している。しかし、知り得るべき配置についた副長は、確信していた。そこで彼の記述がうけいれられた）。

転覆し、大爆発を起こした「大和」。護衛の駆逐艦は左から「霞」「初霜」「冬月」

一四時直後、「大和」はすべての動力がうしなわれ、ゆるやかに旋回していた。そこで艦長は「総員退却」を命じた。艦の傾斜は、危険な限度にまで増加していた。ひじょうに短い時間で、「艦を放棄せよ」の命令が発せられた。「大和」は急速に転覆した。それは下層の配置から、乗組員が退却する前だった。わずか二八〇名の乗組員が救助され（士官と準士官二三名をふくむ）、全員、上部の配置だった。（実際は第二艦隊司令部をふくみ二七六名だった）

「大和」は、およそ一四時二〇分ごろに転覆したと思われる。およそ一二〇度の傾斜になったとき、大爆発がおこり、「大和」の船体は消えた。

最終的な転覆速度はひじょうに急激だったので、八階の高さの配置にいた参謀長は、そこに閉じこめられ、海底にひきずりこまれて、意識をうしなった。彼はのちに駆逐艦にひろい上げられ、意識を回復した。

副長と副砲長の両名は、司令塔をはなれた。副砲長は上部にあがったが、六階の高さの所で泳ぎだした。副長は、「大和」が九〇度にかたむいたのちに、爆発がおこったと言った。爆発のもようは米軍機によって写真にとられ、報道用に公開された。

爆発は確実に、艦尾のちかくでおこった。「大和」が艦底のビームの先端までひっくり返ったあと、わずかな間隔でおこっている。

副長の印象では、三つの爆発の連続が、三つの主砲弾庫付近で、それぞれほとんど同時におこったと報告した。

魚雷に沈められた戦艦「大和」の結末

「大和」にたいして使用された空中魚雷は、およそ六〇〇ポンドのトーペックス火薬をふくむ弾頭をもちいていた。攻撃中、使用された空中魚雷の大部分は、深度調整を一八～二二フィート（五・四九～六・七一メートル）で行なっていたと報告されている。この装薬量は、「大和」の水中防御システムの破壊が可能とされていた。

表は、報告された魚雷命中の数のすべてをしめしている。空中魚雷の命中は、実証的情報にしたがって「確実」「見込」「可能性ある命中」に区分してある。図版は、ここにあげた命中の位置をしめしている。しめされたフレーム番号は、衝撃の位置から判断したもので、もちろん推測である。

二本の右舷への命中の効果は、それにともなう浮力の損失にもかかわらず、反対舷への注水問題を容易にし、「大和」の沈没時期を長びかせた。もっとも重要な位置の艦の両舷にくわえられた魚雷の釣り合い効果は、魚雷の命中箇所がほとんど平等に

◆戦艦「大和」の魚雷命中箇所

	命中確実		命中見込み		可能性ある命中	
	左舷	右舷	左舷	右舷	左舷	右舷
第一次攻撃 1220	Fr150 Fr125				Fr190	
第二次攻撃 1300	Fr143 Fr124 Fr131	Fr124	Fr148			
第三次攻撃	Fr135 Fr154	Fr150			Fr164	
総計	7	2	1		2	

第一次：左傾斜およそ5～6度、反対舷注水により傾斜1度に復原
第二次：左傾斜およそ16度、反対舷注水により傾斜5度に復原
第三次：左傾斜およそ16度に増加、攻撃終了後20～30分で転覆

戦艦「大和」の被弾図

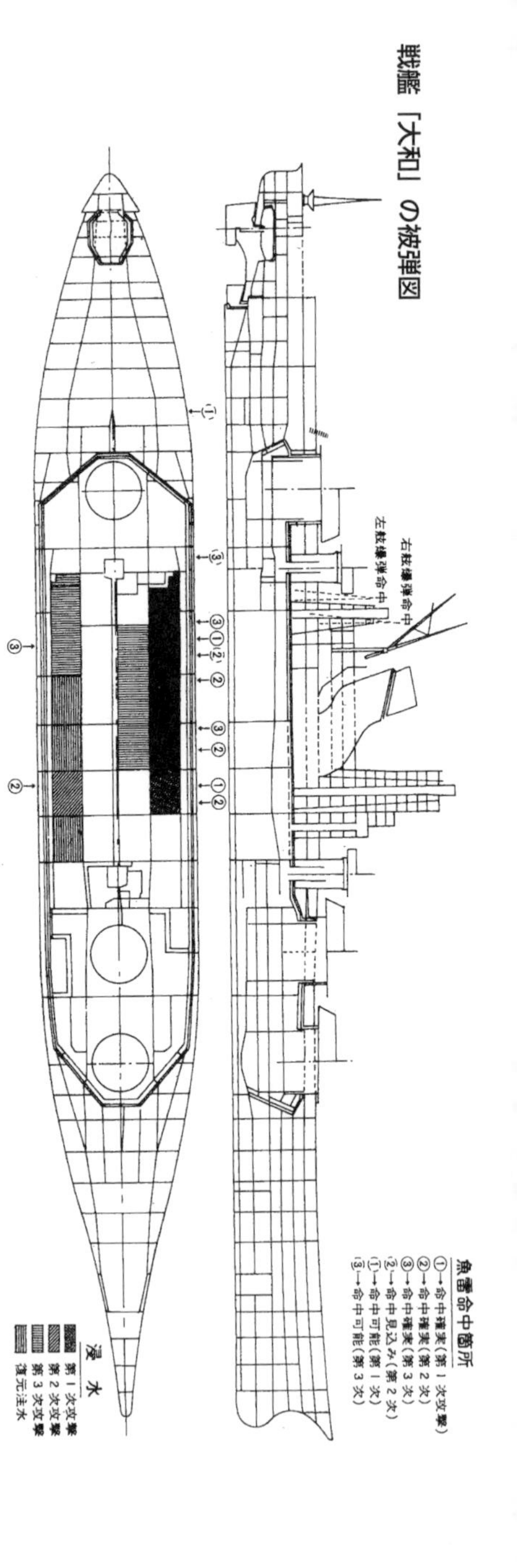

ふりわけられた「武蔵」の場合において、さらにおおくの意見をのべている。

「大和」が、空中魚雷によって沈められたのは疑いない。艦が転覆したあとに弾薬庫の爆発がおこった。爆発の原因は、明確に突きとめることはできなかった。

副砲長と参謀長は、艦後部の火炎が、艦の転覆と同時に昇降口を通って弾薬庫にはいり、後部副砲塔の火薬庫を発火させたという意見を述べた。弾庫の構造は、あきらかにこのことを可能にするようである。このようなことが発生する公算にたいした詳細な学習は行なわれなかった。

副長（以前砲術長だった）は、この理論に不同意だった。彼の意見は、三つの主砲塔にある弾庫室の四六センチ砲弾の高性能焼夷弾（沿岸砲撃と対空弾幕射撃の両方に使用する三式焼霰弾）が原因であるという。

砲弾は、砲塔室のまわりに立てかけておかれていた。「大和」がおよそ一一〇～一二〇度の角度にたっしたとき、砲弾はその先端を甲板に打ちつけ、火薬庫を誘爆させて異常な爆発がおこったとしている。砲弾すべてに信管が装着されていた。

しかし、焼夷弾（三式焼霰弾―零式信管）の数はすくなかった。米軍の爆弾処理班士官である信管の学者は、このような状況での信管の作動は、実質的に不可能であると述べた。この砲弾の信管は、五五秒遅延の日本海軍式時限信管で、米軍の日本軍信管の参照資料に「九一式」として記載されていた。したがって、後部の火災が爆発を発生させたとするのが、もっとも道理にかなっていると結論づけられた。

日本軍がとる反対舷への注水による傾斜復原の方法は、「大和」の場合は実証されなかった。中程度の傾斜は、「武蔵」の場合のように急速に修正できるが、反対舷への注水能力は、もし空中魚雷が水中防御システムを破壊しないならば、片舷への三本の魚雷によって命中をうけても、十分に艦の安定をたもつよう限界をもうけていた。

「大和」の場合において、もし二本の右舷への命中がおきなかったならば、およそ一〇度以上の傾斜角度を制御する能力は、作戦中のもっと早い時期に明らかになったであろう。外側機械室区画の反対舷注水は、最悪の状況下いがいでは極端に不適当な方法である。

上甲板が海水につかるような、およそ一六度の急激な傾斜の場合、外側の水防区画は海水の浸水にたいし約五五パーセントの能力しか発揮できない。これは「大和」「信濃」両艦の転覆の重要な要因だった。

傾斜が大きな場合に外側の水防区画を満水にするための能力をもつ、損害制御ポンプシステムはなかった。艦は致命的な損傷をうけていなかったが、外側機械室区画（複数）に注水する以外には、およそ一六〜一八度の傾斜を修正する手段がなかった。

損害にたいする抵抗の観点から、最初の傾斜角度を制限するために流動物（海水バラストか重油燃料）をみたす外層をそなえることが、いっそう望ましいと考えられる。また大規模能力の損害制御ポンプシステムが、大和型の艦艇にとっては利点となったであろう。

戦後の海底調査で明らかにされた「大和」の姿は、前部弾火薬庫付近で爆裂、中部船体は裏返しとなり、後部が「く」の字に曲がった状態であった。

〈『丸』一九九三年一〇月号（潮書房）掲載「最後の巨艦『大和型』沈没の真相」改題〉

米海軍技術調査団レポート2

「大和型」沈没の真相〈「武蔵」「信濃」篇〉

ひそかに就役した巨大戦艦の二番艦

「武蔵」は、おなじ計画と仕様書で建造された「大和」の姉妹艦である。「武蔵」の舷側装甲鈑は、「大和」の四一〇ミリ(一六・一インチ)とくらべて四〇〇ミリ(一五・八インチ)と薄かったが、それはとるにたりない相違点だった。

「武蔵」は、三菱長崎造船所の陸上にある船台上で建造された。「武蔵」は一九四二年(昭和一七)八月に完成し、その直後に就役している。

「武蔵」の軍務記録は、その行動にかんしてほとんど情報が入手できなかったので、はっきりしていなかった。「武蔵」は一九四四年(昭和一九)六月のフィリピン海の戦闘(マリアナ沖海戦)において日本艦隊と行動をともにしたが、損害をまぬがれたと報告されていた。

知るかぎりにおいて、「武蔵」が沈められた一九四四年一〇月二四日以前に、この巨艦は損傷をうけていなかった。

この調査がはじまったとき、活用すべき資料がわれわれにはほとんどなかった。

活用された資料は、「大和」の損失の結果と「信濃」

の損失に関連したもので、船体にかんする特質をまったくうしなっており、しかも根拠のないものだった。たとえば、司令部の戦術指揮官である参謀長は、生存者からの情報提供で、一八本の空中魚雷と四〇発の爆弾の命中があったと、戦略爆撃調査団証言報告第一四九号のなかで報告している。

この報告の論説にある要約された戦闘報告書は、二一本の空中魚雷の命中をあげている。「武蔵」は、最後の猛烈な攻撃がくわえられたあと、およそ四時間は沈まなかった。惨事を誇張する日本人の特徴が、海軍省の士官からの求められない質問をおさえていた。

幸運にも、副長と機関長の証言が利用された。両者は、「武蔵」損失にかんし、数おおくの詳細を記載した手帳をもっていた。また両者は、多数の他の生存者とも面談していた。そして、二人とも二一本の魚雷命中を報告していた。

しかし副長は、前述した戦闘報告書の作成準備に手を貸していたことが判明した。それにもかかわらず、この士官二名は他者とちがって、理知的で事情に精通していた。

空中魚雷命中の一〇本にかんして、彼らは比較的に数おおくの詳細な情報を提供することができた。その他の一一本について、彼らはまったく詳細をしめすことができなかった。

副長は、損傷応急報告のほとんどすべてを受けており、報告の覚え書をもっていた。そして機関長は、作戦中のほとんどの期間、水圧機室にいた。

「武蔵」はシンガポールからそれほど遠くないリンガ泊地（実際はガラン）を、一九四四年（昭和一九）一〇月二一〜二二日の真夜中に出港した。出港のさい、「武蔵」は満載状態で、吃水が三六フィート（約一一メートル）あった。「武蔵」は中央フィリピンの作戦海域に進出した第二艦隊の戦隊に所属していた。この航海で「武蔵」は、重油燃料一〇〇〇トンを消費し、別に八〇〇トンを随伴の駆逐艦にうつした。最後の日の朝、「武蔵」の吃水は約三四・五フィート（一〇・五メートル）だった。

乗組員は日本海軍の規範に照らし、とくによく訓練されていた。日課には、いかに適切に、そして完全に艦内の閉鎖をするかを乗組員に身につけさせるため、一日二回の演習がふくまれていた。

特別の反対舷注水の演習も、実際に修正すべき傾斜一度で行なわれた。これは「大和」が、一九四三年（昭和一八）一二月に一本の潜水艦魚雷命中をうけたときに起こった傾斜の約二分の一ないし三分の一であった。

一〇月二四日六時、乗組員は「総員配置に付け」が命令され、艦は戦闘準備をした。艦内の完全な閉鎖状態が報告された。速力は二〇ノットだった。この日は米軍機による激しい空襲が、一日中くわえられるものと予測された。

副長は、司令塔の後方にある三階の戦闘配置についた。機関長は、左舷船体内側の機関室を指揮する電話ボックスがある管制室にいた。

一〇時直後、最初の米攻撃機が視認された。艦隊の速力は二二ノットに増速された。

最初の攻撃は一〇時三〇分ころにはじまって、四〜五分間つづいた。「武蔵」は爆弾の命中こそなかったが、至近弾によって挾叉された。この至近弾は図版にしめされていないが、損害と浸水は記入されている。第二〇番フレーム（肋材）付近にある二つの小さな前部狭尖部倉庫が浸水した。

三本の空中魚雷が「武蔵」の右舷に命中したと、士官二名によって報告された。最初の命中は、第一一缶室そばの第一三〇番フレーム付近だった。とりあえずは修復されたものの、この区画へはかなりの浸水があった。この命中は確実なものとして区分されている。

二本目の魚雷は、右舷の水圧機室外側の機関室直前の第一四〇番フレームあたりに命中したと報告された。三本目の魚雷は、右舷外側の機関室そばの第一五〇番フレームあたりに命中したと報告された。

どちらの区画に浸水があったか、士官二名にはわからなかった。さらに、この攻撃後の最初の傾斜は、傾斜計から読みとったところ、右舷に三度以上もなく、小さかったと士官二名によって報告された。

もし三本の空中魚雷が本当に片舷に命中していたならば、たとえ魚雷防御システムを貫通しなくても、右舷の傾斜は確実におよそ八〜一〇度になったであろう。それで、第一三〇番フレームの命中は確実なものとして評価されたが、他の二本は「命中見込み」として区

被弾し黒煙を上げながらシブヤン海を進む「武蔵」の舷側付近に巨大な水柱が上がる

分する価値もないと判断された。

　艦の速力に影響はなかった。左区画への反対舷注水は、右への傾斜を一度に修正した。艦首に軽いトリムをもった状態で、「武蔵」は第二次攻撃をうけた。

襲いかかってきた猛鳥たち

　一一時四〇分ころ、第一次攻撃から一時間ほどしてから第二次攻撃が開始され、四分か五分つづいた。至近弾による損害はなかった。しかしながら、二発の爆弾が艦を直撃している。

　最初の一発目は不発弾で、第一五番フレーム左の最上甲板を直撃し、そこから吃水線上部の左外板を貫通した。浸水はなかった。

　二発目の爆弾は、第一三八番フレーム付近、煙管の左六フィート（一・八三メートル）か八フィート（二・四四メートル）の甲板に命中した。爆弾は爆発する前に、二つの甲板を貫通した。

　火災は発生しなかったが、かなりの損害があった。

左の船体内側の機関室は蒸気が充満し、放棄をせざるをえず、その後も乗組員を配置できなかった。機関長は、右舷内側の機関室に移動した。

ふたたび、三本の空中魚雷命中が報告され、今度はすべて左舷側だった。

一本目は、左外側の機関室と水圧機室を分割する隔壁に接した第一四三番フレームのちかくに命中した。その後部区画は、修復できる以上の割合いで浸水をはじめた。しかし、急速ではなかった。

機関室のなかに少量の漏水がおこったが、重大な損傷ではなかった。そして、これは確実な命中によるものとみなされた。

そのほか、別の二本の空中魚雷命中による衝撃箇所は、第八〇番フレーム（第一砲塔のそば）と第一一〇番フレームのあたり（前部左外側の缶室前方の隔壁）だった。士官二名が気づいたかぎりにおいて、損害または内側への浸水はなかった。

この攻撃後の傾斜は、左舷（すでに右舷に一度の傾斜があった）に取るに足りない程度だった。数ヵ所にわたる右舷区画への反対浸水が、小さな左傾斜を復原したのであった。

第二次攻撃の結果として「武蔵」艦上におきた最大の重要事項は、左舷内側の機関室の損失だった。他の三軸の回転は増加し、艦隊速力がかろうじて維持されていた。

およそ三〇分後の一二時一五分、第三次攻撃が開始され、おなじように四分か五分つづいた。艦に爆弾は命中しなかったが、艦尾への超至近弾からの破片で、航空機用クレーンに被害があった。

右舷魚雷防御システムの前部、第六〇番フレームに命中した一本の空中魚雷は、いくつかの大型倉庫を浸水させた。梁（ビーム）は比較的に前部方向にあり、狭かった。これにより、わずかな取るに足りない右舷傾斜がおきた。

士官二名によれば、「武蔵」は二メートル（六・五フィート）以上、艦首のトリムを変化させた。これは、確実な命中と判断された。

「武蔵」はこのようにして、第三次攻撃の重大な損害をまぬかれた。このときまでに、わずか三本の空中魚雷が「武蔵」を直撃したにすぎなかった。

艦の長さの中間½の両舷に各一本ずつと、前部に一本だった。「武蔵」にとっては致命的な損害にはならなかった。

徐じょに沈みゆく艦首部

第四次攻撃が第三次攻撃後のおよそ三〇分後、一二時五〇分にはじまった。四発の爆弾が艦を直撃した。一発目は、第四五番フレームの乗員室内で爆発する以前に、三つの甲板をつらぬいた。火災と損害はなく、いかなる浸水も認められなかった。二発目は、装甲防御区画のちょっと前方の第六五番フレームを直撃した。二つの甲板をつらぬいて、居住区画で爆発した。このときも、火災は発生しなかった。

第七〇番フレームに命中した三発目は、二つの甲板をつらぬいて、すこしばかり損害があった傾斜甲鈑隔壁のわずか前方で爆発した。四発目は、煙管の外側、最上甲板の右舷第一三四番フレームを直撃し、衝撃で爆発した。対空用の兵器（機銃）がすこしばかり破壊された。これらの爆弾は、沈没におよぶほどの被害はあたえなかった。

個々の直撃弾は副長によって確認され、位置をつきとめられた。

第四次攻撃中に四本の空中魚雷が「武蔵」に命中したと報告された。

一本目は、倉庫のそばの第七〇番フレームのあたりで、多量の浸水がみられた。二本目もまた第七〇番フレームあたりに命中したが、今度は右舷側だった。

これら二本の魚雷に、第三次攻撃での右舷第六〇番フレームの一本をくわえた結果、「武蔵」は装甲防御区画（直接防御区画）背面の第五四番隔壁から艦幅を横切って、ほとんど完全に浸水した。

三本目の魚雷の命中は、右舷第一三八番フレームあたりにあり、右舷水圧機室に急速に浸水した。副長は、この魚雷は第一次攻撃中に魚雷が命中したのとおなじ箇所を直撃したものとしている。

しかし、第一次攻撃の記述のなかで指摘したように、第一次攻撃中にここに魚雷が命中したかどうかは、かなり疑わしい。

すべての注水可能部は満水となり、艦首部の最上甲板を海面すれすれに沈下させた「武蔵」

四本目の魚雷は、士官二名によって、第一一〇番フレームのちかくの右舷前部外側の缶室そばに命中したと考えられていた。しかし、これによる内側への浸水はなかった。

この攻撃の結果、傾斜はわずか二度ほど右舷にあった。それは、艦の中央½の長さの右舷に命中して平衡を狂わせた魚雷が、一本以上でないことを示していた。それゆえに、第一三八番フレームちかくの魚雷が、実際に艦中央½の長さのところに命中したことになる。第七〇番フレーム前方の二本もくわえて、第四次攻撃のあいだに、総計三本の魚雷が命中している。

しかしながら、艦首のトリムはもっとも致命的な事柄となった。艦首部の吃水線は、ほとんど最上甲板にたっしていたのである。

速力はおよそ一六ノットに低下し、「武蔵」は艦隊から落伍した。左の区画は反対舷注水されており、右舷への傾斜は修正されていた。

一三時一五分ごろと記録されているが、第四次攻撃の終了したおよそ二〇分後、第五次攻撃が行なわれた。しかし、損害はなかった。

「武蔵」は、北方にのろのろと進んでいた。三つの機械室と九つの缶室（魚雷攻撃からの損害のためと、爆弾の損害から出入口をふさがれたため、二つの内側の缶室が運転していない）は可動中だった。

激しい前部トリムによって安全策をとる必要から、艦の速力はさらに一三ノットに減速された。傾斜、もしくは累進的な注水はほとんどなかった。

しかしながら、傾斜を修正する目的で注水していた区画から、海水を除去する試みは行なわれなかった。それぞれには、一時間二〇〇トンの排水能力をもつ蒸気排水器がとりつけてあった。

このときまでに「武蔵」は、六発の確実な爆弾の直撃をうけていた。これらの直撃弾は、いかなる浸水の損害もひき起こさなかった。一方、六本の空中魚雷が確実に命中していた。このうちの三本は、艦中央½の長さの箇所に、右舷に二本と左に一本が命中した。他の三本は、すべてが無防備の艦首構造に命中している。右に二本、左に一本である。

「武蔵」は、これ以上の損害をうけなければ、致命的となるほどの危険な状態ではなかった。しかし、両舷の外側区画のほとんどに、浸水していた。そして、艦首部にのこっている乾舷は、ほとんどなかった。対空砲火の大部分は沈黙していた。

とどめを刺された「武蔵」

もっとも狂暴な第六次攻撃が、無益な第五次攻撃のあと、二時間ほどしてはじまった。それは一五時二〇分ごろだった。そして、それは一瞬にして終了した。

この攻撃において、一〇発の確実な爆弾の直撃があり、上構を修羅場と化した。装甲甲板の下には被害がなかったが、舷側の吃水線上の大きな範囲に穴があいていた。その状況を次にしめす。

▼第七五番フレーム・右舷＝第一主砲塔の天蓋を直撃。内部に被害なし。

▼第六二番フレーム・左舷＝中甲板と上甲板の損害の増加は、第四次攻撃でひきおこされた。

▼第七九番フレーム・右舷＝中甲板の士官室で爆発。

▼第一一五番フレーム・右舷＝二つの爆弾は、一緒に

◆戦艦「武蔵」の空中魚雷命中箇所

	命中箇所	浸水区画	傾斜と復原
第一次攻撃 1030	右舷Fr130	第11缶室に漏水	右舷傾斜3度 右舷1度に修正
第二次攻撃 1140	左舷Fr143	左舷水圧機室に急速浸水	左舷小角度傾斜 0度に修正
第三次攻撃 1215	右舷Fr60	貯蔵室に浸水	知覚できる傾斜なし、艦首にトリム
第四次攻撃 1250	左舷Fr70 右舷Fr70 右舷Fr138	貯蔵室に浸水 貯蔵室に浸水 右舷水圧機室に即時浸水	右舷傾斜2度 0度に修正 艦首部のトリム大
第五次攻撃 1315	命中なし		
第六次攻撃 1520	左舷Fr75 左舷Fr125 左舷Fr145 右舷Fr105	第1砲塔弾薬庫に急速浸水 第8缶室に急速浸水 第12缶室にゆっくり浸水 左舷外側機械室に急速浸水 対空火器弾薬庫に急速浸水	

近接して落下した。最上甲板で衝撃により爆発。檣楼の上部の大きな範囲に被害をあたえた。

▼第一〇八番フレーム・左舷および第一一五番フレーム・左舷＝二発の爆弾が中甲板で爆発して、付近の無線室を破壊した。

▼第一二〇番フレーム・左舷＝檣楼の八階を直撃し、その左側で衝撃により爆発。（防空指揮所右舷を直撃、第一艦橋張り出し、一八番双眼鏡付近で炸裂）

▼第一二〇番フレーム・中心線＝これは檣楼の防空指揮所を直撃した。

▼第一二七番フレーム・中央線＝これは檣楼の後方部を直撃したが、ほとんど損害なし。

致命的な損害は、空中魚雷によって生じた。士官二名は、一〇本の命中を報告した。このうちの二本は不発で、第一四〇番フレームの左舷を直撃したと報告された。

激しい空襲のさなかに確認された不発魚雷は、いくつかの憶測の問題を提供した。そして、彼らは目撃者によって報告された事柄以上への憶測はあえて行なわなかった。水密隔壁内部への浸水は、ともかく報告されなかった。

のこりの八本の魚雷について、四本は機関長と副長から報告された浸水によって確認されていた。

最初の一本目は、第一主砲塔の弾薬庫そば、第七五番フレームだった。上下二段のうち、下部の弾薬庫が浸水した。この命中は、第四次攻撃中に命中したのとおなじ箇所にあったと、副長によって報告されている（それは、浸水がどちらの士官も知らないという理由で、命中として評価されなかった）。

二本目の確実な命中は第一二五番フレームの近くで、すぐに第八缶室に浸水している。第一二缶室は、ひじょうにゆっくりと浸水した。

三本目の確実な命中は第一四五フレームのそばで、左舷外側の機関室にものすごい早さで浸水した。ただちに機関科員は避難した。ふたたび副長は、この命中が第二次攻撃のさいにうけた箇所のそばであったと信じていた（しかし、内側の損害の跡が機関長によって思い出されなかったことから、命中として評価されなかった）。

四本目の確実な命中は、水圧機室のすぐ前面にある対空砲用弾薬庫にちかい右第一〇五番フレームのそばだった。上下二段ある弾薬庫に浸水したと報告された。

副長は、命中箇所を手帳に記入していたにもかかわらず、どちらの士官も、この攻撃および別の空中魚雷四本の命中による特別な損害、もしくは浸水を思い出すことができなかった。この情報の欠乏は理解できる。たぶんそれは、攻撃の終了から「武蔵」が沈没するまでに、およそ四時間が経過したためによるものであろう。それでも彼らは、次の箇所に命中見込みを評価している。左第四〇番フレーム、左第六〇番フレーム、右第八〇番フレーム、左第一六五番フレームである。

この攻撃の終了時、「武蔵」は左にきわだった傾斜をみせていた。士官二名による推定は、およそ一〇～一二度であった。前部のトリムは艦首部最上甲板の付近が吃水線となり、容易ならない状況であった。

三本の空中魚雷の命中は左側で、一本は右舷側だった。このように報告された傾斜は、確実として評価された命中の数とむりなく一致する。

トリムと傾斜によって、命中見込みを評価することは困難である。だから、確実な命中数は、状況と命中

戦艦「武蔵」の被弾図

爆弾命中箇所
側面図の丸かこみ数字は爆弾の命中箇所と攻撃時期をしめす

魚雷命中箇所
①→確実な命中（第1次攻撃）
②→確実な命中（第2次攻撃）
③→確実な命中（第3次攻撃）
④→確実な命中（第4次攻撃）
⑥→命中見込み（第6次攻撃）

浸水状況
ゆっくりした浸水
急速な浸水
第6次攻撃後の復原注水

見込みに矛盾がない。もし、命中見込みが命中していたならば、もっと激しい傾斜を生みだすことを予測することが無理なくできる（三本の可能性は前部だった）。艦首の実際のトリムは、一甲板の高さだけの増加で、命中見込みが本当に命中していたとは、疑わしいと考えられる。

速力は、舵のききぐあいが十分でなく、六ノットに下がった。二つの右舷機械室と七つの缶室が、まだ運転中だった。

トリムと傾斜を同時に改善しようとする試みのため、右舷後部の大きな倉庫への注水が命令された。ここには海水弁を装備していなかった。

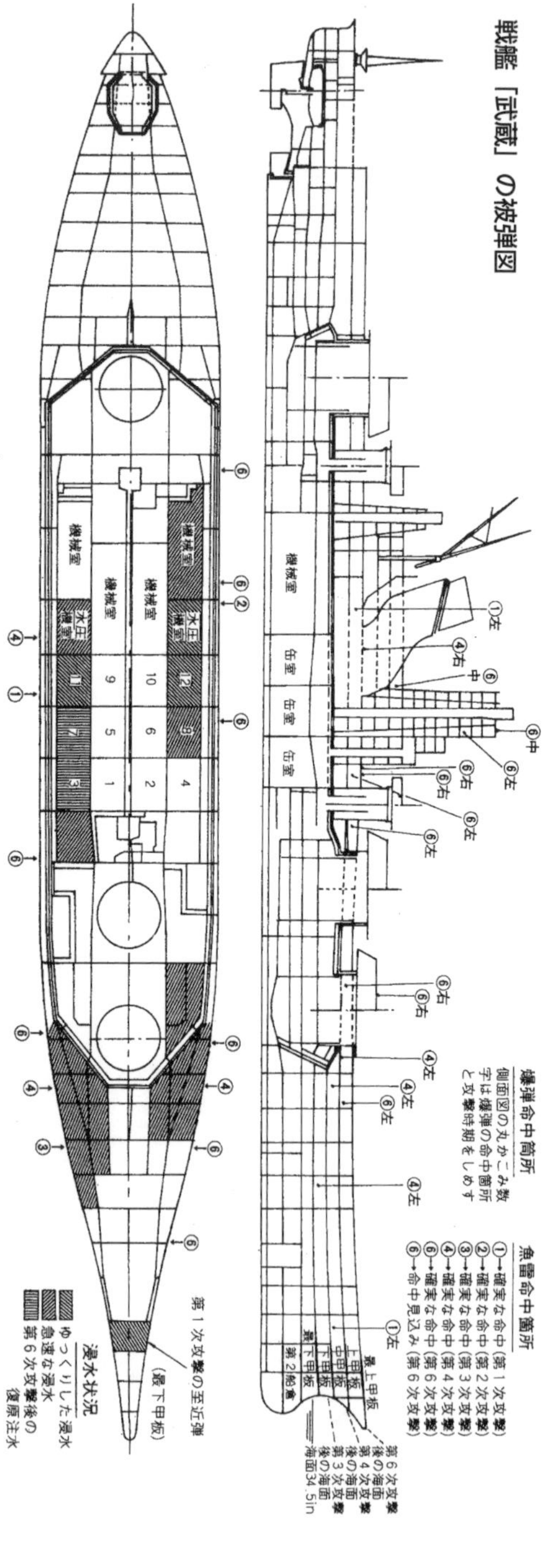

しかしながら、十分でないが消火ポンプは、消火主管から倉庫に注水をする状態でのこっていた。その試みは放棄された。機関長は彼自身の独断で、のこっている外側の右舷缶室に注水した（第一一缶室が、最初の攻撃にひきつづいて完全に注水されていたかどうかはっきりしていない。しかし、それはしばらく蒸気を発生させていなかった）。これにより左約一二度で傾斜をくいとめたが、船体を元通りにはできなかった。

艦首は沈下をつづけ、注水の限界を立証するような応急処置によって、前部の累進的な浸水はすすんでいた。傾斜は、ゆっくりと増加をつづけた。

一八時までに全動力がうしなわれ、一九時の状況は絶望的だった。まだ左へ一二度から一五度以上にはならなかったが、最上甲板の前部は、第一主砲塔のうしろまで水中に没していた。

「総員退去」が命令され、駆逐艦への乗組員の移動がはじまった。一九時二〇分ごろ、傾斜は警戒域に増加しつづけていた。一九時三〇分、傾斜は三〇度以上になった。そして、傾斜速度がさらに早くなった。

一九時三五分、左への不意の傾斜が起こり、「武蔵」は艦底を上に回転させ、巨大戦艦は艦首から先に、海中にすべりこんでいった。

断末魔を長びかせた原因

六〇〇ポンド（二七二・四キロ）のトーペックス火薬をふくむ弾頭をもった空中魚雷が、「武蔵」にたいして使用された。使用された魚雷の深度調整は大部分が不明であるが、少数の魚雷はじつに浅かった。

一九四三年一二月に「大和」に命中した潜水艦魚雷（この命中の深さは、装甲鈑をめちゃめちゃにしておよそ四フィート〈一・二二メートル〉だった）より、さらに浅かったかどうかは疑わしい。それ故に、不発魚雷のほかのすべての魚雷は、船体内側へかなりの浸水をひき起こしたと思われる。

最初の傾斜の判断規準と、魚雷防御システムそばの船体内側への浸水をもとにして、確実な空中魚雷の命中箇所をしめす（図版）。

右舷と左舷に五本ずつの確実な命中があった。最後の攻撃でくわえられたとされる命中の四本のほかに、一本もしくはそれ以上の命中魚雷が増加する可能性があるが、これら命中見込みの魚雷は信じられないと判断される。

左と右への平均した分布と、攻撃の間隔が、「武蔵」の長くつづいた断末魔の原因となったのは確実である。日本人によって報告されたすべての致命的な命中を認めるならば、総計の分布は、左舷に一〇本、右舷に九本となる。

最後の攻撃終了後、「武蔵」が沈むのに要した四時間は、「大和」が転覆に要した二〇〜三〇分よりもひじょうに長いものだった。この違いは、全般的に「武蔵」にたいし、魚雷の命中箇所が釣り合いのとれた位置にあったためと考えられる。

この二つの場合から、魚雷が急速な転覆をひき起こす原因となるかどうかが、戦艦の片舷に多数の命中をあたえる必要性とともに強調されている。

「武蔵」にたいして一六発の爆弾が命中し、そのうち九発は艦内に深く貫通した。もし直撃の場合、吃水線下を貫通する能力がないから、さらに至近弾の場合も、爆発の前に海面下に都合よく入り込まなければ、多数の爆弾が命中しても、その損害で沈没させることはできないという事実が立証された。

火災がおきていないことは、注目に値いする。これはあきらかに、内部の区画を空所にしたためである。爆弾の命中にひきつづいて起こる火災がなかったことは、一般に可燃物であると考えられる大量の材料が運びこまれているのが日本海軍の艦艇に共通していたが、「武蔵」にかぎってはちがっていたからだ。

空母に生まれかわった「信濃」の運命

空母「信濃」は、「大和」型の船体で建造された。日本側の観点からして、海軍の悲劇的な結末のうち、「信濃」はもっとも意気消沈させるものだった。超弩級艦の最後の三番艦となるはずだった「信濃」は、潜水艦の魚雷わずか四本によって、処女航海の二日目に沈んだ。

日本の海軍省が経験した衝撃は、想像を絶するものがあった。特別委員会が惨事を調査するために組織された（S委員会）。調査の記録類は、一九四五年（昭和二〇）五月の空襲で海軍省が破壊されたさいに消滅してしまったと報告された。

その結論の要約は「海軍技術日本報告S－01－3号」のなかに見出すことができる。それにくわえて、第四部（造船）と軍令部双方を代表した委員が証言している。

最終的に防御士官（内務長）と副防御士官が、委員会のメンバーによってしめされた意見を確認する証言をした。すべての意見は、きっちりと調査された。基本的な事実は、憶測以上に立証されたと考えられる。

◆航空母艦「信濃」主要目（米海軍調査）

全長	266m（872ft）
水線長	256m（838ft）
水線幅	36.9m（121ft）
満載排水量	71,890t
公試排水量	68,059t
吃水（満載）	10.8m（35.4ft）
吃水（公試）	10.3m（33.7ft）
GM値（公試）	3.5m（11.4ft）
最大GZ値（公試）	舵角40度で2.9m（9.5ft）
安定性範囲	79度
速力（公試）	27kt
飛行甲板装甲	75mm（3.0in）CNC材 20mm以上（0.8in）DS材
搭載航空機	47機

「信濃」の建造は、横須賀海軍工廠で一九四〇年（昭和一五）後半からはじめられた。一九四二年（昭和一七）のミッドウェー海戦で四隻の空母を喪失したことが、「信濃」を空母に改造する決定の原因となっている。

「信濃」の主要装甲帯が厚さ六・四インチ（一六・三センチ）。「大和」は一六・一インチ（四一センチ）だった以外、「信濃」の水線下の船型は、「大和」のそれと同一であった。第二甲板の装甲は、「大和」の八・一インチにくらべて厚さわずか四インチだった。しかし「信濃」は、三インチ（七・六センチ）で装甲された飛行甲板をもっていた。

一九四四年（昭和一九）一一月、「信濃」は完成に近づいていた。大部分の士官と乗組員は、一〇月一日までに乗艦するよう命令されていた。

東京地区への最初の大空襲の脅威が、「信濃」を瀬戸内海に移動させる決定を日本軍にうながした。若い士官と下士官は、「信濃」艦上での訓練を行なっていなかった（実際には約七五パーセントが、以前に航海の経験をしていた)。

「信濃」は、一一月二八日に出港した。だいたいは完成していたが、それでもなお工事のうち、二つの主要な未完成項目があった。

防水区画の最終水密試験は行なわれておらず(訳注:水線上のみで、水線下は完了)、引き込み電線、配管系統のためにあけられた甲板や隔壁のおおくの穴は、まだ密閉されていなかった(訳注:マンホールは注排水試験の排水後の残水調査でひらかれていた)。

消火主管と排水装置システムは、ポンプの大多数が設置されていないため、完全に作動しなかった。くわえて委員会は、突貫工事のため全体として、職工の技術が十分に生かされなかったという意見も一因としてしめしていた。

「信濃」は、一一月一八日に軍艦籍にはいった。次の一〇日間は、多量の食糧と弾薬を艦内に運びいれるのについやした。定員は約一九〇〇名の士官と乗組員だった。「信濃」は、一一月二八日に横須賀を出港した。

巨体に命中した四本の魚雷

その夜、「信濃」は三隻の駆逐艦に護衛され、一八〜二〇ノットで航行した。装甲甲板上部と防水扉はひらいていた。装甲甲板下部にある甲板のおおくの昇口扉は、水圧機区画の利用のためにひらいていた。

応急指揮官(内務長)は、右舷側第一〇四番と第一一二番フレームの装甲甲板下の甲板に位置する第二配置で夜半直だった。副応急指揮官は、艦内の点検をおえたばかりで、島型艦橋の第一応急指揮所でぶらぶらしていた。

三時二〇分ころ、一斉射の四本の潜水艦魚雷が右舷に命中した。「信濃」は急速に右に傾斜し、九または一〇度にたっしたと考えられた。

第二応急指揮所に浸水がはじまった(訳注:注排水指揮所は缶室の前方、下甲板右舷側にあった)。「信濃」が転覆するまで、そこは完全に浸水しなかったが、反対舷注水のための努力はむなしかった。応急指揮官は、そこを放棄した。

最下甲板、第八九～一〇三番フレームの右舷圧搾空気機械室に浸水した。下部対空砲火器爆薬庫にも浸水した。これらの区画は、第一〇四番フレーム付近の艦首方向に魚雷が命中したためだった。

右舷前方の船体外側缶室（第三缶室の内側）（第三番）が、瞬時に浸水した。第一缶室（第三缶室の内側）は、船体外側の隔壁の漏水により、ゆっくりと浸水した。その箇所は、第三缶室のなかの固定隔壁をつなぐ厚い「H」鋼材のあたりだった。

第三缶室のすぐ後方の第七缶室も、ゆっくり浸水した。これは、魚雷の命中箇所が、二つの缶室を分割する第一二〇番フレームのはるか前方でないことをしめしている。

さらに後部、右舷の船体外側の機械室は、第一六〇番フレーム内のパッキン箱軸受けまわりの多量の漏水と、後部かどの固定隔壁をとおった海水により急速に浸水していった。この箇所の全員が避難した。

この魚雷は、応急指揮官によって第一六〇～第一六二番フレームのパッキン箱区画ふきんに命中したと思われていた。

四本目の魚雷は、魚雷防御システムの後部、ガソリン・タンク（幸運にもからだった）の後部ふきんに命中した。

ガソリン・タンク上部の第一八八～第二〇一番フレームにある第一船倉甲板の冷凍食糧室が浸水した。冷凍区画上部の第三甲板はひどく破壊され、その箇所で寝ていたおおくの乗組員が殺された。

左舷外側の区画に注水され、約一一度または一二度で右傾斜をしばらくのあいだ止めることができた。累進的な注水がつづけられた（訳注：片舷注排水区画の容量は約二〇〇〇トン）。主要防御区画内のどこかの弾薬庫をふくむ、第三、第一船倉甲板の区画後部がゆっくり浸水した。ここには排水装置の設備がなかった。

ガソリン用の便利なポンプが設置されていたが、誰もそれをどのように操作するのか知らなかった。日本人は、携帯用の水中で可動するポンプをもっていなかった。使用能力がかぎられていた携帯用ポンプは、いちおう配置されてはいたが、十分な数量でなかった。バケツリレー隊列が組織されたが、乗組員はいつのま

航空母艦「信濃」の被弾図

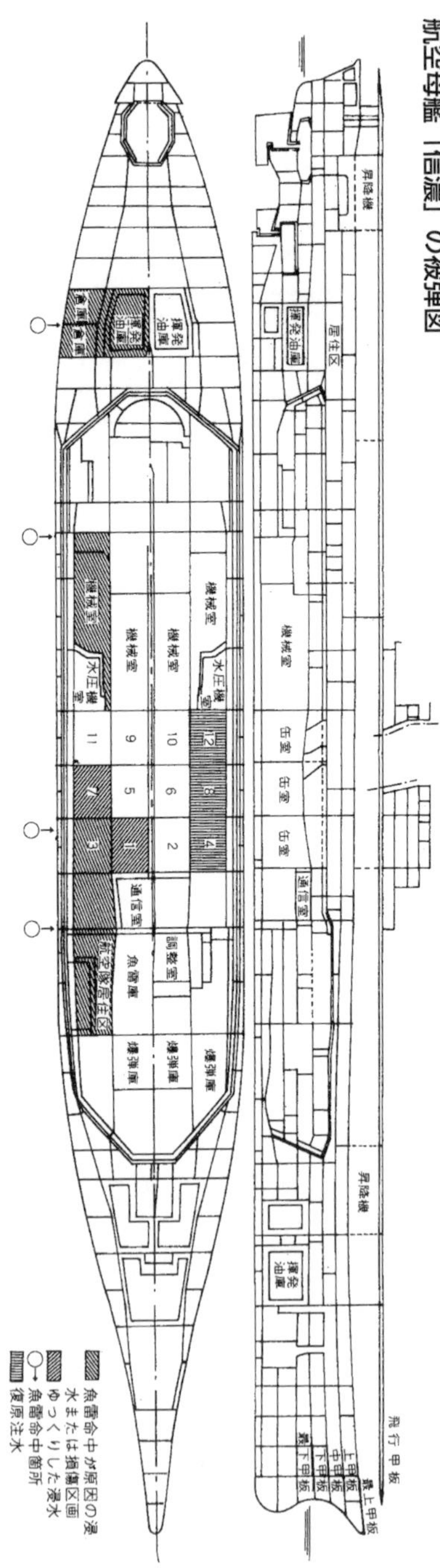

にかいなくなっていた。

乗艦していた民間の技術要員は、命令にしたがうのを拒絶したため、その混乱をさらに大きくした。彼らはみずから飛行機格納庫ふきんの上部区画に集まって、下方に行くことを拒否した（訳注：「工廠関係者飛行甲板」の命令が口伝えでいくうちに、「総員飛行甲板」になったという）。

傾斜はゆっくりと増加しつづけた。「信濃」はゆっくりとした速力で、まだ航行していた。

命中（五時ころ）のあと、およそ一時間半、機関長は三つの左舷外側の缶室に注水した。これにより短い時間だが、傾斜をとめることができた。およそ六時ころ、すべての動力がうしなわれた。

船体内側の缶室へ水を供給するボイラーは損耗していた。そして缶室の乗組員は、調査委員会のメンバーによれば、海水をどのようにして蒸気にするか知らなかった。このとき、あるていどの不完全な操作が起きた（訳注：艤装工事で応急注排水装置を担当した山内長司郎氏は、注排水指揮所の弁を二回にわたって誤操作を行ない、このため左舷注水が不可能になったと証言している）。

このとき、夜が明けようとしていた。すべての規律がうしなわれており、乗員はすでに艦を放棄していた。七時ごろ、副応急指揮官は、指揮官の認可を得て艦橋から天皇陛下の御写真を持ちだしてつつみ、横付けした駆逐艦にロープでうつした。

八時までに傾斜はひどくなり、横付けした駆逐艦に乗員の移乗がはじまった。時間は過ぎ、傾斜はゆっくり増加しつづけた。

一一時直後、「信濃」は艦底をころがすようにして右舷に転覆した。そして、艦尾から海中に沈んでいった。およそ七五パーセントの乗組員が救助されている。

部隊指揮官とともに艦橋にとどまっていた応急指揮官は、「信濃」がひっくり返ると同時に泳ぎだした。副応急指揮官は、左舷の格納庫から出て、キールのあたりまで舷側を歩き、大きなビルジ・キールにのぼってから泳ぎだした。

おそまつだったダメ・コン

「信濃」は、累進的な浸水の結果としてうしなわれたが、三本の魚雷が前部に命中したことにより、魚雷防御システムが打ちやぶられたことに間違いない。アメリカ海軍潜水艦の魚雷は、およそ六〇〇ポンドの爆薬をもったトーペックス火薬の弾頭を装備していた。

口述された報告と参照「B－2」の要約から、調査委員会の所見は次のとおりだった。

a：反対舷への注水法は、ひじょうに遅く試みられた。注水が行なわれたとき、その方法は、それまでにおこっていた大きな傾斜角度のため、不十分だった。

b：魚雷は、海面から三メートル（一四フィート）以上深くない箇所に命中し、浅かった。この推測は、前部の命中と水圧機室の後部からの浸水が浅かったことにもとづいていた。

c：甲鈑の上縁と下縁部のあいだの接目は、弱かった。

ｄ：艦が未完成であったことと職工技手の未熟さが、沈没の要因のひとつとなっていた。

ｅ：機関室からの生存者の証言にもとづき、魚雷防御システムが打ちやぶられていたことは確実だった。

ｆ：士官と乗組員は、四本の魚雷の効力に抵抗する「信濃」の能力に自信過剰となり、そのための訓練もなされていなかった。彼ら自身の任務にかんし、ほとんど努力がみられなかった。

「大和」の項で認められたように、甲鈑の上縁と下縁部の接目は、ひじょうに不適切な設計だったと考えられる。「信濃」の主要な甲鈑が薄かったにもかかわらず、その接目は「大和」とおなじように設計されていた。

魚雷の調整深度は、アメリカ海軍の潜水艦戦闘詳報からの確認にしたがっている。そして、このときの命中による衝撃の深さは、魚雷防御システムを破壊するのに重要な要因とはならなかったと考えられる。

全般的に日本海軍のダメージコントロール技術と装備は、アメリカ海軍およびイギリス海軍の基準よりはるかにおとっていた。

〔『丸』一九九三年一〇月号（潮書房）掲載「最後の巨艦『大和型』沈没の真相第２部」改題〕

世界最強艦の功績査定評価

最高功績点は「翔鶴」飛行隊

大和型戦艦「大和」に対する日本海軍の功績査定評価は、個艦既得功績点数（沖縄突入作戦をふくまず）二二四点と記録されている。ちなみに、捷一号作戦に参加し中部フィリピン・シブヤン海に沈んだ同型戦艦「武蔵」の功績累数は、九〇点である。

最高功績点を獲得したのは歴戦の翔鶴型航空母艦「翔鶴」飛行隊で功績点数は、一二〇二点（母艦功績点一六三点）、次いで同型航空母艦「瑞鶴」飛行隊の一〇〇一点（母艦功績点一六〇点）、航空兵力以外では駆逐艦「雪風」二六四点、「磯風」二三四点が高得点を獲得した。

〇点は、横須賀から瀬戸内海へ回航途中に米潜水艦に沈められた大和型戦艦の改造航空母艦「信濃」である。

太平洋戦争の功績査定標準は、戦争が開始されておよそ半年後の昭和一七年七月頃、大東亜戦争の大行賞事務処理のため海軍省人事局内に功績調査部が設置されたときに考慮された。そして翌年ある程度の評点付与標準が検討され、昭和二〇年（一九四五）一月頃からはっきりと作戦・成果点数制として具体化されたものである。

敵艦船艇の撃沈破評点付与標準は、航空母艦・戦艦の撃沈得点を五〇点、撃破得点を二〇点とした。巡洋艦は撃沈得点三〇点、撃破得点一〇点となる。

また、敵機撃墜（確実なもののみ）一機に付き三点、敵砲台、飛行機基地等軍事施設を砲撃、効果大なるものは五点、ただし、戦艦・巡洋艦による砲撃効果が大きいときは一〇点とした。

この陸上標的に対する一〇点は、敵艦船艇の撃沈破評点付与標準に対比させると、掃海艇、砲艦、護衛艦、特設巡洋艦、特務艦の撃沈、巡洋艦撃破と同一に評価される。

まして、中型・三〇〇〇トン以上の輸送船・商船撃沈の場合の得点は五点、撃破得点二点、五〇〇トン〜三〇〇〇トン級輸送船・商船ともなれば撃沈得点三点、撃破得点一点となる。

昭和一九年一〇月の捷一号作戦において敵港湾突入、輸送船団撃滅を命令された第二艦隊（第一遊撃部隊）の主要幹部は唖然として「敵の輸送船団と心中か。何のための猛訓練だ。これは兵術の堕落だ。何ゆえに聯合艦隊司令部は敵主力との海上決戦を企図しないのか」と不満を漏らしたという。

小艦隊をもって敵港湾を奇襲攻撃した戦例はあるが、大艦隊を挙げて敵港湾に突入、輸送船団を徹底的にたたいたような例は古今未曾有である。まして、敵軍事施設、輸送船などへの評価付加基準のもとにあっては、当然の感情であろう。

最強戦艦に積みこまれたモノ

昭和一六年（一九四一）一二月一六日、軍艦「大和」は竣工後ただちに聯合艦隊第一戦隊に編入され、四日間にわたり諸物件搭載が行なわれた。

弾丸と火薬管は、運貨船より本艦の各三基の主砲塔宛てに準備されたダビットで最上甲板に揚げられ、舷側より「ハッチ」まで弾丸は木製台上を転がし、火薬管は運搬車で運び、「ハッチ」より弾火薬庫までは、弾庫内の水圧式運弾機により下ろされることになっていた。運搬装置は、弾庫内に四個、砲塔内に三個の水圧モーターがあった。

「大和」は、主砲弾常備数九一式徹甲弾一門に付き一〇八発、零式通常弾一門五〇発、照明弾全部で七〇発(昭和一〇年四月時の計画では、砲塔三基九門で一一七〇発)、前後副砲砲塔分一門に付き一五〇発、両舷副砲砲塔分一門に付き一二〇発、連装高角砲六基分砲弾数一門に付き二〇〇発、二五ミリ連装機銃一二基分一梃に付き一〇〇〇発、一五ミリ連装機銃二基分一梃に付き一五〇〇発、雑兵器として一一年式軽機銃六梃・弾丸三万六〇〇〇発、三八式小銃四〇〇梃・弾丸一二万発、一四年式拳銃八〇梃、そして短艇用の爆雷が、一五メートル短艇二隻に八個、一一メートル短艇一隻に二個などを搭載したのであった。

大和型の前部主砲塔。砲弾と火薬管は砲塔ごとに準備されたダビットで運貨船から揚げられ、艦内に収められる

大和型戦艦には、一七メートル水雷艇二隻、電動機付き一二メートルランチ六隻、一一メートル内火艇、一五メートル長官艇、九メートルカッター四隻、八メートル内火ランチ一隻、六メートル通船一隻(計画時の搭載短艇は、本艦固有員一七八〇人、旗艦乗員一一五人、短期現役兵および生徒一五〇人計乗員二〇四五人を基準として計算していた)が艦尾部内に格納されていた。

他におよそ三ヵ月分の糧食、被服、艦営需品、重油六五〇〇トン、予備水三〇〇トン、水圧タンク内水二五〇トン、潤滑油一一〇トンなども搭載され、飛行機格納庫(出入り口をふくむ)には零式観測機八機が格納可能だが、零式水偵は格納できなかった。ミッドウェー作戦時の搭載機数は零式観測機三機である。後部両舷には、これら飛行機を発進させる呉式二号五型カタパルトが装備されていた。(一式二号射出機一一型だったという戦後の記録もある)

「大和」に与えられた任務は、軍隊区分・聯合艦隊主隊で全作戦支援であった。

瀬戸内海にある艦隊泊地柱島に回航された「大和」は、ここで艦隊所定作業を実施、二月一二日午前九時、聯合艦隊旗艦となった。

軍艦「長門」から「大和」への司令部移動は、大作業であった。

「長門」よりの搬出隊が運び出した諸物件を「大和」の舷側にあるダビットで甲板に積み上げ、「大和」の作業員が所定の部屋に運び入れた。

大将旗をひるがえした一五メートル内火艇が「大和」の舷側に横づけすると、聯合艦隊司令長官山本五十六大将が舷梯から番兵長・衛兵伍長、当直将校、伝令員の待つ舷門を通り乗り込んだ。山本長官移乗と同時に、「大和」のマストに大将旗がひるがえった。聯合艦隊旗艦となった「大和」乗員の士気はいやがうえにも高まった。

軍艦には戦闘任務を果たすための戦闘に関する合戦準備部署、戦闘部署、行動・保安に関する部署には出入港部署、防火部署、保安部署などがあった。

大和型戦艦の大型化された舷梯や錨関係には力持ちの乗員が配置されることになる。

「大和」乗員二三〇〇人は、呉鎮守府人事部との緊密な連絡のもとに選抜されていた。将校以外、特務士官、准士官、下士官、兵は、出身海兵団所属の鎮守府に籍を持つ者が乗り込むのが慣例であった。

「大和」の艦籍は、呉鎮守府にあった。新兵の配員には、身長、体重に条件をつけ厳選した。砲術以下の科長には、主力艦の科長経験者であるその道のベテラン、准士官以上、下士官兵にいたるまで優秀な人物が配されていた。

部署・内規は、分隊長以下が審議を重ねたうえ決定、「大和」には竣工当時二一個の分隊があり各員の受け持ちや、やるべき作業は、すべて号令一つで実行された。

艦の運命を担う乗員の訓練は、各分隊と個人の成績を掲示、総員の面前で表彰するなど、その効果はあがった。こうして「大和」は、比較的短時間で一応の戦闘水準に達したのであった。

竣工以来「大和」誘爆・轟沈まで乗艦していた乗員

は、累計点数二三五点を獲得することになる。

初陣のミッドウェーで二点獲得

「大和」の初陣は聯合艦隊司令長官の直率する主力部隊としてのミッドウェー作戦であった。

主力部隊は、戦艦戦隊第一の「大和」「陸奥」「長門」、と第二の「伊勢」「日向」「山城」「扶桑」で編成され、進出後第一戦隊はミッドウェー作戦支援の主隊、第二戦隊がアリューシャン作戦支援の警戒隊に分離することになっていた。そして必要な場合、直ちに両部隊が集結して全作戦を支援する態勢が計画されていた。

昭和一七年五月二九日〇六〇六、「大和」はミッドウェー作戦のため瀬戸内海・柱島泊地を出撃した。

「大和」は機動部隊がミッドウェー島攻撃に向け飛行機を発進させている時、同部隊の後方約五五〇浬（約一〇〇〇キロメートル）の位置にあった。

なぜ「大和」が機動部隊のはるか後方に占位していたかの問題は、ミッドウェー作戦計画では、敵空母の出現を予想していなかったため主力部隊（MB）の位置が作戦N日に機動部隊（KdB）の後方四〇〇浬（七四〇キロメートル）、N日プラス一日に二〇〇浬の位置と定められていたことにあった。

作戦計画の前提は、敵水上部隊の攻撃が、我がミッドウェー攻撃以降において生起するとの見解にあったのである。

〇四二八発信の「利根」四号機の敵発見第一電は、〇五〇〇頃到達した。「利根」機の通信遅達は、爾後の作戦に著しく影響を与えたといわれている。

しかし、第一航空艦隊航空参謀源田実は「攻略部隊が敵潜水艦に発見されたらしいことは知らなかった。ハワイ方面緊急信が増大したことは知っていても、それが何を意味するかまでには考えが及ばず、ただ漫然とミッドウェーくらいは鎧袖一触と考えていたので問題にしていなかった」「問題はどこに何隻あるかではなく、我がミッドウェー攻撃を知って敵は出撃するか否かであった」と戦後、本作戦を回顧している。

結局、日本海軍は、精鋭の航空母艦四隻「赤城」「加賀」「飛龍」「蒼龍」とその搭載機三二二機を失い、その後の偵察により敵になお数隻の空母健在なることを知るとミッドウェー攻略を中止するにいたるのであった。

六月一四日帰投した「大和」の功績点は、作戦点不成功二点となる。

本作戦で壊滅した空母部隊の「赤城」は累積功績点数三〇四点、「加賀」五六四点、「蒼龍」九三七点、「飛龍」九三〇点と評点された。

その後の米軍の反攻作戦に日本海軍は、苦戦を強いられることになる。

千載一遇のサマール沖の追撃戦

海上航空兵力の優位が認識されるにつれ、大艦巨砲主義の代表艦「大和」の活躍の場は、ほとんど無くなった。

「大和」の累積点は、竣工から捷一号作戦までの二年一〇ヵ月で（一八年一二月一八～二五日の戊一号輸送作戦をふくめ）わずか八点であった。

「護衛種別・研究中」によれば護衛甲は、一ヵ月に付き一〇点、護衛乙五点、護衛丙三点、一ヵ月未満は日数に比例し整数の得点、三〇日で一〇点、三日一点となる。日本海軍がいかにこの種の作戦を評価していなかったかを示している。

そんな「大和」に起死回生のチャンスを与えたのが捷一号作戦であった。

昭和一九年一〇月二五日、中部フィリピン・サマール島東方海面において、空前絶後の戦艦部隊による米空母（実際は護衛空母）追撃戦が生起したのであった。

日の出六時三五分、戦場の天候は北半および南半に「スコール」がある曇りで、風向北東ないし東北東、風速九メートル／秒前後であった。

日本艦隊は、前日の激しい対空戦闘を耐え抜いた戦艦部隊「大和」「長門」「金剛」「榛名」、一等巡洋艦六隻、二等巡洋艦二隻、駆逐艦一一隻の戦力をもって夜間警戒航行序列で、月光の薄明かりを利用してサンベルナルジノ海峡を通過し「レイテ」島に向け南下中であった。

六時四〇分頃、各艦相次いで敵艦上機数機を東方に発見、対空砲戦の準備を完了した。

五分後、各艦は東方暁雲の下、南北「スコール」の切れ間に敵駆逐艦らしき檣数本を発見した。

「大和」より距離約三万五〇〇〇メートル、引き続き檣の数が増し、次いで檣の大小、間隔および飛行機の発艦並びに艦型より空母三、巡洋艦三、駆逐艦二と判断した。敵の針路はおおむね南西であった。

日本側は、咄嗟の会敵であったうえ前夜以来敵情を受けていなかったため、日頃この場合の処置をいろいろ考えていたが、各隊の立ち上がりは、敵情不明のため緩慢であった。

六時五九分、「大和」は前部主砲六門で、目標Aに向け初照尺距離三一五(三万一五〇〇メートル)で五斉射した。効果は、第三斉射目から使用された一式徹甲弾が命中、「轟沈」と判定された。

一分後「長門」の前部四門が距離三二八で目標Aに四斉射して弾着が「大和」と集中した。この時も第三斉射より一式徹甲弾四型が発射された。効果は不明とされた。両艦とも主砲に対空射撃を準備していたため、いずれも第一、第二斉射は対空弾のみであった。そこで第三斉射目より徹甲弾を射撃できたが、両艦とも徹甲弾は二発のみで其の他は対空弾であった。

七時一分、「榛名」も目標Aに向け距離三〇八で一式徹甲弾三型五(一斉射)、一分後「金剛」も距離三〇五から一式徹甲弾二型五(交互発射)で目標Aを射撃、弾着の一部が「榛名」と集中した。効果は不明であった。

敵は日本側の主砲弾着をみると離脱運動(反転)を始めると同時に煙幕を展張開始し、まもなく敵が煙幕裡に逃げ込み、「大和」「長門」は射撃を中止することになった。

各隊は概ね東方ついで南方に追撃し、北方並びに東方より敵を風下側の西南方に圧倒しつつ、一気に逃走しようとする敵を追撃した。

幻だった「大和」の二一六点

日本側が正規空母と識別した目標は、実際にはカサブランカ級護衛空母六隻であった。

第七七・四任務群タフィ三（旗艦「ファンショー・ベイ」）は、六隻の護衛空母、三隻の駆逐艦、四隻の護衛駆逐艦とで、中部フィリピンのサマール島東岸五〇浬で作戦行動中であった。任務は、レイテ島上陸作戦を航空面から支援することにあった。

サマール沖で日本艦隊の砲撃から、煙幕を張って逃走を図る米護衛空母「ガンビア・ベイ」。僚艦「キトカン・ベイ」からの撮影

輪形陣を組む陣形のほぼ中央に最初の一斉射の弾着が巨大な水柱を上げげた。次いで先頭を切って避退する「ホワイト・プレーンズ」が砲火にさらされ、少なくとも三斉射が近弾となった。本艦が日本側の目標Aであろう。さらに、巨大な水柱が立ち上った直後、本艦の右舷に大口径弾の弾着があり、以後連続して大水柱に夾叉された。本艦は操縦不能に陥り、艦内のあらゆる電気が消えたが、直撃弾はなかった。両舷にある煙突から煙幕を展張し始めた。「大和」初弾命中は、幻であったことが明らかになった。

およそ二時間の追撃戦で日本側主要艦の消耗弾数は、「大和」九四式四〇糎一式徹甲弾一〇〇発（出撃時保有弾数八一〇発）、一五糎五砲弾一二七発（六〇〇発）、「長門」四〇糎一式徹甲弾四型四五発（七二〇発）、一四糎砲弾九二発（一四一〇発）、「金剛」三六糎一式徹甲弾二型二一一発（六七九発）、一五糎砲弾一七七発（四二六発）、「榛名」三六糎一式徹甲弾三型九五発（八五五発）、一五糎砲弾二五五発（三五五発）、「羽黒」二〇糎砲弾五八一発（八〇〇発）、「利根」二〇糎砲弾四二〇発（六九〇発）、「矢矧」一五糎砲弾三三四発（七二〇発）、「浦風」一二糎七砲弾三四七発（五六〇発）であった。

確認した戦果は、空母四隻轟撃沈、空母二隻撃破、巡洋艦三隻轟撃沈、駆逐艦三隻轟撃沈、巡洋艦（駆逐艦）二隻ないし三隻撃破であった。

捷一号作戦・功績累数一覧は、功績抜群「大和」総計点数二一六点、功績顕著「長門」四六点、功績顕著「金剛」二九点、功績顕著「榛名」二二点、「愛宕」三点、「高雄」三点、「摩耶」一四点、「鳥海」一四点、「妙高」一四点、功績顕著「羽黒」九三点、「熊野」一八点、「鈴谷」三七点、功績抜群「矢矧」九四点、功績抜群「磯風」七三点、功績抜群「雪風」七三点と記録された。

しかし、米軍の記録は、「ガンビア・ベイ」が確実な命中弾一五発、他に一一発を受け沈没した。ほかに駆逐艦「ホーエル」が四〇発以上、「ジョンストン」命中確実三発、ほか九発、護衛駆逐艦「サミュエル・B・ロバーツ」約二〇発の命中弾で共に沈没した。

大破したのは命中弾二発の駆逐艦「ヒアーマン」と護衛駆逐艦「デニス」、そして護衛駆逐艦「リチャード・ローウェル」は小破であった。日本側の記録とは、大きく食い違っている。本当なら功績一覧は、米側記録と対比して修正されねばならない。

「大和」以下のレイテ湾殴り込みを成功させるため、米空母を誘き出す決死の任務をおった小沢治三郎中将率いる「千代田」「千歳」「日向」「瑞鳳」「瑞鶴」に与えられた評点は、二点であった。

「大和」の功績点は、一度のチャンスであるサマール沖海面の米護衛空母追撃戦を評価されたのであった。しかし、本当の評点は低いものであることがわかった。天一号作戦の「大和」は撃墜三機・九点、作戦点不成功で二点、合計一一点となる。

査定時代にあって、国民に説明しやすい派手な戦果、スタンドプレーが重要視されるような評点付与標準はやる気をなくし、ひいては会社、国家を衰退させることになるであろう。日本においては、縁の下の力持ち的な努力は高い評価を得にくいのであろうか。

（『丸』二〇〇三年一〇月号（潮書房）掲載「世界最強戦艦の戦歴によせられた毀誉褒貶」改題）

巨大空母「信濃」の最期

未完成で引き渡された「信濃」

大和型戦艦を改造した空母「信濃」の損失は、日本海軍艦艇の悲劇的な結末の中でも、もっとも意気消沈させられるできごとだった。

戦時下の切迫した横須賀海軍工廠には、学徒勤労報国隊——横須賀中学、大津女学校、湘南女学校、鎌倉中学、福島県の白河中学、浪江女学校、磐城女学校、静岡県の沼津商業、岩手県の一関商業、山形県の楯岡女学校、茨城県の水海道中学——そして北海道、青森、

新潟、福島、下関などからの女子挺身隊が動員されていた。（『幻の空母信濃』安藤日出男著より）

彼女たちは、空母「信濃」を完成させる予定の六ヵ月を二ヵ月間に短縮する突貫工事にともなう、劣悪な作業と居住環境の中で直接または間接的に寄与していた。

「信濃」完成には、四年五ヵ月の期間とのべ人員約一五〇〇万人以上が建造に携わっていた。

膨大なエネルギーを結集して完成した「信濃」は、就役して一〇日目の処女航海で米潜水艦の放った六本の魚雷のうち四本が右舷に命中すると、次第に傾きを増し、七時間四一分を航行した後、右にクルッと転覆

東京湾で撮影された航空母艦「信濃」（第110号艦）

すると海面上に艦首を立てたまま巨大な渦巻きを残し、スルスルと海中に消えていった。

沈没を見守る護衛駆逐艦の乗組員は、巨艦の沈むさまをまるで白昼夢をみているようだったと回想している。

同じ船体構造をもつ戦艦「武蔵」は、米海軍機九二機による五時間半にわたる直接攻撃、爆弾八〇発と魚雷三七本にさらされ、攻撃終了後なお四時間も浮いていた。

「大和」も、およそ二時間におよぶ一一八機の息つく間もない小集団分散による連続波状攻撃で爆弾八二発と魚雷五九本を集中され、満身創痍のまま転覆轟沈した。

「大和」、「武蔵」の被（こうむ）った損害に比べはるかに少なく、「信濃」の最期は、あまりにもあっけなかった。

「信濃」は、急降下爆撃の五〇〇キロ爆弾の効果を想定して飛行甲板の対爆弾防御を厳重に考慮して建造された。しかし皮肉にも致命傷は、海中の潜水艦からの攻撃によるものだった。

空母「信濃」は、日本海軍が誇る四六センチ砲九門

「信濃」艦長阿部俊雄大佐

を搭載する戦艦「大和」、「武蔵」に続く第三番艦として、一九四〇年（昭和一五）五月四日、横須賀海軍工廠の第六ドックで起工された。大和型三番艦は第一一〇号艦と造船番号で仮称され、建造中は一一〇と呼ばれていた。一九四四年（昭和一九）一〇月八日、正式に「信濃」と命名され、一一月一九日、引渡竣工となった。

「信濃」の運命は、戦時下の建造という状況に大きく左右されていた。

大和型一号艦は、太平洋戦争の前に工事されたので建造中の優先順位のすべての最優先権が与えられ、他艦の建造に影響なく全力集中して「大和」として完成した。

一方「信濃」は、「数年後の大威力より、当面の小威力」を重視する戦時下の工事が大部分だったため、損傷艦の復旧、修理、改造による突発工事のしわよせから一時的に三ヵ月間も工事が全面的に中止され、ハンマーの音が途絶えるときもあった。

しかも大和型戦艦の船体構造は、質をもって量の不足を補うという精兵主義に基づいていたため、精巧、精緻で、時間と量を絶対に必要とした平和時に建造することは可能でも、戦時下の建造には適していなかった。

さらに完成を急ぐあまり、工期の大幅な繰り上げと作業の省略簡易化が行なわれて、工廠から実戦部隊へ引き渡されたとき、動力である機関一二缶のうち八缶しか整備されておらず、予定の最大速力二七ノットを出すことができなかった。艦長阿部俊雄大佐は、「おれに未完成の艦を受け取れというのか」と怒りにふるえたという。

航路、出航時間の意見の対立

海上に浮かぶ排水量六万八〇〇〇トンの「信濃」は、日本海軍最後の切り札、最強の空母を思わせる威容であった。

艦の大きさは、高さ八階建て、長さ二五〇メートルのビルに相当した。

一九四四年一一月二四日、米空軍長距離爆撃機B－29の編隊が東京を空襲しているとき、「信濃」艦長阿部大佐は、聯合艦隊司令長官より「『信濃』および第一七駆逐隊は、横須賀発、内海西部（瀬戸内海）に回航すべし！」の命令を受けた。

軍上層部の意図は、「信濃」をサイパン島のアスレー基地から日本本土の東京めがけて飛来するB－29の爆撃目標から避退させ、安全な瀬戸内海の松山沖で訓練させることにあった。

阿部艦長は、艦に被害のあったときの防火、防水、注排水の応急処置の責任者である内務長三上治男中佐に現在の状態のまま出港する自信を持てるかどうかをただした。

「自信が持てません」。これが、内務長の答えだった。

「信濃」への艤装員の着任は、完成までに三ヵ月たらずの時期だった。将来の乗組員となる艤装員が、艦を熟知するには、遅くても完成の一年前の配置が必要で、「信濃」のような大艦は、単に勝手を覚えるだけでも一～二ヵ月はかかるものだった。

艦内は、工事用動力のエアホースや電線が多くあり、防水扉、防水蓋は艤装中から開いたままで、開閉状況の確認調査のあとでも未発見の不良箇所のある可能性があった。

水線下の防火区画の気密試験は完了していたが、応急注排水装置の試験を行なったので、マンホールは、排水後の残水調査と処理のため開いていた。

「君のいうことはもっともだが、一一月二八日の午後出港と決定する」。出港日と航路の選定を一任されていた阿部艦長は、命令した。

「信濃」は、食料、真水、備品、重油、弾薬そして輸送する特攻兵器「桜花」「震洋」艇を積み込んだ。自

第一七駆逐隊を率いて「信濃」を護衛した駆逐艦「浜風」

艦の固有の搭載機は、一機もなかった。

　東京湾内の公試運転中にテストパイロットの操縦する「紫電改」が着艦したのが、空母「信濃」の飛行甲板が使用された最初で最後だった。

「信濃」の護衛を命令された第一七駆逐隊、「浜風」、「磯風」、「雪風」は、二五日（出港三日前）ボルネオ北部のブルネイ泊地から呉経由で「長門」と共に横須賀軍港に入港したばかりだった。しかも彼らは、帰投中の東シナ海で戦艦「金剛」と駆逐艦「浦風」を、米潜水艦「シーライオン」の魚雷攻撃で失うという、護衛艦としてのにがい経験をしたばかりだった。

　阿部艦長と護衛隊「浜風」の艦長前川万衛中佐、「磯風」艦長の前田実穂中佐、「雪風」の艦長寺内正道中佐の航路と出港時間の打ち合せは、激論に発展した。

　護衛隊側は、敵潜水艦の夜間攻撃は水中聴音器・探信儀の不調で防ぎきれないことから、未明に出撃し昼間本州沿岸を航行するコースを強く主張した。

　阿部艦長は、味方航空機の援護がないこと、夜間航行中の満月に近い月明かりが浮上潜水艦を発見するのを容易にするだろうことから、薄暮出撃し、東京湾口から南下し相模灘、伊豆半島、駿河湾、遠州灘、紀伊水道に出没する敵潜水艦を避け、外洋を南東方向に針路をとり、途中西に航行し、豊後水道に向け一気に北西方向へ変針するコースを主張した。

「それでは、東京湾口付近と紀伊水道で攻撃を受けやすい」。意見は対立した。

　回航全権を一任されている阿部艦長は、薄暮出撃、外洋コース、出港は明日の一三三〇（ヒトサンサンマル）（午後一時三〇分）と押し切った。

　一一月二八日午後一時三三分、「信濃」は横須賀軍

港のブイを離れ、途中三浦半島の東側の金田湾で時間調整のため漂泊し、午後六時、暗やみにつつまれる海上を駆逐艦「浜風」を先頭に、左右一二〇〇メートルに「磯風」と「雪風」を従え、速力二〇ノット（時速三七キロ）で対潜航行のジグザグ運動で外洋に向かった。

この時、「信濃」は多数の工員を乗せたまま艤装工事を続行していた。

「信濃」には三機の艦攻が搭載されていて、日中であれば交互に前方哨戒が可能であったとの証言もある。

阿部艦長は、米潜水艦（最高速力時速三三キロ）を高速でふり切ることをもくろんでいた。

二二時頃、「信濃」の電波探信儀がしきりに「後方にわずかに感あり」を知らせる。阿部艦長は右翼護衛駆逐艦に、「後方に追尾しているものある模様、反転調査ありたし」と赤外線発光信号で指示した。

二二時三〇分頃、「浜風」の中部機銃甲板で当直見張り中の小山兵長が、後方約六〇〇〇メートルに浮上潜水艦を発見した。報告を受けた艦橋は「対潜警戒をいっそう厳重にせよ」としたが、これを敵潜水艦とは確認できなかった。

「後方追尾中のものは乾舷高く、漁船のごとし、味方識別に応答なし」

浦賀水道を出ると、敵を欺くためにいったん台湾に向かう航路をとり、静岡県浜松の南方辺りで右に転舵して紀伊水道に向かう。

信濃の沈没

米潜水艦「アーチャーフィッシュ」（艦長ジョセフ・エンライト中佐）は、伊豆諸島蘭灘波（いなんば）島付近の海面に浮上すると水上航走で哨戒任務についた。

午後八時四八分、「アーチャーフィッシュ」は、レーダーで目標を探知し、見張員が水平線に動く黒い船影（「信濃」）を視認すると接近した。

エンライト艦長は、「信濃」（空母と確認したのは約三時間後だった）の対潜警戒でとる之字運動（ジグザグ航行・図を参照）にまどわされることなく、レーダーの測定値と見張員の報告を魚雷発射の諸元を決める

「信濃」を雷撃した米潜水艦「アーチャーフィッシュ」

コンピュータに入力し、その計算結果に基づき、「信濃」の基準針路を二一〇度（南南西）と割り出し追跡をはじめた。

そして「信濃」が左に変針し一八〇度（南）の針路をとったとき、その動きをジグザグ運動の一部と判断し（日本側は伊豆諸島の列島線を出たところで敵潜発見の報があり、大きく変針しこれを回避し、ふり切ったと思うところでまた基本針路に戻したという）、必ずしばらくして右に向きを変え二七〇度（西方）への針路に戻るであろうと想定した。艦長は、「信濃」がとっていた基準針路をそのまま（全速力一八ノット）で直進し、ジグザグ運動をとって南下を続ける「信濃」（速力二〇ノット）を一時的に視界より見失った。

艦長の賭に等しいこの判断が、追撃四時間後に速力差をなくし、想定した二七〇度の元の針路に戻って航行する「信濃」の右舷前方の、魚雷の好射点につくという幸運をもたらした。

八秒間隔で発射された六本の一四型魚雷は、水線長二五六メートルの「信濃」の後部から順々に前部に向かっていった。

二九日午前三時一八分「信濃」は、右舷後部一八八番から二〇一番フレーム付近の揮発油倉庫の側面（幸運にも空だった）に魚雷の命中を受け第一船倉甲板の冷却機室と機関科兵員室、他四ヵ所に浸水し、一〇秒後第一六〇番から一六二番フレームの区画にも衝撃が走った。第三機械室（右舷の外側のスクリューを回す）は、パッキン箱軸受けまわりの多量の漏水と、後部の固定隔壁をとおった海水で急速に浸水していった。

再び二発の命中があった。右舷第一二〇番フレームへの命中は、船体の外側にある第三缶室を瞬時に浸水させ、その後の第七缶室にゆっくりとした浸水を生じ、第三缶室の内側にある第一缶室にも隔壁からの漏水によって浸水がはじまった。

第一〇四番フレーム付近の四発目の魚雷の命中は、右舷最下甲板の圧搾空気機械室に浸水を生じ、下部対空砲爆薬庫にも浸水をはじめた。

「信濃」の被雷した位置は、潮岬南東約一四八キロの地点だった。

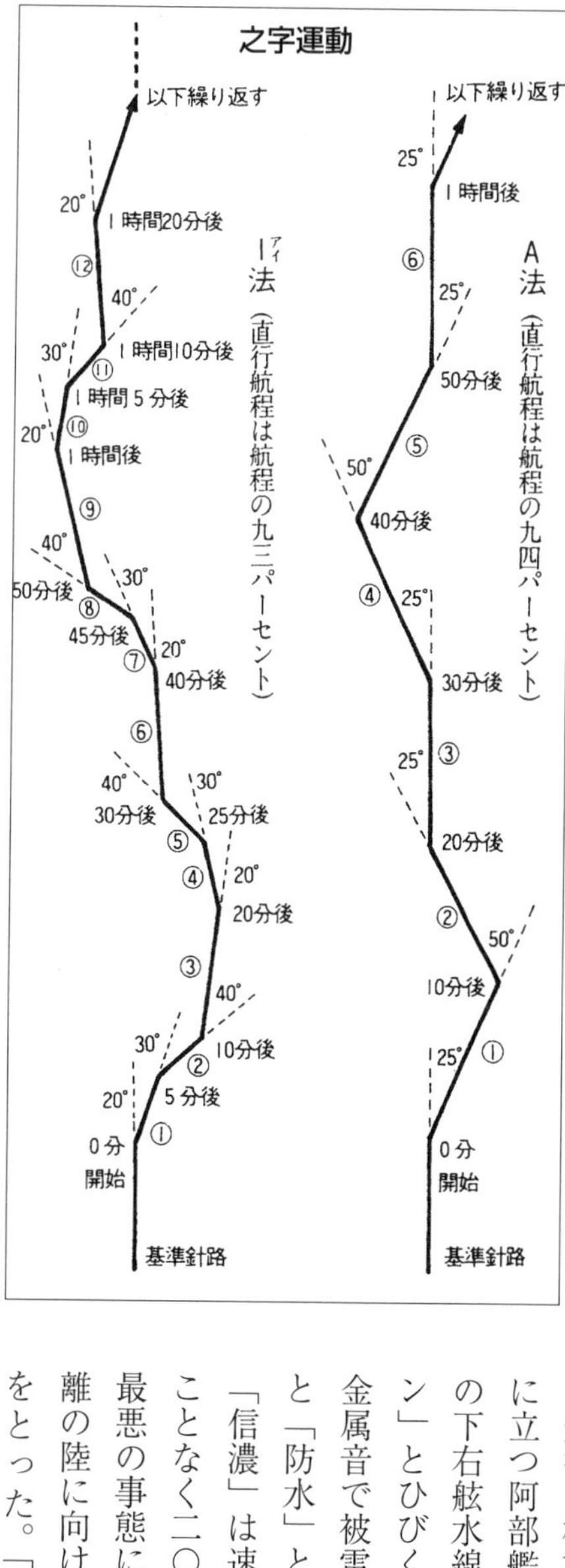

之字運動

A法（直行航程は航程の九四パーセント）
I法（直行航程は航程の九三パーセント）

飛行甲板右舷側の艦橋に立つ阿部艦長は、艦橋の下右舷水線下に「カーン」とひびく魚雷命中の金属音で被雷を確認すると「防水」と命令した。「信濃」は速力を落とすことなく二〇ノットで、最悪の事態に備え最短距離の陸に向け北西の針路をとった。「傾斜復原」

の命令が飛ぶ。

「信濃」に水柱が上がるのを見た。「浜風」の艦内に「配置に就け」のブザーが鳴り響く。戦闘配置に就いた乗組員は爆雷戦に備え、主砲は潜水艦攻撃用の対潜弾を揚弾して発射命令を待った。

「磯風」と「雪風」は敵潜水艦制圧の爆雷を投下し、「浜風」は「信濃」の警戒の任にあたった。

対潜弾を用意して待機する「浜風」の乗組員は、「あれだけ巨大な艦が魚雷が二、三本命中したからといって沈むことはない」と気にもかけないでいた。

被雷四〇分後「信濃」は反対舷注水で傾斜が右に一〇度になったが、角度はその後も増大し、艦速も落ちた。

「信濃」は四本の魚雷を受け、右に一三度傾斜していた。この時、「信濃」では、缶の爆発を恐れて主缶の火を止めていた。左舷応急注水により傾斜九度に復原。しかし、缶室内は常夜灯のみの暗闇となった。一六基あるディーゼル発電機は、補機の整備不十分で一台も動かなかった。動力がないため、手押しポンプとガソリン・エンジンの排水ポンプで排水を試みたが、後者は二四基中二基ぐらいしか動かせなかった。

内務長は、溶接不良のために浸水の水圧によってマンホールの蓋が次々に破れるのを見た。

巨大新造艦「信濃」は、兵員の相当数が新兵や海兵団からの乗艦であり、航空母艦や戦艦乗艦の経験者はきわめて少なかった。このために、暗い艦内で、「下甲板の〇〇区に行き、手動ポンプで排水せよ」と命令されても、そこに行き着ける者はほとんどいなかった。

午前五時、艦の傾きは一向におならず注排水作業の効果もなく、刻々と傾斜は増していった。

注排水装置の注排水弁の開閉は、圧縮空気による油圧で操作されていた。注水は自然方式、排水は圧縮空気によるブロー方式だった。

左舷注排水弁が開かれず注水できなかった理由を、当時直接担当した海軍技師第二艤装工場主任山内長司郎氏は、次のように想像している。

「被雷後直ちに左舷に注水を行なうのを慌てて右舷注排水弁を開き、右舷区画にも一部注水が行なわれた。右舷油圧管は、被雷のため少なくとも一〇系統以上は損傷を受けているので、油圧槽は油に次いで圧縮空気が損傷部より流出を続け圧力の低下を招いた。この弁操作が第一の誤りである。この誤りに間もなく気づき右舷操縦弁は閉としたが、止めの位置に戻さず、元弁等も開放のままで復帰を怠ったため、空気の流失と海水の逆流は開と閉の油圧管の流れを逆にしただけで続き、そのため油圧槽は開弁に必要な圧力とならず、左舷注水を不能にした」

○七時四五分、「浜風」に曳航準備が下令された。乗組員は気を取り直して曳航作業を始めた。

○八年三〇分、「浜風」と「磯風」は曳航索をとって順航したが「信濃」はまったく動かない。二隻が機関を全開にしたところ、マニラロープとワイヤーがはじけ飛び太い曳航索二本が切断された。再度曳航を試みたが、艦内に大量の海水が浸入した「信濃」を排水量二五〇〇トン級の駆逐艦二隻で曳航することは不可能に思えた。

「信濃」から「御写真と人員の一部を移載する」との信号が「浜風」に送られ、大波と強風のなか、「浜風」から救助艇（カッター）が「信濃」に向かった。「信濃」の左舷に接舷して移載作業を始めたが、二〇メートルの強風と大波によって舷側に打ち当てられて転覆、救助艇員は全員が海中に投げ出され野村輝次兵曹が行方不明となった。

二隻の駆逐艦が曳航を続けるが、「信濃」は停止したままで傾斜はますます増大する。

阿部艦長は、工事を続けるために乗船していた横須賀海軍工廠の工員の無駄死にを避けるため、「工廠の工員、上甲板」を命令した。暗い艦内で、拡声器は使えず口伝えの命令となり、それは「総員上甲板」と伝わっていった。「総員上甲板」とは、配置を離れて「艦から退去せよ」を意味する。このため、防水の応急作業をしていた者も上甲板に上がった。

巨大な船体は沈み始めた。「浜風」は、引き込まれては大変とワイヤー・ロープを切断しようと試みるが、もっとも太いロープがなかなか切れない。作業員が玄翁を振るって間一髪で切断に成功した。

「浜風」が前進全速で避退し始めた直後、「信濃」は右舷の大傾斜から横転し、艦底を露出し艦尾から沈み始めた。「信濃」は、巨大な艦底にすがり付く乗組員を振り払いながら巨大な渦巻きを残して海中に消えた。

「浜風」は、シブヤン海で「武蔵」、台湾沖で「金剛」、そして今「信濃」と、立て続けに日本海軍の代表艦の最期を見届けることになった。

昭和一九年（一九四四）一一月二九日〇三時一七分、「信濃」は、右舷に三〇〜五〇メートルの間隔で潜水艦の魚雷四本を被雷し、それから七時間後に右舷に転覆して、潮岬沖南東四八キロの地点に沈んだ。

乗組員の救助一〇八〇名（工員三二名と便乗者二名を含む）、行方不明者七九一名（工員二八名、軍属一一名を含む）であった。

「信濃」沈没のその後

「信濃」の艤装工事は、工期が大幅に繰り上げられたために、当初の計画では非常に無理な工程であった。しかし、出渠時の事故によって一ヵ月以上工期が延びたことで、逆に工程にゆとりが生じた。その結果、不良工事の手直しも進行し、一部中断していた冷房工事も再開されていた。水防区画の気密試験省略は水線上に限られていた。

出渠後には、軍港内停泊のわずかの日時を利用して、応急注水装置の注排水試験を実施した。排水後の残水調査と処理のためにマンホールを開いてもいた。

沈没後に開かれたS事件査問会議では、命中魚雷数の審議に時間が費やされた。注排水指揮所関係者は全員戦死していて、指揮所の状況は何一つ明らかにならなかった。乗組員の一人はこの査問会議において、「被雷後、ただちに缶室に浸水があった」ことを聞かされた。米潜水艦の魚雷の威力は予想以上に大きかったのである。

S事件査問会議は、「信濃」沈没の原因を「艦長の艦の対浸水性に対する過信と未熟な乗組員による拙劣な応急処置による」と断定し、正しい判断と応急措置がなされていたら沈むことはなかったとの結論を下した。

〔歴史群像・太平洋戦史シリーズ『大和戦艦2』一九九八年一一月（学研プラス）掲載〕

特攻大和が後世に伝えた「戦争の真実」〈追跡 乗組員の証言〉

司令部を包んでいた異様な雰囲気

昭和二〇年（一九四五）四月七日、沖縄突入作戦を実施する海上特攻隊旗艦「大和」は、米海軍新鋭空母搭載機との壮烈な海空戦二時間後に、前部弾火薬庫の誘爆で爆沈した。国民に知らされることなく極秘裏に建造された「大和」の最期は、敗戦一ヵ月以内に新聞紙上に公表され、その存在は広く国民の間に知れ渡った。明らかにされた大和の最期の情況は、桜の花が散るがごとく、その潔さが強調され全日本人の心を打った。

第二艦隊司令部を含む乗組員三三三二人中、生存者は二七六人であった。第二艦隊司令長官・伊藤整一中将と艦長・有賀幸作大佐は「大和」と運命を共にした。まさにその生死は紙一重の運命だった。「退艦せよ」の命令で脱出した多くの乗組員は、弾火薬庫の大爆発による水中爆傷の衝撃で死を、艦と共に海中深く吸い込まれた者は、爆発と同時に吸引力のなくなった渦からポッカリ海面に浮上して生を得た。沈没から約二六年後、まだ記憶鮮明な時期に語られた生存者の証言に基づき、海上特攻隊の最期が明かされた。なぜ、「大和」は出撃したのか？

「大和」艦上の第二艦隊司令部。前列左から3人目が司令長官伊藤整一中将

聯合艦隊通信参謀・市木崎秀丸中佐（当時三六歳）は「米軍の沖縄攻略が予知される頃になっても、大和をどうやって使用していいか決定的な使用方法がないので、瀬戸内海で訓練に励んでいた。菊水作戦（注：航空特攻）の決行が決まって、今度の機会をなくしたらもう使い道がない。航空特攻だけに期待して、水上部隊は何もしなくていいのか？　成算があるかないかより、どうやって花道を飾るかだ。軍令部総長・及川古志郎大将はそこまでやらんでも、という気持ちだった。これが最後の作戦になるし、犠牲も大きいが、ほかに道がないということで総長に承認してもらった」と「大和」出撃の経緯を語っている。

軍令部作戦課部員・土肥一夫中佐（三九歳）は「当時印象に残ったことがひとつある。作戦課の周囲にいる人が、自ら特攻に行くでもなく、また、特攻を命令する立場にもない人が、盛んに『一億総特攻』と言い始めた」と、当時の聯合艦隊司令部の雰囲気を戦後証言している。

作戦参謀・三上作夫中佐（三六歳）は、出撃直前の大和に参謀長・草鹿龍之介中将に随行し、第二艦隊司令長官・伊藤整一中将に面談し、生き残る者と死あるのみの人間との最後の両者息詰まる情景を証言に残した。「長官公室はさすがに立派な部屋で、そこで参謀長草鹿龍之介中将から伊藤長官に聯合艦隊の真意を伝えた。公式の命令は既に発せられているので、くどくど申し述べる必要はなかった。長官としては、この作戦にどれだけ成功の算があるのか、戦勢を有利にするために役立てる見通しがあるのか。当然ながら腑に落ちぬところがあった。もし成算がなければ数千の部下をむざむざ犬死させることになる。また当時、油の一滴は血の一滴以上に貴重であったから、なけなしの油を使ってゆくのだから、それ相応の戦果をあげなければならないと、現場指揮官として大変苦慮されたことと思う。伊藤長官は『この作戦目的の範囲と成功度をどう考えるか』と言われた。私は堪りかねて、陸軍の総反撃に呼応して敵の上陸地点に切り込み、艦をのし上げ陸兵になるところまで考えていると申し上げた。長官は即座に『それならば何をかいわんや。よく了解した』と言われた。最後は艦を棄てて敵陣に切り込めということであれば、もう戦の上手も下手もない。聯合艦隊の最高責任者が決めたことなのだから、忠良なる帝国海軍将兵として、全滅覚悟で出陣するしかほかないというのが長官の心境であったと思われる」と、低いが力強い声で語った。

作戦内容を出撃後に洋上で知った乗組員たち

四月六日、午後四時過ぎること五分、「大和」は徳山湾沖を出撃した。

特攻出撃の情況を高角砲発令所長・細田久一中尉(二八歳)は「豊後水道を航行中、航海上必要な配員を残し、全員が前甲板に集められた。台の上に立った副長・能村次郎大佐から『我々は海上特攻として沖縄に突入する、二度と帰ってこない。だから皆、心を引き締めてしっかり頑張ってくれ』という訓示があった。准士官以上は乗組員と面を向き合って聞いていた。皆の顔が一瞬青くなったような気がした。皆一瞬愕然としたが、直ぐに真っ赤な血色のいい顔になった。〝くそっ、やっちゃろう〟という気持ちが顔に出た。自分も同じだった。これが飽くまでも敵を叩き潰そうという大和魂なんだなと思った」と、夕暮れ迫る呉港岸壁で海上自衛隊の護衛艦の国旗降下を令するラッパを聞きながら、こみあげる激情を抑え静かに語った。

第二艦隊司令部参謀・宮本鷹雄中佐（三八歳）は「B－29がブンブン日本本土を襲っているとき、銃後では竹槍の稽古をしているとき、そして訓練の不十分な搭乗員が練習機に爆弾をつけて沖縄特攻に飛び立っていくとき、この大和が本土決戦までジッと待っているわけにいかないと思った。夕暮れ時に別府湾の沖を通過したとき、湯の煙の間に吉野櫻の花が満開に咲き乱れているのが見え、これが内地の見納めだという実感がした」と、戦後その情景を回想している。

一番副砲砲員長・三笠逸男上曹（二六歳）は「佐多岬を回るとき見ると、石鎚山脈が夕陽の中にぱぁと照らされている。そして〝これが本土の見納めじゃなぁ〟と思ったときには、何か胸のなかを冷たい風がさぁっと吹いていくようであった」と当時を思い出すように証言した。

開始された敵の攻撃大和艦内の様子は？

敵機を発見した情況を測距儀左測手・坂本一郎上曹（二八歳）は「八時頃、敵機七、八機が雲の合間からぼぁという感じで現われた。視界がひどく悪いことに気がついた。敵機はわが艦隊を発見すると、直ぐに引き返した」と回想した。

機関科・渡辺保上等水兵（二〇歳）は「早く飯食えといわれ、一一時頃、後部甲板の居住区で忙しく食べた。それから戦闘配置・副舵取機室に就いた。任務は舵故障の場合に備えて、自分の席で電流計を見てればよかった。『大和』に勤務して三年、このフネが沈むとは絶対に思えなかった」と特攻「大和」への信頼を語った。

悪天候のなかの敵襲を測距塔旋回手・細谷太郎水兵長（二四歳）は「戦闘配食の握り飯とゆで卵のうち、ひとつを食べているとき『敵の反射らしきもの、三〇、四〇、五〇キロ、ドンドン近づいて来ます』と伝声管。

船体後部から白煙を上げながら沖縄に向けて突進する「大和」

低い雲の切れ間から、肉眼で敵機がチラチラとなんぼでも見えた。ぎょうさん来たな」と感じたままを語った。

方位盤旋回手・家田政六中尉（三一歳）は「『大和』乗組は自分の誇りであった。これはほかの乗組員も同じであった。艤装のときから乗組んで、三年以上ひとつの部署についている者もいたから、訓練の能率も上がり、自然に力がついた」と精鋭乗組員の心情を語った。

初弾命中の情況は、主計科・鶴見直市上等水兵（二〇歳）の「第二艦橋を降りて戦闘配置、主計科のデッキ（中甲板）で握り飯とコンビーフの戦闘食を食べ終わり、しばらくして『対空戦闘配置に就け』のラッパと号令が聞こえた。直撃弾、後部電探室付近から真っ直ぐすぽっと入ってきた。これはまともに来たのではないかな、という直感で、無意識のうちに瞬間的に防毒面をつけた。訓練のたまものか。両舷倉庫中甲板で炸裂した」の証言で明らかにされた。

米軍雷爆同時攻撃の情況は第一艦橋見張員・上甲正好一曹（二四歳）の「雷跡は二〇数本以上見た。航海長の所へ飛んで行って、肩を叩いて『こ、これだー』。艦橋に対する機銃掃射、音がよく聞こえた。思わず『ふせー』と声を出した。機銃掃射する搭乗員の顔が見えた。四、五機突っ込んで魚雷投下を終わった頃には、次が来ていた。どれに目標をたてたものか、回避できない。どこを向いても飛行機がいる」の証言により、その緊迫した状況が明かされた。

胸に去来する空しさ生存者が残した慟哭

「冬月」通信士・鹿士俊治中尉（二二歳）は、「『大和』は最後には完全にひっくり返った。赤腹が見えた、と思う間もなく大爆発。真っ赤な大柱が、煙を含まないただの真っ赤な火柱が、ぱぁーとあがる。火柱が落ちたとき、きのこ雲が残った。それらが全ておさまると、後は何もなく、ただ重油が浮いているだけ」と「大和」最期の瞬間を切々と語った。

一六時三九分、聯合艦隊司令長官より第一遊撃部隊指揮官宛「第一遊撃部隊の突入作戦を中止す。第一遊撃部隊指揮官は乗員を救助し、佐世保に帰投すべし」の命令が残存艦艇に届いた。

佐世保に帰還した三笠逸男上曹（二六歳）は「四月八日は風のない良い天気の日だった。佐世保の海軍病院に着くまで歩いた。桜の花がいっぱい咲いていた。〝俺、風もないのに花びらがパラパラと落ちていた。生きて帰ったのかなぁ〟と、初めて生きていることを実感した。だがしかし、力の限り戦い、万死に一生を得たというのに、この空しさはなぜだろうと思った」とその慟哭を後世に残した。

戦争を知らない私が特攻「大和」の生存者から伝えられた真実は、破壊が全ての戦争は絶対に避けねばならないとの想いである。

〔メディアックスＭＯＯＫ456『戦艦「大和」と「武蔵」史上最強の秘密』二〇一四年八月（メディアックス）掲載〕

あとがき――大和調査の思い出

米国立公文書館から直接送られてきた写真、戦艦「大和」のグロスプリントを手にした時の感激は、いまでも忘れない。今から五〇年近く前のことだ。当時、一ドル三六〇円の時代だった。国立公文書館(NARA)とは米国政府の書類や歴史的価値のある史料を永遠に保存する公文書館で、米国連邦政府下の独立機関である。ワシントンDCペンシルベニア通りに面した位置にあった。初めて訪れ、天井まで積まれたdocumentsに圧倒され、史料を閲覧するTextual Research Roomの荘厳な雰囲気に気の引き締まる思いをしたことが甦る。

この時期愛読していたのが一九五二年五月に発売されたロバート・シャーロッド編/中野五郎訳『記録写真 太平洋戦争史』(光文社版)だった。上下巻各定価一三〇〇円、当時は高価なため購入することはできなかったが、図書館で借りだして生々しい戦場の写真をむさぼるように見た。

特に下巻第二五章の「レイテ島攻略戦―レイテ湾の大海戦」に掲載された被弾して爆煙をあげる奮戦する巨艦「大和」の歴史的な実況と説明文にある写真には興奮した。さらに直上空より撮影され、アメリカ軍側に世界最大の戦艦の謎の装甲と構造を明瞭にされたという貴重な偵察写真、さらに第三一章「超戦艦大和の最期」の項目では「大和」のありし日の雄姿、さらに七枚連続で綴る劇的な「大和」の最期、そして大型写真集の見開き一杯にクローズアップされたアメリカ艦上機より冒険的低空飛行で撮影された大炎上する「大和」の惨憺たる全貌の迫力ある写真には目が釘づけとなり、胸が高鳴った。

こうした体験の連続が私を「大和」フリークにさせた。そして二六年後に新しく完成したメリーランド州カレッジパークの米公文書館Ⅱ（一九九四年）で請求番号に基づく紙ボックスに入っている全記録、およそ二〇〇枚の生写真を目にした。その瞬間　走馬灯のように少年時代の思いがよみがえってきた。カレッジパークの公文書館Ⅱには、第二次世界大戦以降の記録が公文書館Ⅰから移管されていた。

『戦艦「大和」全写真』の刊行、さらに本書『戦艦「大和」全記録』の実現、私は八一歳になっていた。かくも永く「戦艦大和」にたずさわれたのはなぜだろうと思う。自分でも不思議でならない。戦艦「大和」、正式には軍艦「大和」になぜこれほどまでに執着できたのだろうか。振り返ってその思いをたどると松本喜太郎著、『戦艦大和：その生涯の技術報告』や興洋社刊の『機密兵器の全貌』の中の「大和」に関する記述に引き付けられた感がある。

そして「大和の最期」の取材中に出会った特攻「大和」の生き残りの人々との縁もあったような気がする。基本的なものの考え方に影響されたのは学生時代の経験にあった。当時、米国大頭領ケネディ暗殺は世界を震撼させた。この時の刑事訴訟法担当教授伊達秋雄先生の「伝えられる歴史的事実は必ずや正しいとは限らない」の言葉はケネディ暗殺の真相には深い闇があることを暗示させた。原書講読担当教授藤田省三先生の言葉、Historical Approach すなわち歴史的事実への直視は、「大和」存在意義の探求の力強いバックボーンとなった。

そしてまた当時のワシントンＤＣにある米海軍記録保存所所長ディーン・アラード博士から送られてきた「大和」を中心とする特攻艦隊攻撃一九四五年四月七日付けAction Reportsは決定的な史料となった。そしてこの戦闘記録を翻訳する試みがいっそう「大和」に対する認識を深めた。と同時に人生の道筋を決定した。というのもこの記録は『戦艦大和の最期』の著者吉田満との共著『日米全調査戦艦大和』（文藝春秋）として現実となった。これが縁となり後年ＮＨＫのディレクターが「海底の大和」の番組を実現させた。取材時に出会った「大和」元航海長津田光明氏から手渡された一片の手紙に記載されていた戦後調査の「大和」沈没位置が決め手となった。北緯三〇度四三分、東経一二八度四分に、轟沈した「大和」は今なお眠っている。

その後、海中調査が複数回実施され、艦首部に装着された菊花御紋章が日本海軍艦艇との証明になり「大和」と確認された。海底の爆裂した船体、中央部が裏返り、艦尾付近が「く」の字に折れ曲がった状態になった「大和」の全貌が、明らかにされた。海底の映像には二五ミリ連装機銃が写っており、従来の二五ミリ三連装機銃のみ搭載の説は覆され、機銃員だった後藤虎雄氏の証言「手動二連装機銃の搭載」が明らかになった。こうした新事実発見が「大和」に関する情報の信頼性を高め、今なお「大和」人気は続いている。

実物一〇分の一で再現された「大和」のある呉の「大和ミュージアム」は、二〇〇五年四月二三日の開設以来現在までの入場者は一五七三万人に達しているという。私が戦艦「大和」に関わったことは興味本位の仕事ではなく、これは運命だったと感じる今日この頃である。

原　勝洋

二〇二三年九月

戦艦「大和」全記録

2023年11月20日　第1刷発行

著　者　原　勝洋

発行者　赤堀正卓

発行所　株式会社　潮書房光人新社

〒100-8077
東京都千代田区大手町1-7-2
電話番号／03-6281-9891（代）
http://www.kojinsha.co.jp

装　幀　天野昌樹

印刷製本　サンケイ総合印刷株式会社

定価はカバーに表示してあります。
乱丁、落丁のものはお取り替え致します。本文は中性紙を使用

ISBN978-4-7698-1703-1 C0095